1週間集中講義シリーズ

偏差値を30からUP70に上げる数学

細野真宏の
2次関数と指数・対数関数が
本当によくわかる本

小学館

『数学が本当によくわかるシリーズ』の刊行にあたって

　僕はよく生徒から
「受験生のときどんな本を使ってどのように勉強していたんですか？」
と質問をされて困っています。それは
キチンと答えてもたいして参考にならないからです。
　僕は受験生の頃，参考書は全く（まった）と言っていいほど分かりませんでした。
「なんでここで この公式を使うことに気付くのか？」
「なんでここで このような変形をするのか？」など，1つ1つの素朴（そぼく）な
疑問について全くと言っていいほど解説してくれていなくて，一方的に
「この問題はこうやって解くものなんだ！」と解法を押しつけられていたから
です。
　だから，僕が受験生のときは（いい参考書がなかったので）決して
ベストな勉強法ができていたわけではなく，いろんな試行錯誤（しこうさくご）をしていた
のです。その意味で，この**『数学が本当によくわかるシリーズ』**は
「僕が受験生のときに最も欲しかった参考書」なのです。
　つまり，この本は僕の受験生の頃の経験などを踏まえ
　　　"全くムダがなく，最短の期間で飛躍的に数学の力を伸ばす"
ことができるように作ったものなのです。
　だから，冒頭（ぼうとう）の質問に対して，僕は簡潔に こう答えています。
「僕の受験生の頃の失敗なども踏まえてこの本を作ったので，
　この本をやれば僕の受験生のときよりも はるかに効率のいい
　勉強ができるよ」と。

細野　真宏

まえがき

　この本は，偏差値が30台の人から70台の人を対象に書きました。
　数学がよく分からないという人は非常に多いと思います。しかし，それは決して本人の頭が悪いから，というわけではないと思います。私は教える人の教え方や解法が悪いからだと思います。
　私も高校生のとき全く数学が分かりませんでした。とにかく勉強が大嫌いだったので，高2までは大学へ行く気がなく（というより成績が悪すぎて行けなかった），専門学校で絵の勉強をすると決めていました。高3のはじめにすごく簡単だと言われている模試を受けました。結果は200点満点で8点！（6点だったかもしれない……）。この話をすると皆「熱でも出ていたんでしょう？」とか言って信じてくれません。熱どころかベストな体調で試験時間終了の1秒前まで必死に解答を書いていました。
　それからいろいろ考えることがあって，大学へ行こうかなぁ，などと思うようになり，ようやく数学をやり出しました。田舎の三流高校（あっ，今はそこそこいい高校になっているようです）にいたので，授業などはあてにできず独学でやりました。1年後には大手予備校の模試で全国1番になっていました。結局だいたい偏差値は80台はあり，いいときで100を超えたり（東大模試とかレベルの高い模試なら可能）していました。こんなことを言うと「なんだァこの人は頭がいいから数学ができるようになったのか」と思うかもしれないのでキチンと言っておくと，決して私は頭が良くありません。しかし，要領はいいと思います。本を読んでもらえれば，無駄がないことが分かってもらえると思います。そして，数学ができるようになるためには，決して特別な才能が必要になるわけではない，ということも分かってもらえると思います。要は，教え方によって数学の成績は飛躍的に変わり得るものなのです。
　私の講義でやっている内容は非常に高度です。しかし，偏差値が30台の人でも分かるようにしています（私がかつてそうだったから思考

過程がよく分かる)。一般に優れた解法(▶素早く解け，応用が利く)は非常に難しく理解しにくいものです。だから普通の受験生は，まず多大な時間を費やしてあまり実用的でない教科書的な解法を学校で教わり(予備校の講義が理解できる程度の学力を身につけ)その後で予備校で優れた解法を教わることにより，ようやくそれが理解できるようになる，という過程をたどると思います。しかし，もしもいきなり優れた解法をほとんど0(ゼロ)の状態から理解することが可能なら，非常に短期間で飛躍的に成績を上げることが可能になるでしょう。

　私は普段の授業でそれを実践しているつもりです。この本はその講義をできる限り忠実に再現してみたものです。その意味でこの本は，「**短期間に偏差値を30台から70台に上げるのに最適な本**」なのです。

　この本を読むことによって，一人でも多くの人に数学のおもしろさを分かってもらえたらうれしく思います。

　できれば，今後の参考のために，本の感想や御意見等を編集部あてに送ってください。

　横山 薫君，河野 真宏君には原稿を読んでもらったり校正等を手伝って頂きました。
ありがとうございました。

P.S. いつも数多くの愛読者カードや励ましの手紙等が出版社から届けられて来ます。すべて読ませてもらっていますが，本当に参考になったり元気づけられたりしています。本当にありがとうございます。(忙しくて，返事があまり書けなくて申し訳ありません)

著 者

《注》「**偏差値を30から70に上げる数学**」というと，「既に偏差値が70台の人はやらなくてもいいのか？」と思う人もいるかもしれませんが，実際は70から90台の読者も多く，「本質的な考え方が理解できるからやる価値は十分ある」という声も多く届いています。

目 次

問題一覧表 —————————————————— ⑪

Section 1　2次関数の最大・最小問題 —————— 1

Section 2　指数・対数関数の頻出問題の考え方について - 23

Section 3　指数・対数関数の大小比較に関する問題 —— 89

Section 4　桁数に関する問題 ————————— 121

One Point Lesson ～平方完成について～ — 147

One Point Lesson ～指数の基本的な公式について～ — 153

One Point Lesson ～対数の基本的な公式について～ — 161

One Point Lesson ～組立除法と因数分解について～ — 169

One Point Lesson ～$X+\dfrac{1}{X}$ と $X-\dfrac{1}{X}$ のとり得る範囲について～ 180

Point 一覧表　～索引にかえて～ ——————— 199

『数学が本当によくわかるシリーズ』の特徴

1 『数学が本当によくわかるシリーズ』は，数Ⅰ，数A，数Ⅱ，数B，数Ⅲ，数Cから，どの大学の入試にもほぼ確実に出題される分野や，苦手としている受験生が非常に多いとされている重要な分野を取り上げています。

かなり基礎から解説していますが，その分野に関しては入試でどんなレベルの大学（東大でも！）を受けようとも必ず解けるように書かれているので，決して簡単な本ではありません。しかし，難しいと感じないように分かりやすく講義しているので，偏差値が30台の人や文系の人でもスラスラ読めるでしょう。

2 この本では，「思考力」や「応用力」が身に付き"**最も少ない時間で最大の学力アップが望める**"ように，1題1題について[考え方]を講義のように詳しく解説しています。

> ▶「シリーズのすべての本をやらないといけないんですか？」というような質問を受けますが，このシリーズは1題1題を丁寧に解説しているので結果的に冊数が多くなっています。つまり，1冊あたりの問題数は決して多くはなく，このシリーズ3〜4冊分で通常の問題集の1冊分に相当したりしています。
> そのため，実際にやってみれば どの本も かなりの短期間で読み終えることができるのが分かるはずです。
>
> 数学の勉強において最も重要なのは「**考え方**」です。
> 感覚だけで"なんとなく"解くような勉強をしていると，100題の問題があれば100題すべての解答を覚える必要が出てきます。しかし，キチンと問題の本質を理解するような勉強をすれば，せいぜい10題くらいの解法を覚えれば済むようになります。

3 この本はSection 1, 2, 3……と順を追って解説しているので，はじめからきちんと順を追って読んでください。最初のほうはかなり基礎的なことが書かれていますが，できる人も確認程度でいいので必ず読んでください。その辺を何となく分かっている気になって読み進んでいくと必ずつまずくことになるでしょう。"急がば回れ"です。

　一見，基礎を確認することが遠回りに思えても，実際は高度なことを理解するための最短コースとなっているのです。

4 従来の数学の参考書では，**練習問題**は**例題**の類題といった意味しかなく，その解答は本の後ろに参考程度にのっているものがほとんどです。しかし，この本では**練習問題**にもキチンとした意味を持たせています。本文で触れられなかった事項を**練習問題**を使って解説したり，時には**練習問題**の準備として**例題**を作ったりもしています。
だから，読みやすさも考え，**練習問題**の解答は別冊にしました。

Casting
本文イラスト・デザイン・編集・著者
➡ ほその まさひろ

この本の使い方

STEP1

とりあえず **例題**を解いてみる。（1題につき10～30分ぐらい）

▶ 全く解けなくても，とりあえずどんな問題なのかは分かるはずである。どんな問題なのかすら分からない状態で解説を読んだら，解説の焦点がぼやけてしまって逆に，理解するのに時間がかかったりしてしまうので，とにかく解けなくてもいいから**10分～30分は解く努力をしてみること***！*

STEP2

解けても解けなくても［**考え方**］を読む。

▶ その際，自分の知らなかった考え方があれば，
その考え方を**理解して覚える**こと*！*
また，*Point* があれば，それは**必ず暗記**すること*！*

STEP3

［**解答**］をながめて 全体像を再確認する。

▶ なお，［解答］は，記述の場合を想定して，
「実際の記述式の答案では，この程度書いておけばよい」という目安
のもとで書いたものである。

STEP 4

練習問題を解く。（時間は無制限）

▶練習問題については例題で考え方を説明しているから
知識的には問題がないはずなので，例題の考え方の確認も踏まえて
練習問題は必ず自分の頭だけを使って頑張って解いてみること！
数学は自分の頭で考えないと実力がつかないものなので，絶対に
すぐにあきらめないこと!!

Step 1～Step 4 の流れですべての問題を解いていってください。

　まぁ，人によって差はあると思うけど，どんな人でも3回ぐらいは繰り返さないと考え方が身に付かないだろうから，**入試までに最低3回は繰り返すようにしよう！**

（注）
　「3回もやる時間がない！」という人もきっといると思う。確かに1回目は時間がかかるかもしれないけれど，それは問題を解くための知識があまりないからだよね。だけど2回目は，（多少忘れているとしても）半分ぐらいは頭に入っているのだから，1回目の半分ぐらいの時間で終わらせることができるはずだよね。さらに3回目だったら，かなりの知識が頭に入っているので，さらに短時間で終わらせることができるよね。
　また，「なん日ぐらいで1回目を読み終わればいいの？」という質問をよくされるけれど，この本に関しては1週間で終わる，というのが1つの目安なんだ。だけど，本を読む時点での予備知識が人によってバラバラだし，1日にかけられる時間も違うだろうから，3日で終わる人もいれば，2週間かかる人もいると思う。だから結論的には，「**なん日かかってもいいから本に書いてあることが完璧に分かるようになるまで頑張って読んでくれ！**」ということになるんだ。とにかく，個人差があって当然なんだから，日数なんて気にせずに理解できるまで読むことが大切なんだよ。

講義を始めるにあたって

　数学ができない人と話をしてみるとよく分かるのだが，重要な公式や考え方が全く頭に入っていない場合が多い。それで数学の問題が全く解けないので，「あぁ僕は（私は）なんて頭が悪いんだろう！」なんて言っている。解けないのは当たり前でしょ！

　何も覚えないで問題を解けるようになろうなんてアマイ，アマイ。数学ができる人を完全に誤解している。賢い人なら英単語を一つも覚えないで（知らないで）アメリカに行って会話ができるのかい？　数学も他の科目同様，とりあえずは暗記科目である！　どんなにできる人でも暗記という地道な努力（それだけで偏差値は60台にはいく）をしているのである。その後でようやく数学オリンピックのような考える問題を解くことができるようになり，数学のおもしろさが分かるのである。

　本書は，無駄なものは一切載せていないので，本を読んで知らなかった公式や考え方はすべて覚えること‼

　それから，問題を解くのはいいんだけど，結構解きっぱなしの人って多いよね。そういう人は入試の直前に泣くことになる。だって入試直前に全問を解き直すのは不可能でしょ？　だから普段からどの問題を復習すべきか，きちんと区別しておかなくてはならない。私は問題を解くとき，次のような記号を使って問題の区別を行なっている。

　Ｅ　ENDの略（EASYの略なんでしょ？とよく言われる）。これは何回やっても絶対に解けるから，もう二度と解かなくてもいい問題につける。

　合　合格の略。とりあえず解けたけど，あと１回くらいは解いておいたほうがよさそうな問題につける。

　ag　Againの略。あと２〜３回は解き直したほうがいいと思われる問題につける。

　無理にこの記号を使うことはないが，このように３段階に問題を分けておけば，復習するときに非常に効率がいい（例えば，直前で，どうしても時間がないときには ag の問題だけでも解き直せばよい）。

問題一覧表

自分のレベルや志望校に合わせて問題が選べるようになっています。
とりあえず，必要なレベルから順に勉強していってください。

AA　基本問題(教科書の例題程度)；高校の試験対策にやってください。

A　入試基本問題；大学入試だけという人や数学がものすごく苦手という人は，とりあえずこの問題までやってください。

B　入試標準問題；A問題がよく分からないという人以外は，すべてやってください。

□ の使い方

例えば，次のように使えばよい。

⊠　　cut する問題

▨　Ⓔ　の問題

▨　㊎　の問題

◨　㎎　の問題

⑫　問題一覧表

例題1 (P.2) **AA**
$y=x^2-ax+2a+6$ の最小値が1となるように，a の値を定めよ。

例題2 (P.4) **AA**
$y=x^2-ax+2a+6$ の $x\geq 0$ における最小値が1となるように，a の値を定めよ。

例題3 (P.9) **AA**
定点 $A\left(\dfrac{3}{2},\ a\right)$ と $y=x^2-3x$ 上を動く点 $P(x,\ y)$ について，以下の(1), (2)に答えよ。
(1)　$AP^2=(y-a+\boxed{})^2+a+\boxed{}$ である。
(2)　AP^2 が最小になるときの y 座標を求めよ。

例題4 (P.14) **AA**
$y=-x^2+ax-a$ の $0\leq x\leq 5$ における最大値が3となるように，a の値を定めよ。

補題 (P.19) **AA**
次の関数 $g(a)$ の最小値とそのときの a の値を求めよ。
$$\begin{cases} g(a)=a^2-7a-9 & (a<4 \text{ のとき}) \\ g(a)=a-25 & (4\leq a\leq 5 \text{ のとき}) \\ g(a)=a^2-9a & (5<a \text{ のとき}) \end{cases}$$

練習問題1 (P.21) **AA**
t が実数のとき，
x の関数 $f(x)=x^4+2tx^2+2t^2+t$ の最小値を $m(t)$ とする。
このとき，$m(t)$ の最小値は $\boxed{}$ である。

練習問題 2 (P.21) AA

区間 $a \leq x \leq a+1$ における関数 $f(x)=x^2-10x+a$ の最小値を $g(a)$ とするとき，$g(a)$ を最小にする a の値と最小値を求めよ。

例題 5 (P.24) AA

方程式 $4^x-2^{x+1}-8=0$ の解は $x=\boxed{}$ である。

練習問題 3 (P.26) AA

方程式 $2^{x+5}-2^{-x}+4=0$ の解は $x=\boxed{}$ である。

例題 6 (P.27) AA

不等式 $9^x-4\cdot3^{x+1}+27<0$ を解け。

練習問題 4 (P.28) AA

不等式 $2^{2x+3}-2^{x+1}<2^{x+2}-1$ を解け。

例題 7 (P.29) AA

$a^x-\dfrac{1}{a^x}=\sqrt{2}$ $(a>0)$ のとき，

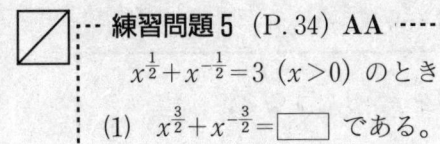

(1) $a^{2x}+\dfrac{1}{a^{2x}}=\boxed{}$ である。

(2) $a^{3x}-\dfrac{1}{a^{3x}}=\boxed{}$ である。

(3) $a^x+\dfrac{1}{a^x}=\boxed{}$ である。

練習問題 5 (P.34) AA

$x^{\frac{1}{2}}+x^{-\frac{1}{2}}=3$ $(x>0)$ のとき

(1) $x^{\frac{3}{2}}+x^{-\frac{3}{2}}=\boxed{}$ である。

(2) $x^2+x^{-2}=\boxed{}$ である。

例題 8 (P.34) A

$2^{3x}+\dfrac{1}{2^{3x}}=2$ のとき，$2^x+\dfrac{1}{2^x}=\boxed{}$ である。

練習問題 6 (P.40) A

方程式 $3(9^x+9^{-x})-7(3^x+3^{-x})-4=0$ を解け。

例題 9 (P.40) A

$2^x+2^{-x}=t$ とするとき，$y=2^{2x}+2^x+3+2^{-x}+2^{-2x}$ を t だけで表すと $y=t^{\boxed{ア}}+t+\boxed{イ}$ になるので，y は $x=\boxed{ウ}$ のとき最小値 $\boxed{エ}$ をとる。

練習問題 7 (P.46) AA

$f(x)=9^x-6\cdot 3^{x-1}-1$ は $x=\boxed{}$ で最小値 $\boxed{}$ をとる。

練習問題 8 (P.46) A

(1) $2^{x-1}+2^{-x}=X$ のとき，

$y=\dfrac{1}{4}\cdot 2^{2x}+2^{-2x}$ を X を用いて表すと，$y=\boxed{}$ となる。

(2) $2^{x-1}+2^{-x}\leqq 2$ のとき，

y の最大値は $\boxed{}$，最小値は $\boxed{}$ である。

練習問題 9 (P.46) A

関数 $f(x)=4^x+4^{-x}+3(2^x-2^{-x})-\dfrac{7}{4}$ は $x=\boxed{}$ のとき最小値 $\boxed{}$ をとる。

例題 10 (P.47) A

方程式 $3^{2x}-2\cdot 3^{x+1}+1=0$ の 2 つの解を $\alpha,\ \beta$ とすると，$\alpha+\beta=\boxed{}$ である。

例題 11 (P.50) **A**

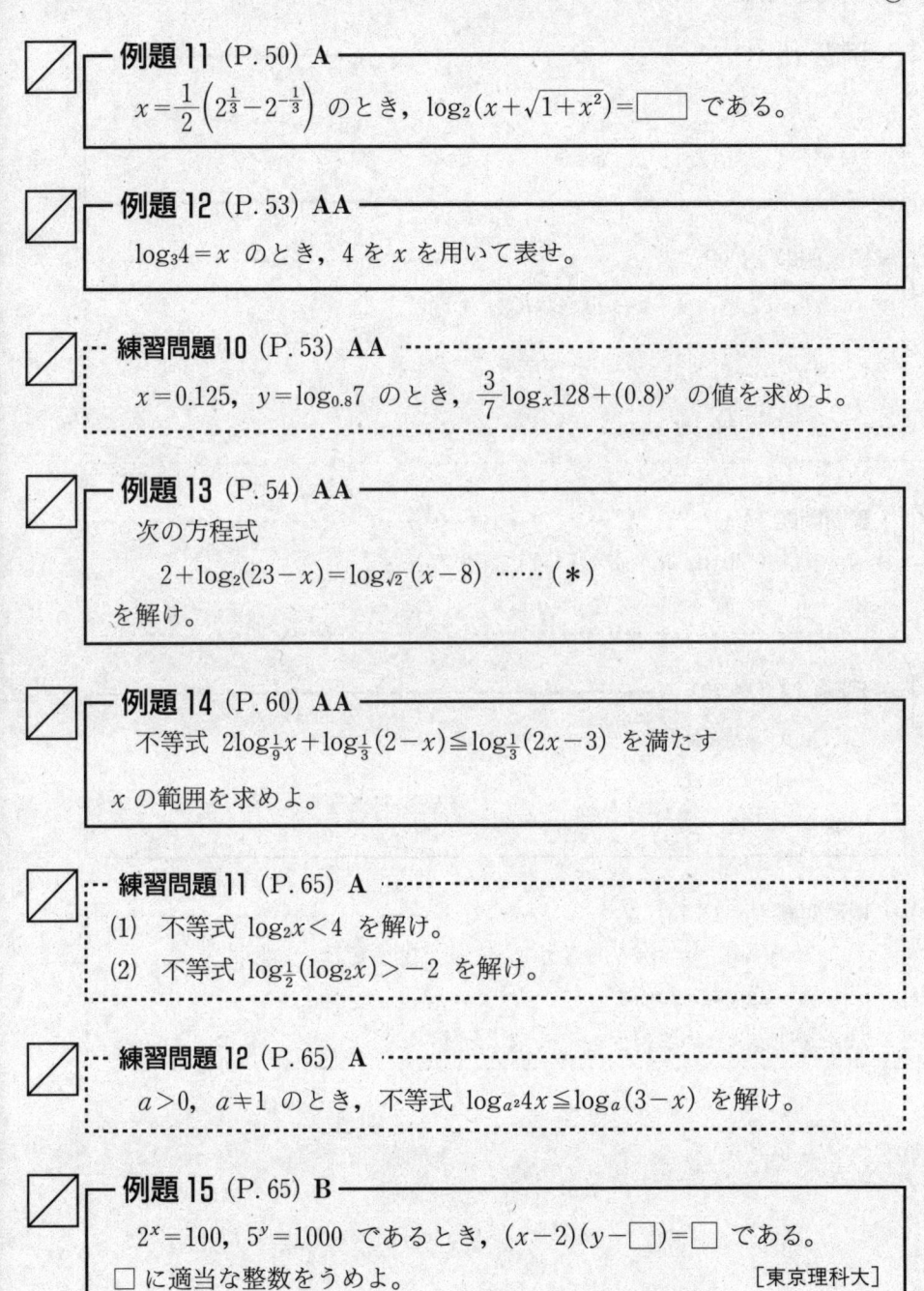

$x=\dfrac{1}{2}\left(2^{\frac{1}{3}}-2^{-\frac{1}{3}}\right)$ のとき，$\log_2(x+\sqrt{1+x^2})=\boxed{}$ である。

例題 12 (P.53) **AA**

$\log_3 4 = x$ のとき，4をxを用いて表せ。

練習問題 10 (P.53) **AA**

$x=0.125$, $y=\log_{0.8} 7$ のとき，$\dfrac{3}{7}\log_x 128 + (0.8)^y$ の値を求めよ。

例題 13 (P.54) **AA**

次の方程式
$$2+\log_2(23-x)=\log_{\sqrt{2}}(x-8) \quad\cdots\cdots(*)$$
を解け。

例題 14 (P.60) **AA**

不等式 $2\log_{\frac{1}{9}} x + \log_{\frac{1}{3}}(2-x) \leqq \log_{\frac{1}{3}}(2x-3)$ を満たす x の範囲を求めよ。

練習問題 11 (P.65) **A**

(1) 不等式 $\log_2 x < 4$ を解け。
(2) 不等式 $\log_{\frac{1}{2}}(\log_2 x) > -2$ を解け。

練習問題 12 (P.65) **A**

$a>0$, $a \neq 1$ のとき，不等式 $\log_{a^2} 4x \leqq \log_a (3-x)$ を解け。

例題 15 (P.65) **B**

$2^x = 100$, $5^y = 1000$ であるとき，$(x-2)(y-\boxed{})=\boxed{}$ である。
□ に適当な整数をうめよ。　　　　　　　　　　　［東京理科大］

例題 16 (P.70) A

$2^x = 5^y = 10^z$ のとき

$\dfrac{1}{x} + \dfrac{1}{y} = \boxed{}$ （ただし，$z \neq 0$ とする）

練習問題 13 (P.72) A

a, b, c, x, y, z は正の数で $a \neq 1$ とする。

$a^x = b^y = c^z$ と $\dfrac{1}{x} + \dfrac{1}{y} = \dfrac{2}{z}$ が成り立つとき，

c を a, b を用いて表せ。

練習問題 14 (P.73) A

$\log_{10} 2 = 0.3010$, $\log_{10} 3 = 0.4771$ とするとき

$12^n > 10^{101}$ となる最小の整数 n は $\boxed{}$ である。

例題 17 (P.73) A

x, y の連立方程式

$\begin{cases} x^2 y^4 = 1 & \cdots\cdots ① \\ \log_2 x + (\log_2 y)^2 = 3 & \cdots\cdots ② \end{cases}$ を解け。

練習問題 15 (P.78) A

$x > 2$, $y > 0$, $y \neq 1$ である実数 x, y に関する連立方程式

$\begin{cases} \log_2 x = 2\log_y 4 + \log_y 2 & \cdots\cdots ① \\ \log_{\sqrt{6}}(\log_2 x + \log_2 y) = 2 & \cdots\cdots ② \end{cases}$ を解け。

例題 18 (P.78) A

2つの関数 $f(t)=4t(2-t)$, $g(x)=\log_2 x$ に対して，関数 $h(t)=g(f(t))$ が定義できるための t の範囲は $\boxed{}<t<\boxed{}$ である。
このとき，関数 $h(t)$ について以下の問いに答えよ。
(1) 関数 $h(t)$ は $t=\boxed{}$ のとき最大値 $\boxed{}$ をとる。
(2) $-1<h(t)$ が成り立つ t の範囲は $\boxed{}<t<\boxed{}$ である。

練習問題 16 (P.83) B

$1\leq x\leq 8$ のとき，以下の問いに答えよ。
(1) $y=x^{\log_2 x}$ とすると，$\log_2 y$ の最大値は $\boxed{}$ である。
(2) 関数 $f(x)=x^{6-\log_2(4x^2)}$ の
最大値は $\boxed{}$ であり，最小値は $\boxed{}$ である。　　　　［東京理科大］

例題 19 (P.84) B

$x>0$, $y>0$, xy^3 が一定のとき，
$\log_{10}x \cdot \log_{10}y$ は x と y が $\boxed{}$ を満たすとき最大となる。

練習問題 17 (P.88) A

正の数 a, b が $a^3 b=4$ を満たしているとき，
$S=(\log_2 a)^3+(\log_8 b)^3$ は $b=\boxed{}$ のとき最小値 $\boxed{}$ をとる。

例題 20 (P.90) AA

$\sqrt[4]{5}$, $\sqrt[3]{3}$, $\sqrt[5]{6}$ を大きさの順に並べると，
$\boxed{}<\boxed{}<\boxed{}$ となる。

練習問題 18 (P.94) AA

$2^{\frac{1}{2}}$, $3^{\frac{1}{3}}$, $5^{\frac{1}{5}}$ を大きさの順に並べると，
$\boxed{}<\boxed{}<\boxed{}$ となる。

- **例題 21** (P.95) **AA**

  3つの数 $a=\dfrac{3}{2}$, $b=\log_4 7$, $c=\log_2 \sqrt[3]{24}$ について, a, b, c を大きさの順に並べると, $\boxed{} < \boxed{} < \boxed{}$ となる。　　　　　　[センター試験]

- **練習問題 19** (P.98) (1)(2) **AA** (3) **B**

  次の $\boxed{}$ に等号または不等号を入れよ。
  (1) $(\sqrt{2})^2 \boxed{} \log_2 \sqrt{15}$
  (2) $(\sqrt{2})^8 \boxed{} \log_{\sqrt{2}} 8$
  (3) $(\sqrt{2})^{\sqrt{8}} \boxed{} \log_{\sqrt{2}} \sqrt{8}$　　　　　[センター試験]

- **例題 22** (P.99) (1) **AA** (2) **A**

  $\dfrac{1}{2} < \log_a b < 1$ のとき, 次の A, B の大小関係を調べよ。
  (1) $A = \log_a b$, $B = \dfrac{1}{\log_a b}$
  (2) $A = \log_a b$, $B = 2 - \dfrac{1}{\log_a b}$

- **例題 23** (P.109) **A**

  $1 < a < b < a^2$ のとき,
  $A = \log_a b$, $B = \log_b a$, $C = \log_a \dfrac{a}{b}$, $D = \log_b \dfrac{b}{a}$ の大小関係は
  $\boxed{} < \boxed{} < \dfrac{1}{2} < \boxed{} < \boxed{}$ である。　　[センター試験]

- **練習問題 20** (P.112) **A**

  $a^2 < b < a < 1$ であるとき,
  $A = \log_a b$, $B = \log_b a$, $C = \log_a \dfrac{a}{b}$, $D = \log_b \dfrac{b}{a}$, $\dfrac{1}{2}$
  を大小の順に並べよ。　　　　　　　　　　　　　[早大―政経]

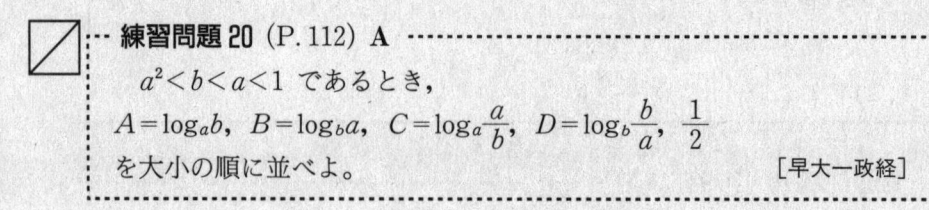

練習問題 21 (P.112) B

正の数 x, y が $x < y^2 < x^2$ の関係にあるとき、4つの実数
$A = \log_x y$, $B = \log_y x$, $C = \log_x \dfrac{x^2}{y}$, $D = \log_y y\sqrt{x}$
を小さい順に並べよ。　　　　　　　　　　　　　　　　　　[東京理科大]

例題 24 (P.113) (1)(2) AA (2) A

$A = \log_4(\log_3 4)$, $B = \log_3(\log_3 4)$, $C = \log_4(\log_4 3)$ のとき
(1) $A + C$ の値を求めると □ となる。
(2) A, B, C を大きさの順に並べると、
　　□ < □ < □ となる。

練習問題 22 (P.119) A

$a = \log_2 3$, $b = \log_3 2$, $c = \log_4 8$ を大きさの順に並べると、
□ < □ < □ となる。

例題 25 (P.122) AA

(1) n 桁の最小の自然数は □ である。
(2) $10^{n-1} \leqq x < 10^n$ を満たす自然数 x は □ 桁である。
　　ただし、n は自然数とする。　　　　　　　[例題 26 の準備問題]

⑳ 問題一覧表

―― 例題 26 (P.125) (1) AA (2) A ――

3^{100} の桁数 n と最高位の数字 m を次のようにして求めた。
ただし，$\log_{10}2=0.3010$，$\log_{10}3=0.4771$，$\log_{10}7=0.8451$ とせよ。

(1) 自然数 x が n 桁であるということを不等式で表すと，
$$\boxed{\text{あ}} \leqq \log_{10}x < \boxed{\text{あ}} +1$$
ゆえに，3^{100} は $\boxed{\text{い}}$ 桁である。

(2) n 桁の自然数 x の最高位の数字が m であるということを不等式で表すと，
$$\log_{10}m \leqq \boxed{\text{う}} < \log_{10}(m+1)$$
ゆえに，3^{100} の最高位の数字は $\boxed{\text{え}}$ である。

―― 練習問題 23 (P.134) A ――

$\log_{10}2=0.3010$，$\log_{10}3=0.4771$ のとき，
15^{100} は $\boxed{}$ 桁の整数であり，最高位の数字は $\boxed{}$ である。

―― 例題 27 (P.135) AA ――

小数第 n 位に初めて 0 でない数字が現れる正の数 x は
$10^{\boxed{}} \leqq x < 10^{\boxed{}}$ を満たしている。
ただし，n は自然数とする。　　　　　　　　　[例題 28 の準備問題]

―― 例題 28 (P.136) AA ――

$\left(\dfrac{2}{3}\right)^{20}$ を小数で表すと，小数第 $\boxed{}$ 位に初めて 0 でない数字が現れる。ただし，$\log_{10}2=0.3010$，$\log_{10}3=0.4771$ とする。

―― 練習問題 24 (P.138) AA ――

$(0.5)^{15}$ を小数で表すと，小数第 $\boxed{}$ 位に初めて 0 でない数字が現れる。ただし，$\log_{10}2=0.3010$，$\log_{10}3=0.4771$ とする。

例題 29 (P.138) A

(1) 2^{101} の一の位の数字は □ である。
(2) 3^{1002} の一の位の数字は □ である。　　［慶大一医］

練習問題 25 (P.144) A

76^{258} の下2桁の数は □ である。

練習問題 26 (P.144) B

$\log_{10}2=0.3010$, $\log_{10}3=0.4771$, $\log_{10}7=0.8451$ のとき
ある整数 x に対して 7^x が15桁の整数となるとき，
7^x の一の位の数字は □ で，
7^x の最高位の数字は □ である。　　［東京理科大］

補題 (P.144) A

正の数 a, b, c, d が
$\begin{cases} a < xy < b & \cdots\cdots ① \\ c < x < d & \cdots\cdots ② \end{cases}$ を満たすとき，
y は a, b, c, d を用いて
□ $< y <$ □ と書ける。

練習問題 27 (P.146) B

a, b を正の整数とする。a^2 が7桁，ab^3 が20桁の数のとき
a, b はそれぞれ何桁の数になるか。　　［福岡大］

問題一覧表

問題1 (P.147) AA
x^2+2x+3 を平方完成せよ。

問題2 (P.148) AA
$2x^2+5x+3$ を平方完成せよ。

問題3 (P.149) AA
$ax^2+bx+c\ [a\neq 0]$ を平方完成せよ。

演習問題1 (P.154) AA
$a>0,\ b>0$ で，$m,\ n$ を自然数とするとき，次の □ に数字を入れよ。

(1) $\dfrac{a^{2n+1}}{a^n}=a^{\square}$ 　　(2) $(a^{-m})^n=\dfrac{1}{a^{\square}}$

(3) $\dfrac{a^{3m}\cdot a^{-n}}{(a^{2m+n})^2}=a^{\square}$ 　　(4) $\dfrac{42\cdot 4^6}{1024\cdot 2^{\frac{3}{2}}}=\square\sqrt{2}$

(5) $\sqrt[5]{a}\div\sqrt[15]{a^8}\times\sqrt[15]{a^2}=\dfrac{1}{\sqrt[\square]{a}}$ 　　(6) $\sqrt{a^2\sqrt{a^3\sqrt[3]{a^2}}}=a^{\square}$

(7) $\sqrt[3]{24}\times\sqrt[3]{6}\times\sqrt[3]{12}=\square$ 　　(8) $(\sqrt[3]{2}\times 2\div\sqrt{2^3})^{-3}=2^{\square}$

(9) $\sqrt[3]{a\sqrt{a}}\times\sqrt[4]{a}\div\sqrt{a\sqrt{a}}=\square$

(10) $(a^{\frac{1}{4}}-b^{-\frac{1}{4}})(a^{\frac{1}{4}}+b^{-\frac{1}{4}})(a^{\frac{1}{2}}+b^{-\frac{1}{2}})=a^{\square}-b^{\square}$

演習問題2 (P.157) AA
次の □ に数字を入れよ。

(1) $\sqrt[3]{-27}=\square$

(2) $\sqrt[3]{81}+\sqrt[3]{-3}+\sqrt[3]{-24}=\square$

(3) $\sqrt[5]{\sqrt{32}}\times\sqrt{32}\div\sqrt[3]{-8}=\square$

- **演習問題3** (P.160) **AA**
  (1) $\sqrt{5}$, $\sqrt[3]{25}$, $\sqrt[4]{125}$ を小さい順に並べると，
      □ < □ < □ となる。
  (2) $\sqrt{0.5^3}$, $\sqrt[3]{0.5^4}$, $\sqrt[4]{0.5^5}$ を小さい順に並べると，
      □ < □ < □ となる。

- **問題4** (P.162) **AA**
  (1) 『logの定義』(**Point 7**) に基づき，$a^0=1$ を使って $\log_a 1$ の値を求めよ。
  (2) 『logの定義』(**Point 7**) に基づき，$a^1=a$ を使って $\log_a a$ の値を求めよ。

- **問題5** (P.164) **AA**
  $\log_{10}2=x$, $\log_{10}3=y$ とおくとき，
  (1) $\log_{10}12$ を x と y を用いて表せ。
  (2) $\log_{10}\sqrt{0.3}$ を y を用いて表せ。

- **演習問題4** (P.166) **AA**
  $\log_{10}2=x$, $\log_{10}3=y$ とおくとき，
  (1) $\log_{10}0.48$ を x と y を用いて表せ。
  (2) $\log_{10}180$ を x と y を用いて表せ。
  (3) $\log_{10}\dfrac{9}{\sqrt[3]{36}}$ を x と y を用いて表せ。

- **問題6** (P.167) **AA**
  $\log_{10}2=x$, $\log_{10}3=y$ とおくとき，
  $\log_3 8$ を x と y を用いて表せ。

演習問題 5 (P. 168) **AA**

$\log_{10}2 = x$, $\log_{10}3 = y$ とおくとき, $\log_6 72$ を x と y を用いて表せ。

演習問題 6 (P. 168) **AA**

a, b, c がそれぞれ 1 と異なる正の数であるとき, $\log_a b \log_b c \log_c a$ の値を求めよ。

問題 7 (P. 169) **AA**

$x^3 + 2x^2 - 15x + 14 = 0$ を解け。

問題 8 (P. 176) **AA**

$t^3 + 3t - 6\sqrt{3} = 0$ の実数解を求めよ。

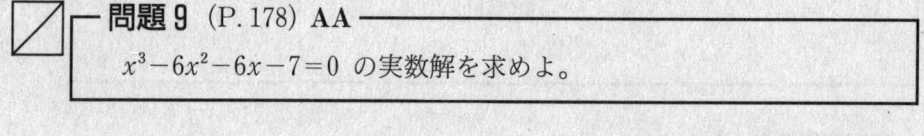

問題 9 (P. 178) **AA**

$x^3 - 6x^2 - 6x - 7 = 0$ の実数解を求めよ。

Section 1　2次関数の最大・最小問題

　ここでは、たいていの受験生が苦手としている「場合分けが必要な最大・最小問題」について解説します。

　一般に 場合分けが苦手な受験生は 非常に多いけど、そういう人は たいてい 場合分けをする必要がないときでも なんとなく 無意味に 場合分けをしたりしています。

　しかし 場合分けは 必要があるから するものなのです。つまり「なぜ 場合分けをする必要があるのか？」ということが分からないと 絶対に 自分で 場合分けができるようにはならないので、キチンと「場合分けをしなければならない理由」について考えながら 解いていくこと！

※「平方完成」についての知識が全くない人は
　One Point Lesson (P.147〜P.152) から読んでください。

Section 1

とりあえず、次の問題をやってごらん。

例題 1

$y = x^2 - ax + 2a + 6$ の最小値が 1 となるように、a の値を定めよ。

[考え方]

まず「2次関数の最大・最小問題」だから、平方完成してグラフをかけばいいよね。 ◀ グラフを一目見れば 最大・最小が すぐに分かるから！

Point 1.1 〈2次関数の最大・最小問題〉

2次関数の最大・最小問題では、平方完成してグラフをかいて考えよ！

▶「平方完成」については **One Point Lesson** (P.147〜P.152) を見よ！

そこで、$y = x^2 - ax + 2a + 6$ を平方完成しよう。

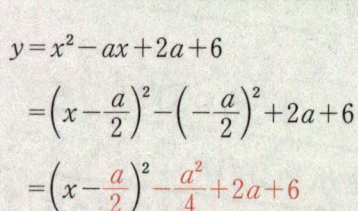

$$y = x^2 - ax + 2a + 6$$
$$= \left(x - \frac{a}{2}\right)^2 - \left(-\frac{a}{2}\right)^2 + 2a + 6$$
$$= \left(x - \frac{a}{2}\right)^2 - \frac{a^2}{4} + 2a + 6$$

◀ $y = x^2 + Ax + B$
$= \left(x + \frac{A}{2}\right)^2 - \left(\frac{A}{2}\right)^2 + B$
$= \left(x + \frac{A}{2}\right)^2 - \frac{A^2}{4} + B$

よって、
$y = x^2 - ax + 2a + 6$ のグラフは次のような放物線になるよね。

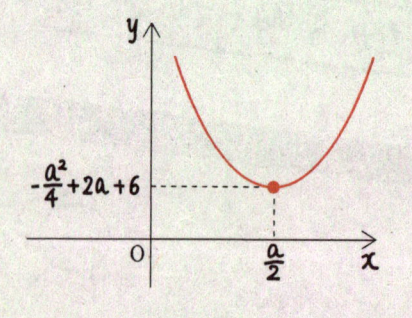

◀ 放物線 $y = A(x-B)^2 + C$ の頂点は (B, C) である！

グラフより、
$y = x^2 - ax + 2a + 6$ の最小値は $-\dfrac{a^2}{4} + 2a + 6$ だよね。

よって，問題文のように
「$y=x^2-ax+2a+6$ の最小値が1となる」ためには

$\boxed{-\dfrac{a^2}{4}+2a+6=1}$ であればいいよね。

よって，

$-\dfrac{a^2}{4}+2a+6=1$ ◀ あとはこれを解けばよい！

$\Leftrightarrow -\dfrac{a^2}{4}+2a+5=0$

$\Leftrightarrow a^2-8a-20=0$ ◀ 両辺に-4を掛けて分母を払った

$\Leftrightarrow (a+2)(a-10)=0$ より， ◀ aを求めるために因数分解をした！

$\underline{a=-2,\ 10}$

[解答]

$y=x^2-ax+2a+6$

$=\left(x-\dfrac{a}{2}\right)^2-\dfrac{a^2}{4}+2a+6$ より ◀ 平方完成した！

$x^2-ax+2a+6$ の最小値は $-\dfrac{a^2}{4}+2a+6$ なので，

問題文より

$-\dfrac{a^2}{4}+2a+6=1$ ◀「$x^2-ax+2a+6$ の最小値が1」より！

$\Leftrightarrow a^2-8a-20=0$ ◀ 両辺に-4を掛けて分母を払った

$\Leftrightarrow (a+2)(a-10)=0$ ◀ [考え方]参照．

$\therefore\ \underline{a=-2,\ 10}$

例題 2

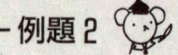

$y = x^2 - ax + 2a + 6$ の $x \geq 0$ における最小値が 1 となるように，a の値を定めよ。

[考え方]

まず，$y = x^2 - ax + 2a + 6$ の最小値を求める問題なので **Point 1.1** に従って平方完成しよう。

$y = x^2 - ax + 2a + 6$
$ = \left(x - \dfrac{a}{2}\right)^2 - \dfrac{a^2}{4} + 2a + 6 \ \cdots\cdots (*)$

◀ 平方完成した (例題1参照)

例題1では，($*$) を考え

$x^2 - ax + 2a + 6$ の最小値は $-\dfrac{a^2}{4} + 2a + 6$ であったが，

この問題では，

$x^2 - ax + 2a + 6$ の最小値は $-\dfrac{a^2}{4} + 2a + 6$ であるとは限らない，

ということが分かるかい？

一般に，例題1のように
放物線は 頂点のところで最小値 (or 最大値) をとるが，
例題2 では，$x \geq 0$ という範囲があるので
頂点が グラフに含まれるかどうか分からないのである。

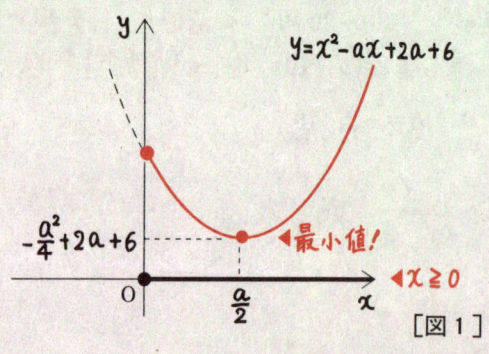

つまり，
[図1] のように 頂点が
$x \geq 0$ の範囲に含まれている
場合は，例題1と同様に

最小値は $-\dfrac{a^2}{4} + 2a + 6$ に

なるが，

[図1]

[図2] のように頂点が $x \geq 0$ の範囲に含まれていない場合は，

最小値は $-\dfrac{a^2}{4}+2a+6$ にならないのである。

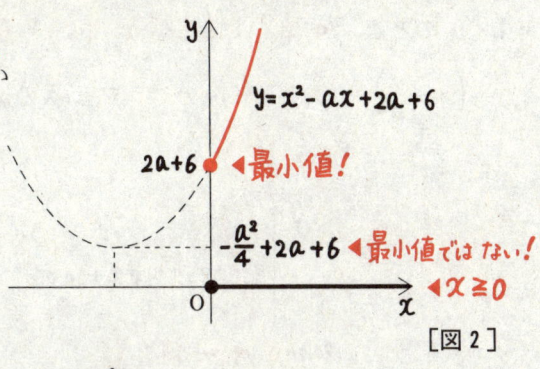

（図：$y = x^2 - ax + 2a + 6$，$2a+6$ ◀最小値！，$-\dfrac{a^2}{4}+2a+6$ ◀最小値ではない！，◀$x \geq 0$　[図2]）

このように，この問題では $x \geq 0$ という範囲があるので場合分けが必要になるのである！ 
そこで，
頂点の x 座標の $x = \dfrac{a}{2}$ と問題文の条件の $x \geq 0$ の位置関係について考えてみよう。

$x = \dfrac{a}{2}$ と $x \geq 0$ の位置関係は次の2通りが考えられるよね。

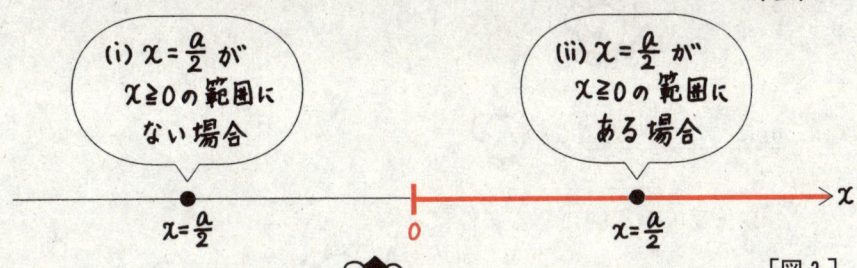

(i) $x = \dfrac{a}{2}$ が $x \geq 0$ の範囲にない場合

(ii) $x = \dfrac{a}{2}$ が $x \geq 0$ の範囲にある場合

[図3]

まず，(i)について考えよう。

$x = \dfrac{a}{2}$ が $x \geq 0$ の範囲にない条件は

$\dfrac{a}{2} < 0$　だよね。◀[図3]を見よ！

よって，(i)は

$a < 0$ のとき　である。◀$\dfrac{a}{2} < 0$ に2を掛けて a について解いた

$a<0$ のとき，◀頂点のx座標が $x≧0$ の範囲にないとき
$y=\left(x-\dfrac{a}{2}\right)^2-\dfrac{a^2}{4}+2a+6$ のグラフは 次のようになるよね。

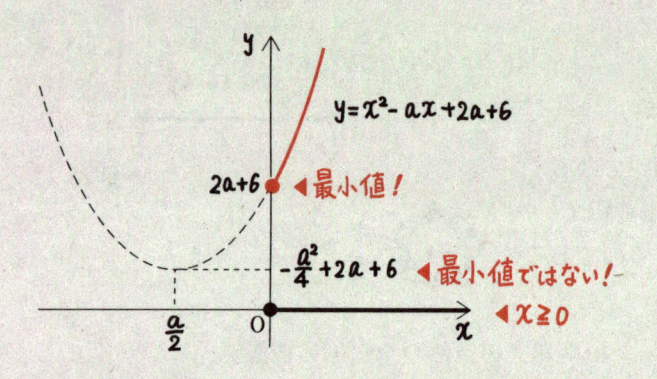

上図より，

$a<0$ のときの $y=x^2-ax+2a+6$ の最小値は $2a+6$ である

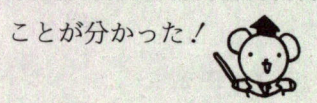

ことが分かった！

次に，(ii)について考えよう。

$x=\dfrac{a}{2}$ が $x≧0$ の範囲にある条件は
$\dfrac{a}{2}≧0$ だよね。◀ [図3]を見よ！

よって，(ii)は

$a≧0$ のとき である。◀ $\dfrac{a}{2}≧0$ に 2 を掛けて a について解いた

$a \geqq 0$ のとき， ◀頂点のx座標が $x \geqq 0$ の範囲にあるとき

$y = \left(x - \dfrac{a}{2}\right)^2 - \dfrac{a^2}{4} + 2a + 6$ のグラフは次のようになるよね。

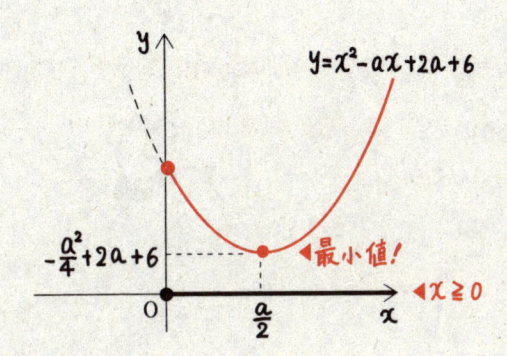

上図より，

$a \geqq 0$ のときの $y = x^2 - ax + 2a + 6$ の最小値は $-\dfrac{a^2}{4} + 2a + 6$ である

ことが分かった！

以上より，

$\begin{cases} \text{(i)} & a < 0 \text{ のときの } y = x^2 - ax + 2a + 6 \text{ の最小値は } 2a + 6 \\ \text{(ii)} & a \geqq 0 \text{ のときの } y = x^2 - ax + 2a + 6 \text{ の最小値は } -\dfrac{a^2}{4} + 2a + 6 \end{cases}$

がいえる。

この結果を踏まえて，[解答]を書いてみよう。

[解答]

$y = x^2 - ax + 2a + 6$

$\quad = \left(x - \dfrac{a}{2}\right)^2 - \dfrac{a^2}{4} + 2a + 6$ ◀ 平方完成した！[Point 1.1]

(i) $a < 0$ のとき ◀ 頂点のx座標$\left(x = \dfrac{a}{2}\right)$が$x \geqq 0$の範囲にないとき

yは$x = 0$で最小値$2a + 6$をとるので， ◀[考え方]参照．

$2a + 6 = 1$ ◀ 問題文の「最小値1」より！

これを解くと，

$a = -\dfrac{5}{2}$ ◀ $a < 0$ を満たしているので答えになる！

(ii) $a \geqq 0$ のとき ◀ 頂点のx座標$\left(x = \dfrac{a}{2}\right)$が$x \geqq 0$の範囲にあるとき

yは$x = \dfrac{a}{2}$で最小値$-\dfrac{a^2}{4} + 2a + 6$をとるので， ◀[考え方]参照．

$-\dfrac{a^2}{4} + 2a + 6 = 1$ ◀ 問題文の「最小値1」より！

これを解くと ◀ $-\dfrac{a^2}{4} + 2a + 6 = 1$ は例題1で解いている

$a = -2, 10$ となるので， ◀ 例題1参照．

$a \geqq 0$ を考え， ◀(ii)の条件

$a = 10$ ◀ $a = -2$ は不適！

以上より，(i)と(ii)を考え

$a = -\dfrac{5}{2}, 10$

例題 3

定点 $A\left(\dfrac{3}{2}, a\right)$ と $y = x^2 - 3x$ 上を動く点 $P(x, y)$ について、以下の(1), (2)に答えよ。

(1) $AP^2 = (y - a + \boxed{})^2 + a + \boxed{}$ である。

(2) AP^2 が最小になるときの y 座標を求めよ。

[考え方]

(1) これは単に次の「2 点間の距離の公式」を使うだけである。

2 点間の距離の公式

点 (a, b) と点 (x, y) の距離 ➡ $\sqrt{(x-a)^2 + (y-b)^2}$

[解答]

(1) $AP = \sqrt{\left(x - \dfrac{3}{2}\right)^2 + (y-a)^2}$ より、 ◀「2点間の距離の公式」を使った

$AP^2 = \left(x - \dfrac{3}{2}\right)^2 + (y-a)^2$ ◀ 両辺を2乗した！

$= \left(x^2 - 3x + \dfrac{9}{4}\right) + (y^2 - 2ay + a^2)$ ◀ $(a-b)^2 = a^2 - 2ab + b^2$

$= \left(y + \dfrac{9}{4}\right) + (y^2 - 2ay + a^2)$ ◀ AP^2 を y だけで表さなければならないので $y = x^2 - 3x$ を使って x を消去した！

$= y^2 + (-2a+1)y + a^2 + \dfrac{9}{4}$ ◀ 整理して y の2次式の形にした！

$= \left(y + \dfrac{-2a+1}{2}\right)^2 - \left(\dfrac{-2a+1}{2}\right)^2 + a^2 + \dfrac{9}{4}$ ◀ $y^2 + Ay = \left(y + \dfrac{A}{2}\right)^2 - \left(\dfrac{A}{2}\right)^2$

$= \left(y - a + \dfrac{1}{2}\right)^2 - \left(-a + \dfrac{1}{2}\right)^2 + a^2 + \dfrac{9}{4}$ ◀ $\dfrac{-2a+1}{2} = -a + \dfrac{1}{2}$

$= \left(y - a + \dfrac{1}{2}\right)^2 - \left(a^2 - a + \dfrac{1}{4}\right) + a^2 + \dfrac{9}{4}$ ◀ $\left(-a + \dfrac{1}{2}\right)^2$ を展開した

$= \left(y - a + \dfrac{1}{2}\right)^2 + a + 2$ ◀ 整理した

[考え方]

(2) 恐らく次のような答案を書いている人が多いだろう。

[誤答例]

(2) $AP^2 = \left(y - a + \dfrac{1}{2}\right)^2 + a + 2$

$= \left\{y - \left(a - \dfrac{1}{2}\right)\right\}^2 + a + 2$ より

AP^2 は $y = a - \dfrac{1}{2}$ のとき最小値をとる。

実は，これは典型的な誤答例なのである！

この答案は どこが間違っているのか分かるかい？

えっ，よく分からないって？

それじゃあ以下，その理由について解説しよう。

まず，(1)の[解答]で，次のように x を消去しているよね。

▶ $\left(x^2 - 3x + \dfrac{9}{4}\right) + (y^2 - 2ay + a^2)$

$= \left(y + \dfrac{9}{4}\right) + (y^2 - 2ay + a^2)$ ◀ $y = x^2 - 3x$ を使って x を消去した！

だから，そのときに次の **Point** を思い浮かべなければならないのである！

Point 1.2 〈文字を消去するときの注意事項〉

文字を消去するときには必ず，残った文字の範囲について考えよ！

そこで，この **Point** に従って，y の範囲について考えよう。 ◀残った文字は y なので！

まず，x と y の関係式は $y=x^2-3x$ なので
$y=x^2-3x$ を使って y の範囲を求めよう！

$y=x^2-3x$ は放物線なので
平方完成すれば 範囲が求められる
よね。
$y=x^2-3x$
$\quad =\left(x-\dfrac{3}{2}\right)^2-\dfrac{9}{4}$ より

右図が得られるので グラフから

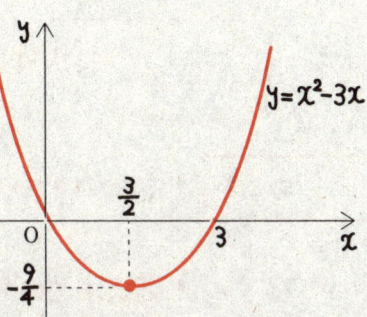

$\boxed{y\geqq -\dfrac{9}{4}}$ がいえるよね。 ◀ $y=x^2-3x$ の最小値は $-\dfrac{9}{4}$ だから！

よって，(2)の問題文は 次のように書き直すことができる。

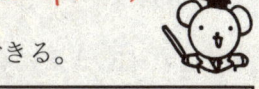

---

(2)′ $y\geqq -\dfrac{9}{4}$ のとき，

$\mathrm{AP}^2=\left\{y-\left(a-\dfrac{1}{2}\right)\right\}^2+a+2$ が最小になるときの y 座標を求めよ。

そこで以下，(2)′ について考えよう。

まず，例題 2 と同様に

$y\geqq -\dfrac{9}{4}$ と $y=a-\dfrac{1}{2}$ ◀ $\mathrm{AP}^2=\{y-(a-\frac{1}{2})\}^2+a+2$ の頂点の y 座標

の位置関係について考えよう！

$y\geqq -\dfrac{9}{4}$ と $y=a-\dfrac{1}{2}$ の位置関係は次の 2 通りが考えられるよね。

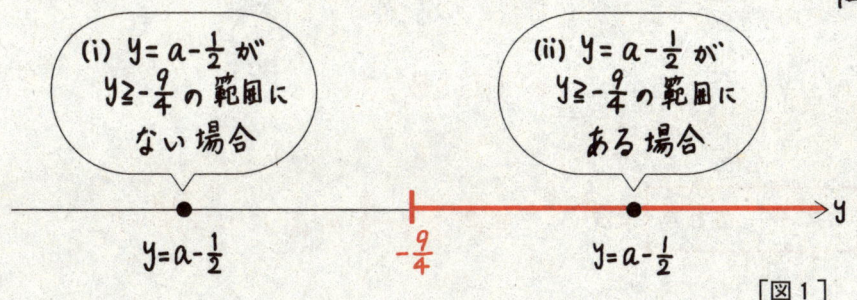

(i) $y=a-\dfrac{1}{2}$ が $y\geqq -\dfrac{9}{4}$ の範囲に ない場合

(ii) $y=a-\dfrac{1}{2}$ が $y\geqq -\dfrac{9}{4}$ の範囲に ある場合

［図1］

まず，(i)について考えよう。

$\boxed{y = a - \dfrac{1}{2} \text{ が } y \geqq -\dfrac{9}{4} \text{ の範囲にない条件は} \\ a - \dfrac{1}{2} < -\dfrac{9}{4}}$ だよね。 ◀[図1]を見よ！

よって，(i)は

$\boxed{a < -\dfrac{7}{4} \text{ のとき}}$ である。 ◀ $a - \dfrac{1}{2} < -\dfrac{9}{4}$ を a について解いた

$a < -\dfrac{7}{4}$ のとき， ◀頂点の y 座標が $y \geqq -\dfrac{9}{4}$ の範囲にないとき

$AP^2 = \left\{ y - \left(a - \dfrac{1}{2} \right) \right\}^2 + a + 2$ の

グラフは右のようになるよね。

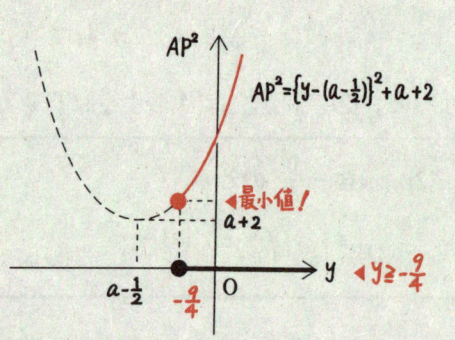

グラフより，

$a < -\dfrac{7}{4}$ のとき，AP^2 は $y = -\dfrac{9}{4}$ で最小値をとることが分かった！

次に，(ii)について考えよう。

$\boxed{y = a - \dfrac{1}{2} \text{ が } y \geqq -\dfrac{9}{4} \text{ の範囲にある条件は} \\ a - \dfrac{1}{2} \geqq -\dfrac{9}{4}}$ だよね。 ◀[図1]を見よ！

よって，(ii)は

$\boxed{a \geqq -\dfrac{7}{4} \text{ のとき}}$ である。 ◀ $a - \dfrac{1}{2} \geqq -\dfrac{9}{4}$ を a について解いた

2次関数の最大・最小問題　13

$a \geqq -\dfrac{7}{4}$ のとき，◀頂点のy座標が $y \geqq -\dfrac{9}{4}$ の範囲にあるとき

$AP^2 = \left\{y - \left(a - \dfrac{1}{2}\right)\right\}^2 + a + 2$ の

グラフは右のようになるよね。

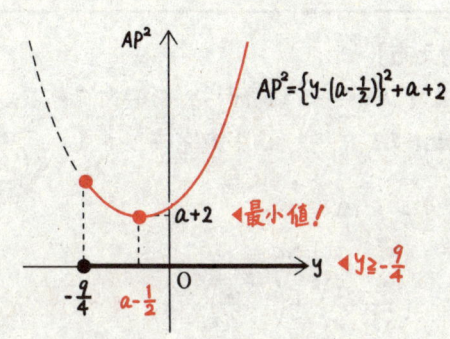

◀最小値！　$a+2$

$y \geqq -\dfrac{9}{4}$

$-\dfrac{9}{4}$　$a - \dfrac{1}{2}$

グラフより，

$a \geqq -\dfrac{7}{4}$ のとき，AP^2 は $y = a - \dfrac{1}{2}$ で最小値をとることが分かった！

[解答]
(2) $y = x^2 - 3x$

$= \left(x - \dfrac{3}{2}\right)^2 - \dfrac{9}{4}$ を考え，◀平方完成した！

$y \geqq -\dfrac{9}{4}$ の条件のもとで　◀Point 1.2

$AP^2 = \left\{y - \left(a - \dfrac{1}{2}\right)\right\}^2 + a + 2$ が最小になるときの y 座標を求めればよい。

(i) $a < -\dfrac{7}{4}$ のとき　◀頂点，$\left(y = a - \dfrac{1}{2}\right)$ が $y \geqq -\dfrac{9}{4}$ の範囲にない場合！

AP^2 は $y = -\dfrac{9}{4}$ で最小値をとる。◀[考え方]参照．

(ii) $a \geqq -\dfrac{7}{4}$ のとき　◀頂点 $\left(y = a - \dfrac{1}{2}\right)$ が $y \geqq -\dfrac{9}{4}$ の範囲にある場合！

AP^2 は $y = a - \dfrac{1}{2}$ で最小値をとる。◀[考え方]参照．

例題 4

$y = -x^2 + ax - a$ の $0 \leq x \leq 5$ における最大値が 3 となるように，a の値を定めよ。

[考え方]

まず，$y = -x^2 + ax - a$ の最大値を求める問題なので **Point 1.1** に従って平方完成しよう。

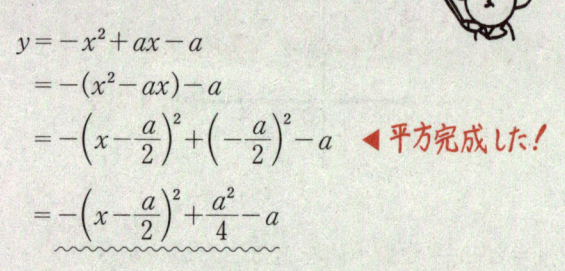

$$y = -x^2 + ax - a$$
$$= -(x^2 - ax) - a$$
$$= -\left(x - \frac{a}{2}\right)^2 + \left(-\frac{a}{2}\right)^2 - a \quad \blacktriangleleft 平方完成した！$$
$$= -\left(x - \frac{a}{2}\right)^2 + \frac{a^2}{4} - a$$

$y = -\left(x - \frac{a}{2}\right)^2 + \frac{a^2}{4} - a$ の頂点の x 座標の $x = \frac{a}{2}$ と $0 \leq x \leq 5$ の位置関係は次の3通りが考えられるよね。

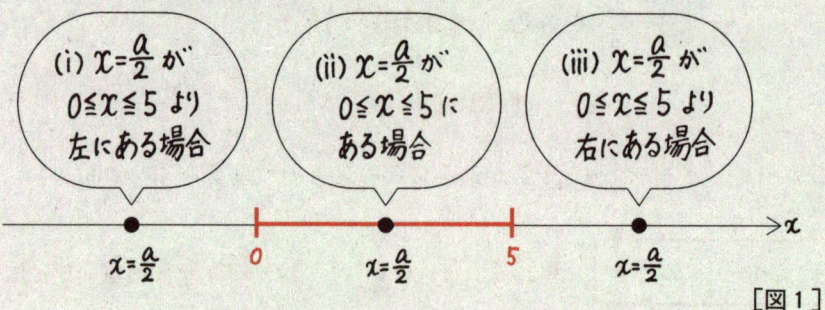

(i) $x = \frac{a}{2}$ が $0 \leq x \leq 5$ より左にある場合

(ii) $x = \frac{a}{2}$ が $0 \leq x \leq 5$ にある場合

(iii) $x = \frac{a}{2}$ が $0 \leq x \leq 5$ より右にある場合

[図1]

まず，(i)について考えよう。

$x = \frac{a}{2}$ が $0 \leq x \leq 5$ より左にある条件は $\frac{a}{2} < 0$ だよね。 ◀[図1]を見よ！

よって，(i)は

$\boxed{a<0 \text{ のとき}}$ である。 ◀ $\frac{a}{2}<0$ に2を掛けて a について解いた

$a<0$ のとき， ◀ 頂点の x 座標が $0\leqq x\leqq 5$ より左にある場合
$y=-x^2+ax-a$ のグラフは次のようになるよね。

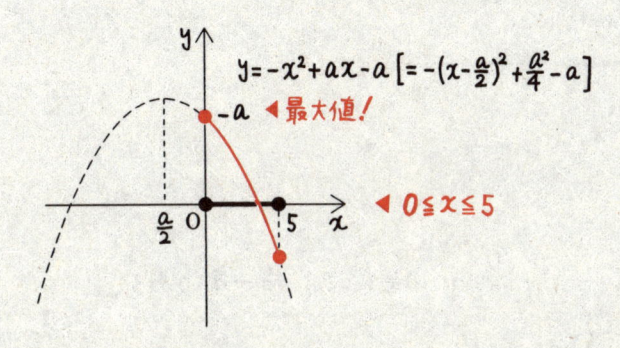

$y=-x^2+ax-a\ [=-(x-\frac{a}{2})^2+\frac{a^2}{4}-a]$

$-a$ ◀ 最大値！

◀ $0\leqq x\leqq 5$

上図より，

<u>$a<0$ のときの $y=-x^2+ax-a$ の最大値は $-a$ である</u>
ことが分かった！

次に，(ii)について考えよう。

$x=\frac{a}{2}$ が $0\leqq x\leqq 5$ にある条件は
$0\leqq \frac{a}{2}\leqq 5$ だよね。 ◀ [図1]を見よ！

よって，(ii)は

$\boxed{0\leqq a\leqq 10 \text{ のとき}}$ である。 ◀ $0\leqq\frac{a}{2}\leqq 5$ に2を掛けて a について解いた

$0 \leqq a \leqq 10$ のとき, ◀頂点の x 座標が $0 \leqq x \leqq 5$ にある場合
$y = -x^2 + ax - a$ のグラフは次のようになるよね。

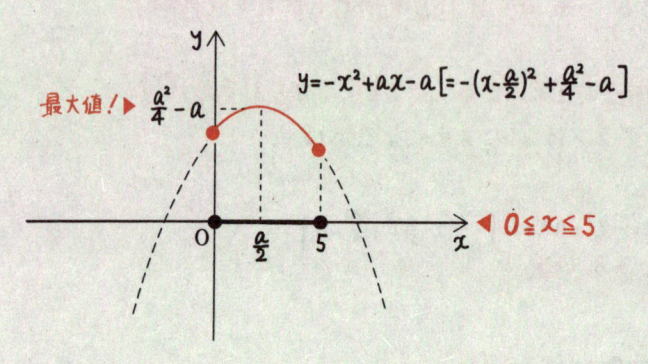

最大値! ▶ $\dfrac{a^2}{4} - a$

$y = -x^2 + ax - a \left[= -\left(x - \dfrac{a}{2}\right)^2 + \dfrac{a^2}{4} - a \right]$

◀ $0 \leqq x \leqq 5$

上図より,

$0 \leqq a \leqq 10$ のときの $y = -x^2 + ax - a$ の最大値は $\dfrac{a^2}{4} - a$ である

ことが分かった！

次に, (iii)について考えよう。

$x = \dfrac{a}{2}$ が $0 \leqq x \leqq 5$ より右にある条件は
$5 < \dfrac{a}{2}$ だよね。 ◀[図1]を見よ！

よって, (iii)は

$10 < a$ のとき である。 ◀ $5 < \dfrac{a}{2}$ に2を掛けて a について解いた

$10 < a$ のとき，　◀ 頂点の x 座標が $0 \leqq x \leqq 5$ より右にある場合
$y = -x^2 + ax - a$ のグラフは次のようになるよね。

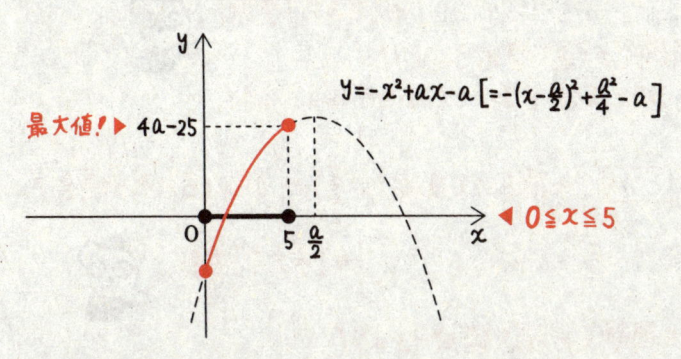

（グラフ：$y = -x^2 + ax - a \left[= -\left(x - \dfrac{a}{2}\right)^2 + \dfrac{a^2}{4} - a \right]$，最大値！▶ $4a-25$，◀ $0 \leqq x \leqq 5$）

上図より，

$10 < a$ のときの $y = -x^2 + ax - a$ の最大値は $4a - 25$ である

ことが分かった！

以上より，

$\begin{cases} \text{(i)} & a < 0 \text{ のときの } y = -x^2 + ax - a \text{ の最大値は } -a \\ \text{(ii)} & 0 \leqq a \leqq 10 \text{ のときの } y = -x^2 + ax - a \text{ の最大値は } \dfrac{a^2}{4} - a \\ \text{(iii)} & 10 < a \text{ のときの } y = -x^2 + ax - a \text{ の最大値は } 4a - 25 \end{cases}$

がいえる。

この結果を踏まえて，[解答] を書いてみよう。

[解答]

$y = -x^2 + ax - a$

$\quad = -\left(x - \dfrac{a}{2}\right)^2 + \dfrac{a^2}{4} - a$　◀ 平方完成した！

(i) $a<0$ のとき　◀頂点のx座標$(x=\frac{a}{2})$が $0≦x≦5$ より左にある場合！

y は $x=0$ で最大値 $-a$ をとるので，　◀[考え方]参照．
　$-a=3$　◀問題文の「最大値が3」より！
∴　$a=-3$　◀これは $a<0$ を満たしているので答えになる！

(ii) $0≦a≦10$ のとき　◀頂点のx座標$(x=\frac{a}{2})$が $0≦x≦5$ にある場合！

y は $x=\frac{a}{2}$ で最大値 $\frac{a^2}{4}-a$ をとるので，　◀[考え方]参照．
　$\frac{a^2}{4}-a=3$　◀問題文の「最大値が3」より！
$\Leftrightarrow \frac{a^2}{4}-a-3=0$
$\Leftrightarrow a^2-4a-12=0$　◀両辺に4を掛けて分母を払った
$\Leftrightarrow (a+2)(a-6)=0$　◀たすき掛け
∴　$a=-2,\ 6$

よって，$0≦a≦10$ を考え，

$a=6$　◀$a=-2$ は $0≦a≦10$ を満たしていないので不適！

(iii) $10<a$ のとき　◀頂点のx座標$(x=\frac{a}{2})$が $0≦x≦5$ より右にある場合！

y は $x=5$ で最大値 $4a-25$ をとるので，　◀[考え方]参照．
　$4a-25=3$　◀問題文の「最大値が3」より！
$\Leftrightarrow 4a=28$
∴　$a=7$　◀両辺を4で割った

よって，$10<a$ を考え，

$a=7$ は不適である。　◀$10<a$ のときは答えがない！

以上より，(i)と(ii)と(iii)を考え
$a=-3,\ 6$

さて，最後に **練習問題** の準備として，次の問題をやっておこう。

補題

次の関数 $g(a)$ の最小値とそのときの a の値を求めよ。
$$\begin{cases} g(a) = a^2 - 7a - 9 & (a < 4 \text{ のとき}) \\ g(a) = a - 25 & (4 \leq a \leq 5 \text{ のとき}) \\ g(a) = a^2 - 9a & (5 < a \text{ のとき}) \end{cases}$$

[考え方と解答]

これは単に図示してしまえば終わりである！ ◀ 一般に「最大・最小問題」は図示すれば求められる！

そこで，$y = g(a)$ のグラフをかこう。

$g(a) = a^2 - 7a - 9$ ($a < 4$ のとき) について

$g(a) = a^2 - 7a - 9$

$= \left(a - \dfrac{7}{2}\right)^2 - \left(-\dfrac{7}{2}\right)^2 - 9$ ◀ 平方完成した！

$= \left(a - \dfrac{7}{2}\right)^2 - \dfrac{49}{4} - 9$ ◀ $\left(-\dfrac{7}{2}\right)^2 = \dfrac{49}{4}$

$= \left(a - \dfrac{7}{2}\right)^2 - \dfrac{85}{4}$ より

$y = a^2 - 7a - 9$ ($a < 4$) のグラフは次のようになる。

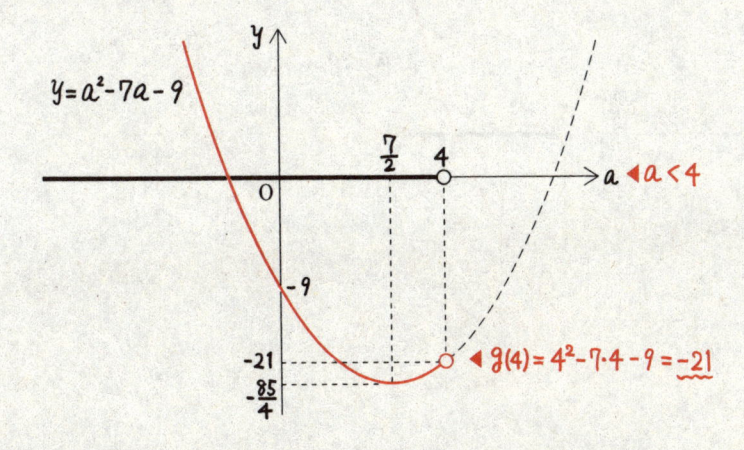

$y = a^2 - 7a - 9$ のグラフ。頂点 $\left(\dfrac{7}{2}, -\dfrac{85}{4}\right)$，$a = 4$ のとき $y = -21$（白丸）。◀ $a < 4$

$g(4) = 4^2 - 7 \cdot 4 - 9 = -21$

$g(a) = a - 25$ ($4 \leq a \leq 5$ のとき) について

これは 単なる直線だから簡単だよね。

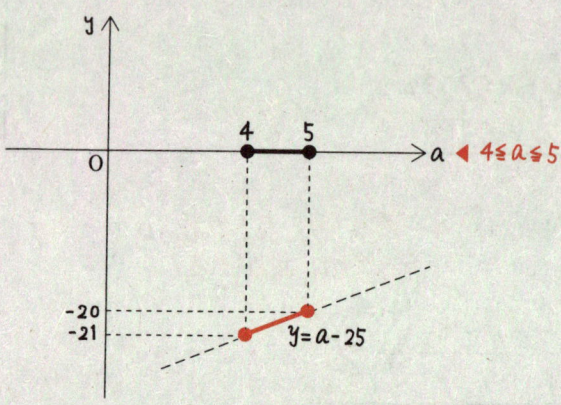

◀ $4 \leq a \leq 5$

$y = a - 25$

$g(a) = a^2 - 9a$ ($5 < a$ のとき) について

$g(a) = a^2 - 9a$

$\quad = \left(a - \dfrac{9}{2}\right)^2 - \left(-\dfrac{9}{2}\right)^2$ ◀ 平方完成した！

$\quad = \left(a - \dfrac{9}{2}\right)^2 - \dfrac{81}{4}$ より

$y = a^2 - 9a$ ($5 < a$) のグラフは 次のようになる。

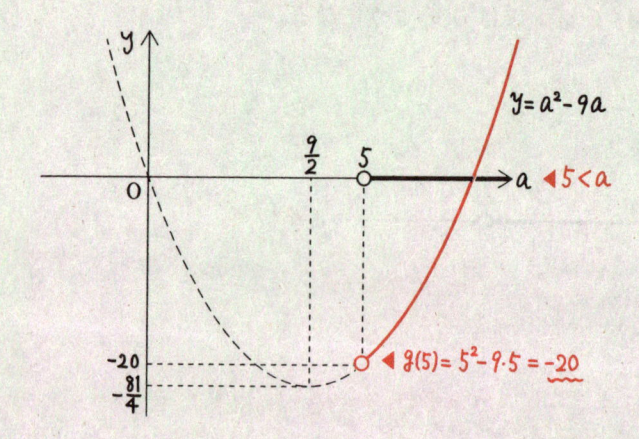

◀ $5 < a$

◀ $g(5) = 5^2 - 9 \cdot 5 = -20$

以上より

$$\begin{cases} g(a)=a^2-7a-9 \quad (a<4 \text{ のとき}) \\ g(a)=a-25 \quad (4\leq a\leq 5 \text{ のとき}) \\ g(a)=a^2-9a \quad (5<a \text{ のとき}) \end{cases}$$

のグラフは次のようになる。

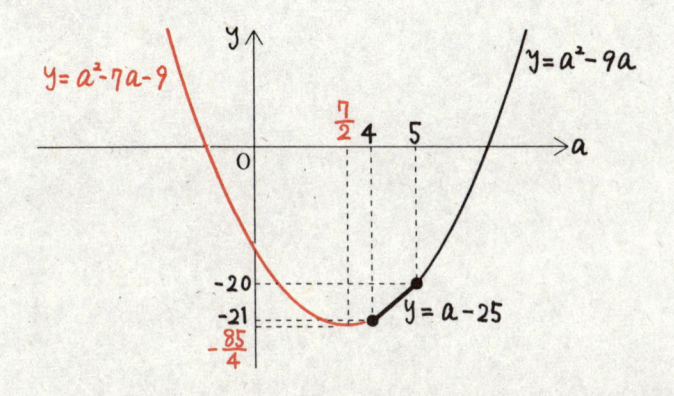

よって，グラフから
$g(a)$ は $a=\dfrac{7}{2}$ のとき最小値 $-\dfrac{85}{4}$ をとることが分かった。

--- 練習問題 1 ---

t が実数のとき，
x の関数 $f(x)=x^4+2tx^2+2t^2+t$ の最小値を $m(t)$ とする。
このとき，$m(t)$ の最小値は $\boxed{}$ である。

--- 練習問題 2 ---

区間 $a\leq x\leq a+1$ における関数 $f(x)=x^2-10x+a$ の最小値を $g(a)$ とするとき，$g(a)$ を最小にする a の値と最小値を求めよ。

<メモ>

Section 2 指数・対数関数の頻出問題の考え方について

　ここでは、指数関数と対数関数の問題の考え方を基礎から解説します。

　今まで「指数・対数関数は苦手」といっていた人でもこれを読めば、実は指数・対数関数の問題を解くためには「少しの原則と少しの公式を覚えて、あとはひたすらそれを繰り返していくだけでよい」ということが分かるでしょう。

　なお、指数・対数関数を全く勉強したことがない人や習ったけれどものすごく苦手という人のためにOne Point Lesson (P.153〜P.168)で指数関数と対数関数を全くの基礎から解説しているので、そういう人はまずOne Point Lesson (P.153〜P.168)から読んで下さい。

例題 5

方程式 $4^x - 2^{x+1} - 8 = 0$ の解は $x = \boxed{}$ である。

[考え方]

まず，いきなり「$4^x - 2^{x+1} - 8 = 0$ ……(∗) を満たす x を求めよ」なんていわれてもよく分からないよね。

だけど，$4^x - 2^{x+1} - 8 = 0$ ……(∗) をよく見てみると
$4 = 2^2$ などを考え，
$4^x - 2^{x+1} - 8 = 0$ ……(∗) という式は 2 に関する項が多い
ということに気が付くよね。

実際に
$$\begin{cases} 4^x = (2^2)^x & \blacktriangleleft 4 = 2^2 \\ = (2^x)^2 & \blacktriangleleft (2^a)^b = (2^b)^a \;[= 2^{ab}] \\ 2^{x+1} = 2 \cdot 2^x & \blacktriangleleft 2^{a+b} = 2^a \cdot 2^b \end{cases}$$
より，
$$4^x - 2^{x+1} - 8 = 0 \;\cdots\cdots (*)$$
$\Leftrightarrow (2^x)^2 - 2 \cdot 2^x - 8 = 0$ ……(∗)′ がいえるので，

(∗) は "2^x という変数に関する方程式" であることが分かるよね。

そこで，次の **Point 2.1** が重要になる。

Point 2.1 〈指数関数の問題の原則〉

指数関数の問題では，共通な指数の変数をみつけ出してその指数の変数を X とおき 式を見やすくせよ！

Point 2.1 に従って

式を見やすくするために $2^x = X$ とおく と,

$(2^x)^2 - 2 \cdot 2^x - 8 = 0$ ……(*)′

$\Leftrightarrow X^2 - 2X - 8 = 0$ ◀ Xの2次方程式になった！

$\Leftrightarrow (X+2)(X-4) = 0$ ◀たすき掛け

$\Leftrightarrow X = -2, 4$ が得られた。

とりあえず X を求めることができたけれど,
$X = -2$ は明らかに不適であることは分かるかい？

$X = 2^x$ より, $\boxed{2^x > 0}$ を考え ◀P.157のPoint 4
$X > 0$ がいえるので, ◀置き換えをした文字Xの範囲が分かった！
$X = -2$ になることはありえないよね。◀Xは正でなければならないので

つまり, 置き換えた文字 X の範囲を考えることによって
$X = 4$ であることが分かったね。◀X=-2は不適になるので！

よって,

$X = 4$

$\Leftrightarrow 2^x = 4$ ◀X=2ˣを代入した

$\Leftrightarrow 2^x = 2^2$ より ◀4=2²

$x = 2$ が得られた。 ◀$2^a = 2^b \Rightarrow a = b$

このように,
置き換えをする問題では 置き換えた文字の範囲を考えておく必要があるんだ。◀これさえ気を付けておけば 置き換えは非常に便利なものである！

そこで, 今後
文字の置き換えをしたときには, 必ず 置き換えた文字の範囲について
考えるようにしておこう。

Point 2.2 〈文字の置き換えに関する注意事項〉

文字の置き換えをするときには，必ず置き換えた文字の範囲について考えよ！

[解答]

$4^x - 2^{x+1} - 8 = 0$

$\Leftrightarrow (2^x)^2 - 2 \cdot 2^x - 8 = 0$ より ◀ $4^x = (2^2)^x = (2^x)^2$, $2^{x+1} = 2 \cdot 2^x$

$2^x = X$ とおく と ◀ 式を見やすくする！ [Point 2.1]

$X^2 - 2X - 8 = 0$ ……(*) が得られる。 ◀ Xの2次方程式が得られた

また， $2^x > 0$ より ◀ Point 4 (P.157)

$X > 0$ ……① がいえる。 ◀ Point 2.2

よって，

$X^2 - 2X - 8 = 0$ ……(*)

$\Leftrightarrow (X+2)(X-4) = 0$ ◀ たすき掛け

$\Leftrightarrow X = 4$ ◀ X>0……①よりX≠-2がいえる

$\Leftrightarrow 2^x = 4$ ◀ X=2^xを代入した

$\therefore x = 2$ が得られる。 ◀ $2^x = 2^2$ ➡ x=2

練習問題3

方程式 $2^{x+5} - 2^{-x} + 4 = 0$ の解は $x = \boxed{}$ である。

例題 6

不等式 $9^x - 4 \cdot 3^{x+1} + 27 < 0$ を解け。

[考え方]

まず，**Point 2.1** に従って
$9^x - 4 \cdot 3^{x+1} + 27 < 0$ ……（＊）における共通な指数の変数をみつけよう。

$$\begin{cases} 9^x = (3^2)^x & \blacktriangleleft 9 = 3^2 \\ = (3^x)^2 & \blacktriangleleft (3^a)^b = (3^b)^a \; [= 3^{ab}] \\ 3^{x+1} = 3 \cdot 3^x & \blacktriangleleft 3^{a+b} = 3^a \cdot 3^b \end{cases}$$

より，

$ 9^x - 4 \cdot 3^{x+1} + 27 < 0$ ……（＊）
$\Leftrightarrow (3^x)^2 - 12 \cdot 3^x + 27 < 0$ ……（＊）′ がいえるので，

（＊）は "3^x という変数に関する不等式" であることが分かるよね。◀ **Point 2.1**

そこで，

式を見やすくするために $3^x = X$ とおく と，◀ **Point 2.1**

$ (3^x)^2 - 12 \cdot 3^x + 27 < 0$ ……（＊）′
$\Leftrightarrow X^2 - 12X + 27 < 0$ ◀ X の2次不等式になった！
$\Leftrightarrow (X-3)(X-9) < 0$ ◀ たすき掛け
$\Leftrightarrow 3 < X < 9$ ……（＊）″ ◀ $(X-\alpha)(X-\beta) < 0$
が得られる。 $\Leftrightarrow \alpha < X < \beta$ [ただし, $\alpha < \beta$]

ここで， $3^x > 0$ より ◀ **Point 4 (P.157)**

$X > 0$ ……① がいえる けれど ◀ **Point 2.2**

（＊）″は $X > 0$ ……① を満たしているので特に問題はないよね。

よって，
 $3 < X < 9$ ……(*)″
$\Leftrightarrow 3 < 3^x < 9$　◀ $X = 3^x$ を代入した
$\Leftrightarrow 3^1 < 3^x < 3^2$　◀ $9 = 3^2$
∴ $1 < x < 2$ が得られる。　◀ P.159 の Point 6

[解答]
 $9^x - 4 \cdot 3^{x+1} + 27 < 0$
$\Leftrightarrow (3^x)^2 - 12 \cdot 3^x + 27 < 0$ より　◀ $9^x = (3^2)^x = (3^x)^2$, $3^{x+1} = 3 \cdot 3^x$
$\boxed{3^x = X \text{ とおく}}$ と　◀式を見やすくする！[Point 2.1]
$X^2 - 12X + 27 < 0$ ……(*) が得られる。　◀ X の 2 次不等式が得られた

また，$\boxed{3^x > 0}$ より　◀ Point 4 (P.157)
$X > 0$ ……① がいえる。　◀ Point 2.2

よって，
 $X^2 - 12X + 27 < 0$ ……(*)
$\Leftrightarrow (X-3)(X-9) < 0$　◀たすき掛け
$\Leftrightarrow 3 < X < 9$　◀ $X > 0$ ……①を満たしているので特に問題はない
$\Leftrightarrow 3 < 3^x < 9$　◀ $X = 3^x$ を代入した
∴ $1 < x < 2$ が得られる。　◀ $3^1 < 3^x < 3^2$ ➡ $1 < x < 2$ [Point 6]

練習問題 4

不等式 $2^{2x+3} - 2^{x+1} < 2^{x+2} - 1$ を解け。

例題7

$a^x - \dfrac{1}{a^x} = \sqrt{2}$ $(a>0)$ のとき，

(1) $a^{2x} + \dfrac{1}{a^{2x}} = \boxed{}$ である。

(2) $a^{3x} - \dfrac{1}{a^{3x}} = \boxed{}$ である。

(3) $a^x + \dfrac{1}{a^x} = \boxed{}$ である。

[考え方]

まず，**Point 2.1** に従って共通な指数の変数をみつけ出そう。

$\begin{cases} a^{2x} = (a^x)^2 & \blacktriangleleft a^{nx}=(a^x)^n \\ \dfrac{1}{a^{2x}} = \dfrac{1}{(a^x)^2} & \blacktriangleleft a^{nx}=(a^x)^n \\ a^{3x} = (a^x)^3 & \blacktriangleleft a^{nx}=(a^x)^n \\ \dfrac{1}{a^{3x}} = \dfrac{1}{(a^x)^3} & \blacktriangleleft a^{nx}=(a^x)^n \end{cases}$

より，

問題文の式はすべて a^x という変数でできていることが分かるので $\boxed{a^x = X \ (X>0) \ \text{とおく}}$ と， ◀ **Point 2.1 , Point 2.2**

例題7は次のように書き直せるよね。

例題 7′

$X - \dfrac{1}{X} = \sqrt{2}$ $(X>0)$ のとき， ◀ $a^x > 0$ より $X > 0$ がいえる

(1) $X^2 + \dfrac{1}{X^2} = \boxed{}$ である。

(2) $X^3 - \dfrac{1}{X^3} = \boxed{}$ である。

(3) $X + \dfrac{1}{X} = \boxed{}$ である。

これだったら簡単だよね。
例題 7 と 例題 7′ は同じ問題なので，
以下，考えにくい 例題 7 のかわりに 例題 7′ について考えよう。

(1) まず，使える式は $X - \dfrac{1}{X} = \sqrt{2}$ しかないので

$X - \dfrac{1}{X}$ と $X^2 + \dfrac{1}{X^2}$ の関係について考えよう。

とりあえず，

$\boxed{X - \dfrac{1}{X} \text{ を 2 乗すると } X^2 + \dfrac{1}{X^2} \text{ が出てくる}}$ ◀ $\left(X - \dfrac{1}{X}\right)^2 = X^2 - 2X\cdot\dfrac{1}{X} + \left(\dfrac{1}{X}\right)^2$
$= X^2 + \dfrac{1}{X^2} - 2$

ことを考え，

$\boxed{X - \dfrac{1}{X} = \sqrt{2} \text{ の両辺を 2 乗してみる}}$ と，

$\left(X - \dfrac{1}{X}\right)^2 = (\sqrt{2})^2$ ◀ 両辺を 2 乗した

$\Leftrightarrow X^2 + \dfrac{1}{X^2} - 2 = 2$ ◀ 展開した

$\Leftrightarrow X^2 + \dfrac{1}{X^2} = 4$ のように ◀ $X^2 + \dfrac{1}{X^2}$ について解いた

$X^2 + \dfrac{1}{X^2}$ の値を求めることができた！

(2) とりあえず,

> $X^3 - \dfrac{1}{X^3}$ は $a^3 - b^3$ の形だから ◀ $X^3 - \dfrac{1}{X^3} = X^3 - \left(\dfrac{1}{X}\right)^3$
>
> $a^3 - b^3 = (a-b)(a^2 + ab + b^2)$ が使える

ので,

$X^3 - \dfrac{1}{X^3} = \left(X - \dfrac{1}{X}\right)\left(X^2 + 1 + \dfrac{1}{X^2}\right)$ ◀ $a = X, b = \dfrac{1}{X}$ の場合

$\qquad\qquad = \left(X - \dfrac{1}{X}\right)\left(X^2 + \dfrac{1}{X^2} + 1\right)$ がいえるよね。

つまり,

$X^3 - \dfrac{1}{X^3}$ の値を求めるためには $X - \dfrac{1}{X}$ と $X^2 + \dfrac{1}{X^2}$ の値が分かればいいが,

$X - \dfrac{1}{X}$ と $X^2 + \dfrac{1}{X^2}$ の値は既に問題文と(1)の結果から分かっているよね。

よって,

$X^3 - \dfrac{1}{X^3} = \left(X - \dfrac{1}{X}\right)\left(X^2 + \dfrac{1}{X^2} + 1\right)$

$\qquad\qquad = \sqrt{2}(4+1)$ ◀ 問題文の $X - \dfrac{1}{X} = \sqrt{2}$ と(1)の $X^2 + \dfrac{1}{X^2} = 4$ を代入した

$\qquad\qquad = 5\sqrt{2}$ が得られた。

(3) まず, いきなり

「$X + \dfrac{1}{X}$ の値を求めよ」なんていわれてもよく分からないよね。

だけど, (1)の $X - \dfrac{1}{X}$ と同様に

> $X + \dfrac{1}{X}$ を2乗しても $X^2 + \dfrac{1}{X^2}$ が出てくる

よね。 ◀ $\left(X + \dfrac{1}{X}\right)^2$
$= X^2 + 2X \cdot \dfrac{1}{X} + \left(\dfrac{1}{X}\right)^2$
$= X^2 + \dfrac{1}{X^2} + 2$

そこで, とりあえず

$\boxed{X+\dfrac{1}{X} \text{ を2乗してみる}}$ と, ◂ $X+\dfrac{1}{X}$ の形のままでは求められそうにないので, (1)の結果の $X^2+\dfrac{1}{X^2}=4$ が使える形にしてみる

$\left(X+\dfrac{1}{X}\right)^2$

$= X^2 + \dfrac{1}{X^2} + 2$ ◂ 展開した

$= 4 + 2$ ◂ (1)の結果の $X^2+\dfrac{1}{X^2}=4$ を使った!

$= \underline{6}$ が得られる。 ◂ $X+\dfrac{1}{X}$ を2乗した式の値が求められた!

よって, $X>0$ を考え

$X+\dfrac{1}{X}=\sqrt{6}$ が得られた。 ◂ $X>0$ より $X+\dfrac{1}{X}>0$ がいえるので (正/正)

$X+\dfrac{1}{X}=-\sqrt{6}$ は不適である!

まとめだよ

このように,

$\boxed{X+\dfrac{1}{X} \text{ を2乗したものと}}$ ◂ $\left(X+\dfrac{1}{X}\right)^2 = X^2+\dfrac{1}{X^2}+2$

$\boxed{X-\dfrac{1}{X} \text{ を2乗したものは}}$ ◂ $\left(X-\dfrac{1}{X}\right)^2 = X^2+\dfrac{1}{X^2}-2$

$\boxed{\text{ほとんど同じ形}}$ なので,

$X-\dfrac{1}{X}$ の値が分かっている場合に $X+\dfrac{1}{X}$ の値を求めたいときや

$X+\dfrac{1}{X}$ の値が分かっている場合に $X-\dfrac{1}{X}$ の値を求めたいときには

$\left(X+\dfrac{1}{X}\right)^2 = X^2+\dfrac{1}{X^2}+2$ と $\left(X-\dfrac{1}{X}\right)^2 = X^2+\dfrac{1}{X^2}-2$ を使えば

簡単に $X+\dfrac{1}{X}$ と $X-\dfrac{1}{X}$ の値を求めることができるのである。

[解答]

(1) $a^x = X\,(>0)$ とおく と， ◀ Point 2.1, Point 2.2

$$\begin{cases} a^x - \dfrac{1}{a^x} = \sqrt{2} \Leftrightarrow X - \dfrac{1}{X} = \sqrt{2} \cdots\cdots (*) \\ a^{2x} + \dfrac{1}{a^{2x}} = X^2 + \dfrac{1}{X^2} \cdots\cdots ① \\ a^{3x} - \dfrac{1}{a^{3x}} = X^3 - \dfrac{1}{X^3} \cdots\cdots ② \\ a^x + \dfrac{1}{a^x} = X + \dfrac{1}{X} \cdots\cdots ③ \end{cases}$$ がいえる。

◀ [考え方]参照

$X - \dfrac{1}{X} = \sqrt{2} \cdots\cdots (*)$ の両辺を2乗する と， ◀ $X^2 + \dfrac{1}{X^2}$ をつくる！

$\left(X - \dfrac{1}{X}\right)^2 = (\sqrt{2})^2$ ◀ (*)の両辺を2乗した

$\Leftrightarrow X^2 + \dfrac{1}{X^2} - 2 = 2$ ◀ 展開した

$\Leftrightarrow X^2 + \dfrac{1}{X^2} = 4 \cdots\cdots (**)$ が得られるので，①より ◀ $X^2 + \dfrac{1}{X^2}$ について解いた

$a^{2x} + \dfrac{1}{a^{2x}} = 4$ がいえる。 ◀ $a^{2x} + \dfrac{1}{a^{2x}} = X^2 + \dfrac{1}{X^2} \cdots\cdots$①を使った

(2) $X^3 - \dfrac{1}{X^3} = \left(X - \dfrac{1}{X}\right)\left(X^2 + 1 + \dfrac{1}{X^2}\right)$ ◀ $a^3 - b^3 = (a-b)(a^2+ab+b^2)$ の $a=X,\ b=\dfrac{1}{X}$ の場合

$= \left(X - \dfrac{1}{X}\right)\left(X^2 + \dfrac{1}{X^2} + 1\right)$

$= \sqrt{2}(4+1)$ ◀ $X - \dfrac{1}{X} = \sqrt{2}\cdots(*)$ と $X^2 + \dfrac{1}{X^2} = 4\cdots(**)$ を代入した

$= 5\sqrt{2}$ を考え，②より

$a^{3x} - \dfrac{1}{a^{3x}} = 5\sqrt{2}$ が得られる。 ◀ $a^{3x} - \dfrac{1}{a^{3x}} = X^3 - \dfrac{1}{X^3} \cdots\cdots$②を使った

(3) $\left(X+\dfrac{1}{X}\right)^2$ ◀ $X+\dfrac{1}{X}$ を2乗して(1)の $X^2+\dfrac{1}{X^2}$ をつくる！

$= X^2 + \dfrac{1}{X^2} + 2$ ◀ 展開した

$= 4 + 2$ ◀ $X^2+\dfrac{1}{X^2}=4$ ……(＊)を代入した

$= 6$ より，$X>0$ を考え

$X + \dfrac{1}{X} = \sqrt{6}$ がいえる． ◀ $X+\dfrac{1}{X}=-\sqrt{6}$ は不適である！

よって，③より

$a^x + \dfrac{1}{a^x} = \sqrt{6}$ が得られる． ◀ $a^x+\dfrac{1}{a^x}=X+\dfrac{1}{X}$ ……③を使った

練習問題 5

$x^{\frac{1}{2}} + x^{-\frac{1}{2}} = 3 \ (x>0)$ のとき

(1) $x^{\frac{3}{2}} + x^{-\frac{3}{2}} = \boxed{}$ である．

(2) $x^2 + x^{-2} = \boxed{}$ である．

例題 8

$2^{3x} + \dfrac{1}{2^{3x}} = 2$ のとき，$2^x + \dfrac{1}{2^x} = \boxed{}$ である．

[考え方]

まず，**Point 2.1** に従って共通な指数の変数をみつけ出そう．

$\begin{cases} 2^{3x} = (2^x)^3 \\ \dfrac{1}{2^{3x}} = \dfrac{1}{(2^x)^3} \end{cases}$ ◀ $2^{ab}=(2^b)^a$

◀ $2^{ab}=(2^b)^a$

より，

問題文の式は すべて 2^x という変数でできていることが分かるので
$\boxed{2^x = X \ (X>0)}$ とおくと， ◀ Point 2.1 , Point 2.2
例題 8 は次のように書き直せるよね。

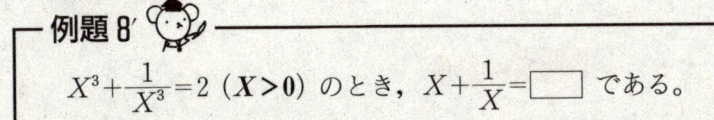

― 例題 8′ ─────────────────────
$X^3 + \dfrac{1}{X^3} = 2 \ (X>0)$ のとき，$X + \dfrac{1}{X} = \boxed{}$ である。
─────────────────────────

例題 8 と 例題 8′ は同じ問題なので，
以下，考えにくい 例題 8 のかわりに 例題 8′ について考えよう。

まず，使える式は $X^3 + \dfrac{1}{X^3} = 2$ しかないので
$X^3 + \dfrac{1}{X^3}$ と $X + \dfrac{1}{X}$ の関係について考えよう。

$\boxed{X^3 + \dfrac{1}{X^3} \text{ は } a^3 + b^3 \text{ の形だから}}$ ◀ $X^3 + \dfrac{1}{X^3} = X^3 + \left(\dfrac{1}{X}\right)^3$
$\boxed{a^3 + b^3 = (a+b)(a^2 - ab + b^2) \text{ が使える}}$ ので，

$X^3 + \dfrac{1}{X^3} = \left(X + \dfrac{1}{X}\right)\left(X^2 - 1 + \dfrac{1}{X^2}\right)$ ◀ $a = X, b = \dfrac{1}{X}$ の場合

$= \left(X + \dfrac{1}{X}\right)\left(X^2 + \dfrac{1}{X^2} - 1\right)$ ……(∗) のように

$X^3 + \dfrac{1}{X^3}$ から $X + \dfrac{1}{X}$ をつくることができるよね。

さらに，練習問題 7 でもやったように

$X^2 + \dfrac{1}{X^2} = \left(X + \dfrac{1}{X}\right)^2 + 2$ ◀ $\left(X + \dfrac{1}{X}\right)^2 = X^2 + \dfrac{1}{X^2} + 2$

を考え，(∗) から

$X^3 + \dfrac{1}{X^3} = \left(X + \dfrac{1}{X}\right)\left\{\left(X + \dfrac{1}{X}\right)^2 - 3\right\}$ ……(∗∗) ◀ $X^2 + \dfrac{1}{X^2} = \left(X + \dfrac{1}{X}\right)^2 + 2$ を
(∗)に代入した！

が得られるよね。

このように，

$\boxed{X^3+\dfrac{1}{X^3} \text{ は } X+\dfrac{1}{X} \text{ だけを使って表すことができる}}$ んだ。

よって，

$X^3+\dfrac{1}{X^3}=2$ より ◀問題文の条件

$\left(X+\dfrac{1}{X}\right)\left\{\left(X+\dfrac{1}{X}\right)^2-3\right\}=2$ ……(**)′ ◀(**)に$X^3+\dfrac{1}{X^3}=2$を代入した

のような $X+\dfrac{1}{X}$ についての方程式が得られた！

あとは
(**)′を $X+\dfrac{1}{X}$ について解けば $X+\dfrac{1}{X}$ の値を求めることができるよね。

このように，

$\boxed{X+\dfrac{1}{X} \text{ を求めるためには } X+\dfrac{1}{X} \text{ ついての方程式をつくればいい}}$ のである！

ここで，

$\boxed{\text{式を見やすくするために } X+\dfrac{1}{X}=t \text{ とおく}}$ と，

$\left(X+\dfrac{1}{X}\right)\left\{\left(X+\dfrac{1}{X}\right)^2-3\right\}=2$ ……(**)′

$\Leftrightarrow t\{(t)^2-3\}=2$ ◀$X+\dfrac{1}{X}=t$を代入した
$\Leftrightarrow t^3-3t=2$ ◀展開した
$\Leftrightarrow t^3-3t-2=0$ ……(**)″ が得られる。 ◀整理した

あとは $t^3-3t-2=0$ ……(**)″ を解けばいいのだが，
$X+\dfrac{1}{X}=t$ という置き換えをしたのに
まだ t の範囲について考えていないよね。 ◀Point 2.2

そこで，**Point 2.2** に従って，以下
$t = X + \dfrac{1}{X}$ $(X>0)$ の範囲について考えよう。

$X + \dfrac{1}{X}$ $(X>0)$ の範囲の求め方は分かるよね？

当然，次の「相加相乗平均」を使えばいいよね。 ◀ P.39の[解説]を見よ

> **Point 2.3** 〈相加相乗平均〉
>
> $a>0$，$b>0$ のとき，
> $a+b \geqq 2\sqrt{ab}$ が成立する。
> また，等号が成立するのは，$a=b$ のときである。

Point 2.3 から ◀ $X>0, \dfrac{1}{X}>0$

$X + \dfrac{1}{X} \geqq 2\sqrt{X \cdot \dfrac{1}{X}}$ ◀ $a=X, b=\dfrac{1}{X}$ の場合

$\Leftrightarrow X + \dfrac{1}{X} \geqq 2$ がいえるので，$t = X + \dfrac{1}{X}$ より， ◀ $2\sqrt{X \cdot \dfrac{1}{X}} = 2\sqrt{1} = 2$

$t \geqq 2$ のように t の範囲を求めることができた！ ◀ $t = X + \dfrac{1}{X} \geqq 2$

よって，

$t \geqq 2$ のときの $t^3 - 3t - 2 = 0$ …… $(**)''$ の解を求めればよい，ということが分かった。

$t^3 - 3t - 2 = 0$ …… $(**)''$
$\Leftrightarrow (t+1)(t^2 - t - 2) = 0$ ◀ $t=-1$ という解をみつけて組立除法を使った [One Point Lesson (P.169〜P.179) 参照]
$\Leftrightarrow (t+1)^2(t-2) = 0$ ◀ $t^2 - t - 2 = (t+1)(t-2)$
$\Leftrightarrow t = -1, 2$ より，$t \geqq 2$ を考え
$t = 2$ が得られる。 ◀ $t=-1$ は不適

よって，$t = X + \dfrac{1}{X}$ より

$X + \dfrac{1}{X} = 2$ を求めることができた！

[解答]

$2^x = X \ (>0)$ とおく と， ◀ Point 2.1, Point 2.2

$$\begin{cases} 2^{3x} + \dfrac{1}{2^{3x}} = 2 \Leftrightarrow X^3 + \dfrac{1}{X^3} = 2 \cdots (*) \\ 2^x + \dfrac{1}{2^x} = X + \dfrac{1}{X} \cdots ① \end{cases}$$ がいえる。 ◀ [考え方]参照

$X^3 + \dfrac{1}{X^3} = 2 \cdots (*)$

$\Leftrightarrow \left(X + \dfrac{1}{X}\right)\left(X^2 - 1 + \dfrac{1}{X^2}\right) = 2$ ◀ $a^3 + b^3 = (a+b)(a^2 - ab + b^2)$ の $a=X, b=\dfrac{1}{X}$ の場合

$\Leftrightarrow \left(X + \dfrac{1}{X}\right)\left(X^2 + \dfrac{1}{X^2} - 1\right) = 2$

$\Leftrightarrow \left(X + \dfrac{1}{X}\right)\left\{\left(X + \dfrac{1}{X}\right)^2 - 3\right\} = 2 \cdots (*)'$ ◀ $X^2 + \dfrac{1}{X^2} = \left(X + \dfrac{1}{X}\right)^2 - 2$

を考え，

$X + \dfrac{1}{X} = t \cdots ②$ とおく と， ◀ 式を見やすくする！

$\left(X + \dfrac{1}{X}\right)\left\{\left(X + \dfrac{1}{X}\right)^2 - 3\right\} = 2 \cdots (*)'$

$\Leftrightarrow t\{(t)^2 - 3\} = 2$ ◀ $X + \dfrac{1}{X} = t$ を代入した
$\Leftrightarrow t^3 - 3t - 2 = 0$ ◀ 展開して整理した
$\Leftrightarrow (t+1)^2(t-2) = 0$ ◀ [考え方]参照
$\Leftrightarrow t = -1, 2$ が得られる。

ここで， $X > 0$ より
②の相加相乗平均を考え ◀ Point 2.3
$t \geqq 2$ がいえる ので， ◀ $t = X + \dfrac{1}{X} \geqq 2\sqrt{X \cdot \dfrac{1}{X}} = 2$

$t = 2$ であることが分かる。 ◀ $t = -1$ は不適

よって，$X+\dfrac{1}{X}=t$ ……② より

$X+\dfrac{1}{X}=2$ がいえるので，①から ◀ $t=2$ に $t=X+\dfrac{1}{X}$ ……② を代入した

$2^x+\dfrac{1}{2^x}=2$ が得られる。 ◀ $X+\dfrac{1}{X}=2^x+\dfrac{1}{2^x}$ ……① を代入した

[解説] 相加相乗平均の使い方

$X+\dfrac{1}{X}$ の最小値を求めるときに，どうして「相加相乗平均」が出てくるのか，という疑問をもっている人もいるだろう。そこで，その理由について今から解説しよう。

まず，X と $\dfrac{1}{X}$ はそれぞれ変数 だよね。◀「変数」とは，変化する数のことである

しかし，X と $\dfrac{1}{X}$ を掛けると，$X \cdot \dfrac{1}{X} = 1$ のように定数になる。

このように，

変数と変数を掛けると定数になる場合に相加相乗平均を使うのである！

だから，$X+\dfrac{1}{X}$ は相加相乗平均を使う典型的な式の形なんだよ。

Point 2.4 〈相加相乗平均の使い方〉

$A+B$ において， ◀ A と B は共に正の変数とする
$AB=$ 定数 になる場合に ◀ 変数の A と変数の B を掛けると定数になる場合！
相加相乗平均を使え！ ◀ $A+B \geqq 2\sqrt{AB}$ （定数）のとき，
　　　　　　　　　　　　$A+B$ の最小値は $2\sqrt{AB}$ になる！

練習問題 6

方程式 $3(9^x+9^{-x})-7(3^x+3^{-x})-4=0$ を解け。

例題 9

$2^x+2^{-x}=t$ とするとき，$y=2^{2x}+2^x+3+2^{-x}+2^{-2x}$ を t だけで表すと $y=t^{\boxed{ア}}+t+\boxed{イ}$ になるので，y は $x=\boxed{ウ}$ のとき最小値 $\boxed{エ}$ をとる。

[考え方]

まず，**Point 2.1** に従って共通な指数の変数をみつけ出そう。

$$\begin{cases} 2^{-x}=\dfrac{1}{2^x} & \blacktriangleleft 2^{-n}=\dfrac{1}{2^n} \\ 2^{2x}=(2^x)^2 & \blacktriangleleft 2^{ab}=(2^b)^a \\ 2^{-2x}=\dfrac{1}{2^{2x}} & \blacktriangleleft 2^{-n}=\dfrac{1}{2^n} \\ \phantom{2^{-2x}}=\dfrac{1}{(2^x)^2} & \blacktriangleleft 2^{ab}=(2^b)^a \end{cases}$$

より，

問題文の式は 2^x という変数でできていることが分かるので $\boxed{2^x=X\ (X>0)\ とおく}$ と， ◀ **Point 2.1, Point 2.2**
例題 9 は次のように書き直せるよね。

指数・対数関数の頻出問題の考え方について　41

例題 9′

$X + \dfrac{1}{X} = t \ (X > 0)$ とするとき，$y = X^2 + X + 3 + \dfrac{1}{X} + \dfrac{1}{X^2}$ を t だけで表すと $y = t^{\boxed{ア}} + t + \boxed{イ}$ になるので，y は $x = \boxed{ウ}$ のとき最小値 $\boxed{エ}$ をとる。

これだったら簡単だよね。

例題 9 と **例題 9′** は同じ問題なので，以下，考えにくい **例題 9** のかわりに **例題 9′** について考えよう。

まず，

$\boxed{X + \dfrac{1}{X} = t \ \cdots\cdots ① \ を \ y = X^2 + X + 3 + \dfrac{1}{X} + \dfrac{1}{X^2} \ \cdots\cdots (*) \ に代入する}$ と

$y = X^2 + \dfrac{1}{X^2} + 3 + t \ \cdots\cdots (*)′$ が得られるよね。　◀ とりあえず $X + \dfrac{1}{X}$ を t で表した

だけど，y を t だけで表さなければならないので

$X^2 + \dfrac{1}{X^2}$ も t を使って表さなければならないよね。

そこで，

$X + \dfrac{1}{X}$ を 2 乗すれば $X^2 + \dfrac{1}{X^2}$ が出てくることを考え　◀ $\left(X + \dfrac{1}{X}\right)^2 = X^2 + \dfrac{1}{X^2} + 2$

$\boxed{X + \dfrac{1}{X} = t \ \cdots\cdots ① \ の両辺を 2 乗する}$ と，

$\left(X + \dfrac{1}{X}\right)^2 = t^2$　◀ $X + \dfrac{1}{X} = t \ \cdots\cdots ①$ の両辺を 2 乗した

$\Leftrightarrow X^2 + \dfrac{1}{X^2} + 2 = t^2$　◀ $(a+b)^2 = a^2 + b^2 + 2ab$

$\Leftrightarrow X^2 + \dfrac{1}{X^2} = t^2 - 2 \ \cdots\cdots ②$ のように

$X^2 + \dfrac{1}{X^2}$ を t だけで表せた！

よって，

$X^2+\dfrac{1}{X^2}=t^2-2$ ……② を $y=X^2+\dfrac{1}{X^2}+3+t$ ……(*)′ に代入する と

$y=(t^2-2)+3+t$ ◀ $X^2+\dfrac{1}{X^2}$ を t を使って表した
$=t^2+t+1$ のように，y を t だけで表すことができた。

次に，
$y=t^2+t+1$ の最小値について考えよう。

一般に，最大・最小問題ではグラフをかけばいい
ので， ◀グラフを一目見れば最大値や最小値がすぐに分かるから！
とりあえず $y=t^2+t+1$ を平方完成して ◀2次式は平方完成すれば
$y=t^2+t+1$ のグラフをかこう！　　　　　グラフがかける

Point 2.5 〈最大・最小問題の求め方〉

　グラフがかける関数の最大・最小問題では，
実際にグラフをかいて考えよ！

▶ 2次関数の場合は **Point 1.1** を参照

$y=t^2+t+1$ 　　　　　　　　　 ◀ $y=x^2+Ax+B$
　$=\left(t+\dfrac{1}{2}\right)^2-\left(\dfrac{1}{2}\right)^2+1$ 　$=\left(x+\dfrac{A}{2}\right)^2-\left(\dfrac{A}{2}\right)^2+B$
　$=\left(t+\dfrac{1}{2}\right)^2+\dfrac{3}{4}$ ◀平方完成できた！ $=\left(x+\dfrac{A}{2}\right)^2-\dfrac{A^2}{4}+B$

次に，**Point 2.2** に従って， ◀ $t = X + \frac{1}{X}$ という置き換えをしたのに まだ t の範囲について考えていない！

$t = X + \frac{1}{X}$ $(X > 0)$ の範囲について考えよう。

例題8と同様に，**Point 2.3** から

$X + \frac{1}{X} \geq 2\sqrt{X \cdot \frac{1}{X}}$ ◀ $a + b \geq 2\sqrt{ab}$ の $a = X$，$b = \frac{1}{X}$ の場合

$\Leftrightarrow X + \frac{1}{X} \geq 2$ がいえるので，$t = X + \frac{1}{X}$ より， ◀ $2\sqrt{X \cdot \frac{1}{X}} = 2\sqrt{1} = 2$

$t \geq 2$ のように t の範囲が分かるよね。

そこで，
$t \geq 2$ の範囲における $y = \left(t + \frac{1}{2}\right)^2 + \frac{3}{4}$ のグラフをかくと次のようになる。

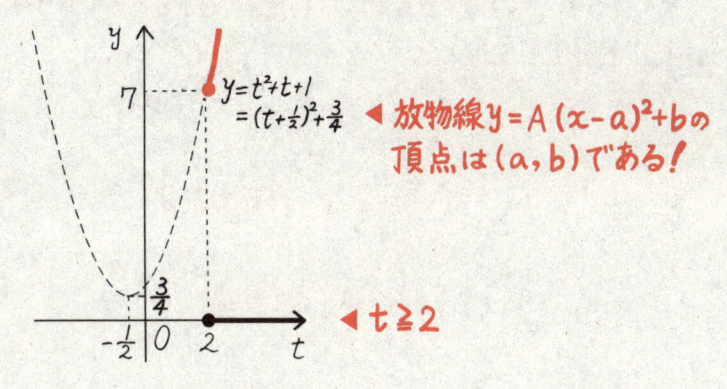

（グラフ： $y = t^2 + t + 1 = \left(t + \frac{1}{2}\right)^2 + \frac{3}{4}$，頂点 $\left(-\frac{1}{2}, \frac{3}{4}\right)$，$t = 2$ のとき $y = 7$）

◀ 放物線 $y = A(x-a)^2 + b$ の頂点は (a, b) である！

◀ $t \geq 2$

よって，上のグラフから
$t = 2$ のときに y は最小値 7 をとる ……（★）ということが分かった。

だけど，この問題で求めなければならないものは
t の値ではなくて x の値なので，ここで
$t = 2$ のときの x の値を求めよう。

$X + \dfrac{1}{X} = t$ ……① より， ◀まず①から X の値を求める

$X + \dfrac{1}{X} = 2$ ◀①に $t=2$ を代入した

$\Leftrightarrow X^2 + 1 = 2X$ ◀両辺に $X[\neq 0]$ を掛けて分母を払った

$\Leftrightarrow X^2 - 2X + 1 = 0$ ◀整理した

$\Leftrightarrow (X-1)^2 = 0$

$\therefore \underline{X = 1}$ ◀ $A^2 = 0 \Leftrightarrow A = 0$ ◀[別解]については[解説]を見よ

さらに，

$2^x = X$ より， ◀ $2^x = X$ から x の値を求める

$2^x = 1$ ◀ $2^x = X$ に $X = 1$ を代入した

$\therefore \underline{x = 0}$ が分かる。 ◀ $2^0 = 1$

以上より，(★)を考え ◀ $t=2$ のときに y は最小値7をとる……(★)
$\underline{x=0}$ のときに y は最小値7をとることが分かった。

[解答]

$\boxed{2^x = X \;(>0) \text{ とおく}}$ と， ◀ Point 2.1, Point 2.2

$2^x + 2^{-x} = t$

$\Leftrightarrow \underline{X + \dfrac{1}{X} = t} \text{ ……①}$ がいえる。 ◀[考え方]参照

さらに，①から

$\underline{X^2 + \dfrac{1}{X^2} = t^2 - 2} \text{ ……②}$ が得られる。 ◀①の両辺を2乗して整理した

また，

$y = 2^{2x} + 2^x + 3 + 2^{-x} + 2^{-2x}$

$ = \underline{X^2 + X + 3 + \dfrac{1}{X} + \dfrac{1}{X^2}}$ がいえるので ◀ $2^x = X$ を代入した！
([考え方]参照)

①，②より，
$y = (t^2 - 2) + t + 3$ ◀ ①と②を代入した
$\quad = t^2 + t + 1$ が得られる。 ◀ 整理した

ここで，$X > 0$ より
①の相加相乗平均を考え
$t \geqq 2$（等号成立は $X = 1$ のとき） ◀［解説］視よ
がいえる。 ◀ Point 2.2

◀ Point 2.3
◀ $t = X + \dfrac{1}{X} \geqq 2\sqrt{X \cdot \dfrac{1}{X}} = 2$

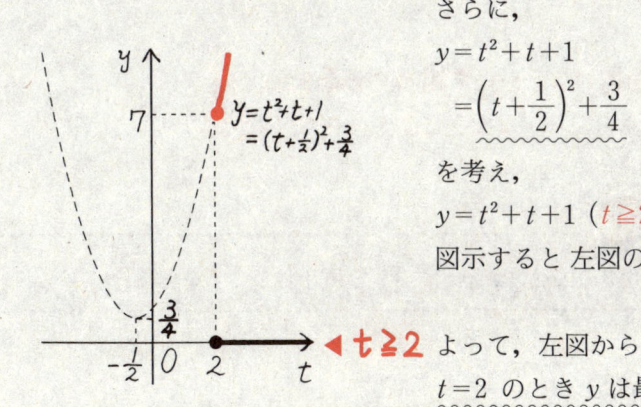

さらに，
$y = t^2 + t + 1$
$\quad = \left(t + \dfrac{1}{2}\right)^2 + \dfrac{3}{4}$ ◀ 平方完成した！
を考え，
$y = t^2 + t + 1$ $(t \geqq 2)$ を
図示すると 左図のようになる。

◀ $t \geqq 2$ よって，左図から
$t = 2$ のとき y は最小値 7 をとる
ことが分かる。

また，$t = 2$ のとき
$X + \dfrac{1}{X} = t$ ……① から $X = 1$ がいえ， ◀［考え方］or［解説］参照

さらに，$X = 1$ のとき
$2^x = X$ から $x = 0$ がいえる。 ◀［考え方］参照

よって，
y は $x = 0$ のとき最小値 7 をとる ことが分かった。

[解説] $X + \dfrac{1}{X} = 2$ から X の値を求める別解について

$X + \dfrac{1}{X} = 2$ は $X + \dfrac{1}{X} \geq 2$ ［◀相加相乗平均によって得られた不等式］

の等号が成立するときの式なので，**Point 2.3** から

$X = \dfrac{1}{X}$ がいえる。◀ $a+b \geq 2\sqrt{ab}$ の等号が成立するとき $a=b$ がいえる！

よって，
$X = \dfrac{1}{X}$
$\Leftrightarrow X^2 = 1$ ◀両辺に $X[>0]$ を掛けて分母を払った
$\therefore X = 1$ が得られる。 ◀ $X>0$ より $X=-1$ は不適

練習問題7

$f(x) = 9^x - 6 \cdot 3^{x-1} - 1$ は $x = \boxed{}$ で最小値 $\boxed{}$ をとる。

練習問題8

(1) $2^{x-1} + 2^{-x} = X$ のとき，

$y = \dfrac{1}{4} \cdot 2^{2x} + 2^{-2x}$ を X を用いて表すと，$y = \boxed{}$ となる。

(2) $2^{x-1} + 2^{-x} \leq 2$ のとき，

y の最大値は $\boxed{}$，最小値は $\boxed{}$ である。

練習問題9

関数 $f(x) = 4^x + 4^{-x} + 3(2^x - 2^{-x}) - \dfrac{7}{4}$ は $x = \boxed{}$ のとき

最小値 $\boxed{}$ をとる。

例題 10

方程式 $3^{2x} - 2 \cdot 3^{x+1} + 1 = 0$ の2つの解を α, β とすると, $\alpha + \beta = \boxed{}$ である。

[考え方]

まず, **Point 2.1** に従って
<u>共通な指数の変数をみつけ出そう。</u>

$3^{2x} - 2 \cdot 3^{x+1} + 1 = 0$ ……①
$\Leftrightarrow (3^x)^2 - 2 \cdot 3 \cdot 3^x + 1 = 0$ ◀ $3^{2x} = (3^x)^2$, $3^{x+1} = 3 \cdot 3^x$
$\Leftrightarrow (3^x)^2 - 6 \cdot 3^x + 1 = 0$ より,

①の変数は 3^x だけで表すことができるよね。

そこで,

$\boxed{3^x = X \; (X>0) \text{ とおく}}$ と, ◀ **Point 2.1**, **Point 2.2**
① $\Leftrightarrow X^2 - 6X + 1 = 0$ ……①′ のように

考えやすい2次方程式が得られる。

また,

問題文より①の解 x は $x = \alpha$ と $x = \beta$ なので, $X = 3^x$ を考え, ◀ x と X の関係式!
①′の解 X は $X = 3^\alpha$ と $X = 3^\beta$ になる よね。 ◀ $X = 3^x$ に①の解である $x = \alpha$ と $x = \beta$ を代入した! [((注))を見よ]

そこで,
例題 10 は次のように書き直すことができる。

例題 10′

方程式 $X^2 - 6X + 1 = 0$ の2つの解を 3^α, 3^β とすると, $\alpha + \beta = \boxed{}$ である。

これだったら解けそうだよね。

まず，
2次方程式 $X^2-6X+1=0$ の2解が具体的に分かっているので
「2次方程式の解と係数の関係」を使えば 関係式を求めることができるよね。

Point 2.6 〈2次方程式の解と係数の関係〉

2次方程式 $ax^2+bx+c=0$ の2解を α, β とすると
$$\begin{cases} \alpha+\beta=-\dfrac{b}{a} \\ \alpha\beta=\dfrac{c}{a} \end{cases}$$ がいえる。

▶ **Point 2.6** の証明については P.120 の [参考] を見よ

そこで，
$X^2-6X+1=0$ ……①′ の解と係数の関係を考えると
$$\begin{cases} 3^\alpha+3^\beta=6 \quad \cdots\cdots ② \\ 3^\alpha \cdot 3^\beta=1 \quad \cdots\cdots ③ \end{cases}$$ が得られる。　◀ **Point 2.6**

とりあえず，②は 変形のしようがないので 使えそうにないよね。

だけど，
$3^\alpha \cdot 3^\beta=1$ ……③ は $3^\alpha \cdot 3^\beta=3^{\alpha+\beta}$ を考え　◀ **Point 2 ①**
$3^{\alpha+\beta}=1$ ……③′ と書き直すことができるよね。

よって，$3^0=1$ を考え，　◀ 一般に $a^0=1$ がいえる
③′から $\alpha+\beta=0$ がいえる。　◀ $\alpha+\beta$ の値を求めることができた！

[解答]

$3^{2x} - 2 \cdot 3^{x+1} + 1 = 0$

$\Leftrightarrow (3^x)^2 - 6 \cdot 3^x + 1 = 0$ …… ① の解は $x = \alpha$ と $x = \beta$ なので

$\boxed{3^x = X \ (>0) \ \text{とおく}}$ と、 ◀ Point 2.1, Point 2.2

$(3^x)^2 - 6 \cdot 3^x + 1 = 0$ …… ①

$\Leftrightarrow X^2 - 6X + 1 = 0$ …… ①′ になり、

$X^2 - 6X + 1 = 0$ …… ①′ の解は $X = 3^\alpha$ と $X = 3^\beta$ になる。

よって、

$X^2 - 6X + 1 = 0$ …… ①′ の解と係数の関係から

$3^\alpha \cdot 3^\beta = 1$ ◀ $3^\alpha + 3^\beta = 6$ の方は使わないのでイチイチ書く必要はない！

$\Leftrightarrow 3^{\alpha+\beta} = 1$ がいえる ので、 ◀ Point 2.6

$\underline{\alpha + \beta = 0}$ が得られる。 ◀ $3^0 = 1$

(注)

$(3^x)^2 - 6 \cdot 3^x + 1 = 0$ …… ① の解は $x = \alpha$ と $x = \beta$ なので、

$\begin{cases} (3^\alpha)^2 - 6 \cdot 3^\alpha + 1 = 0 \text{ …… ⓐ} & \blacktriangleleft \text{①に}x=\alpha\text{を代入した} \\ (3^\beta)^2 - 6 \cdot 3^\beta + 1 = 0 \text{ …… ⓑ} & \blacktriangleleft \text{②に}x=\beta\text{を代入した} \end{cases}$

がいえる。

そして、さらにⓐとⓑは

3^α と 3^β が $X^2 - 6X + 1 = 0$ …… ①′ の解である、という

ことを意味している。 ◀ つまり、$X^2 - 6X + 1 = 0$ …… ①′ の解は $X = 3^\alpha$ と $X = 3^\beta$ である！

例題 11

$x = \dfrac{1}{2}\left(2^{\frac{1}{3}} - 2^{-\frac{1}{3}}\right)$ のとき，$\log_2(x + \sqrt{1+x^2}) = \boxed{}$ である。

[考え方]

いきなり $\log_2(x+\sqrt{1+x^2})$ について考えるのは面倒くさそうなので，とりあえず log は無視して，$\underline{x+\sqrt{1+x^2}}$ について考えよう。

まず，$2^{-\frac{1}{3}} = \dfrac{1}{2^{\frac{1}{3}}}$ を考え ◀ $2^{-n} = \dfrac{1}{2^n}$

$\boxed{2^{\frac{1}{3}} = a\ (>0)\ \text{とおく}}$ と， ◀ Point 2.1, Point 2.2

$x = \dfrac{1}{2}\left(2^{\frac{1}{3}} - 2^{-\frac{1}{3}}\right)$

$= \underline{\dfrac{1}{2}\left(a - \dfrac{1}{a}\right)} \cdots\cdots ①$ が得られる。 ◀ x がキレイになった！

そこで，

$\boxed{x = \dfrac{1}{2}\left(a - \dfrac{1}{a}\right) \cdots\cdots ① \text{を } x+\sqrt{1+x^2} \text{ に代入してみる}}$ と，

$x + \sqrt{1+x^2} = \dfrac{1}{2}\left(a - \dfrac{1}{a}\right) + \sqrt{1 + \left\{\dfrac{1}{2}\left(a - \dfrac{1}{a}\right)\right\}^2}$ ◀ x を消去した！

$\phantom{x+\sqrt{1+x^2}} = \dfrac{1}{2}\left(a - \dfrac{1}{a}\right) + \sqrt{1 + \dfrac{1}{4}\left(a^2 + \dfrac{1}{a^2} - 2\right)}$ ◀ $\left(a-\dfrac{1}{a}\right)^2 = a^2 + \left(\dfrac{1}{a}\right)^2 - 2\cdot a\cdot\dfrac{1}{a}$

$\phantom{x+\sqrt{1+x^2}} = \dfrac{1}{2}\left(a - \dfrac{1}{a}\right) + \sqrt{1 + \dfrac{1}{4}a^2 + \dfrac{1}{4}\cdot\dfrac{1}{a^2} - \dfrac{1}{2}}$ ◀ 展開した

$\phantom{x+\sqrt{1+x^2}} = \dfrac{1}{2}\left(a - \dfrac{1}{a}\right) + \sqrt{\dfrac{1}{4}a^2 + \dfrac{1}{4}\cdot\dfrac{1}{a^2} + \dfrac{1}{2}}$ ◀ 整理した

$\phantom{x+\sqrt{1+x^2}} = \dfrac{1}{2}\left(a - \dfrac{1}{a}\right) + \sqrt{\dfrac{1}{4}\left(a^2 + \dfrac{1}{a^2} + 2\right)}$ ◀ $\dfrac{1}{4}$ でくくって式を見やすくした

$\phantom{x+\sqrt{1+x^2}} = \dfrac{1}{2}\left(a - \dfrac{1}{a}\right) + \sqrt{\left\{\dfrac{1}{2}\left(a + \dfrac{1}{a}\right)\right\}^2}$ ◀ $\begin{cases} \dfrac{1}{4} = \left(\dfrac{1}{2}\right)^2 \\ a^2 + \dfrac{1}{a^2} + 2 = \left(a + \dfrac{1}{a}\right)^2 \end{cases}$

$$= \frac{1}{2}\left(a - \frac{1}{a}\right) + \frac{1}{2}\left(a + \frac{1}{a}\right)$$ ◀ $\sqrt{A^2} = A$ [$A>0$のとき]を使ってうまく$\sqrt{}$がはずせた！

$$= \frac{1}{2}a - \frac{1}{2}\cdot\frac{1}{a} + \frac{1}{2}a + \frac{1}{2}\cdot\frac{1}{a}$$ ◀展開した

$$= a$$ ◀整理した

$$= 2^{\frac{1}{3}}$$ が得られる。 ◀ $2^{\frac{1}{3}}$をaとおいたので！

よって，
$x + \sqrt{1+x^2}$ は $2^{\frac{1}{3}}$ と書き直せることが分かったので
$\log_2(x+\sqrt{1+x^2})$ は $\log_2 2^{\frac{1}{3}}$ と書き直せるよね。

だから，あとは $\log_2 2^{\frac{1}{3}}$ をキレイにすれば終わりだね。

そこで，次の **Point** が必要になる。

Point 2.7 〈logの重要な公式Ⅰ〉
① $\log_a b^n = n\log_a b$
② $\log_a a = 1$

Point 2.7 より，

$\log_2 2^{\frac{1}{3}} = \frac{1}{3}\log_2 2$ ◀ **Point 2.7 ①**

　　　$= \frac{1}{3}\cdot 1$ ◀ $\log_2 2 = 1$ [**Point 2.7 ②**]

　　　$= \frac{1}{3}$ がいえるので

$\log_2(x+\sqrt{1+x^2}) = \frac{1}{3}$ が得られた！ ◀ $\log_2(x+\sqrt{1+x^2}) = \log_2 2^{\frac{1}{3}} = \frac{1}{3}$

[解答]

$\boxed{2^{\frac{1}{3}} = a \ (>0) \text{ とおく}}$ と、 ◀ **Point 2.1 , Point 2.2**

$x = \dfrac{1}{2}\left(2^{\frac{1}{3}} - 2^{-\frac{1}{3}}\right)$

$= \dfrac{1}{2}\left(a - \dfrac{1}{a}\right)$ がいえるので、 ◀ $2^{-\frac{1}{3}} = \dfrac{1}{2^{\frac{1}{3}}} = \dfrac{1}{a}$

$\log_2(x + \sqrt{1+x^2})$

$= \log_2\left\{\dfrac{1}{2}\left(a - \dfrac{1}{a}\right) + \sqrt{1 + \left\{\dfrac{1}{2}\left(a - \dfrac{1}{a}\right)\right\}^2}\right\}$ ◀ x に $\dfrac{1}{2}\left(a - \dfrac{1}{a}\right)$ を代入した!

$= \log_2\left\{\dfrac{1}{2}\left(a - \dfrac{1}{a}\right) + \sqrt{1 + \dfrac{1}{4}\left(a^2 + \dfrac{1}{a^2} - 2\right)}\right\}$ ◀ $\left(a - \dfrac{1}{a}\right)^2 = a^2 + \dfrac{1}{a^2} - 2$

$= \log_2\left\{\dfrac{1}{2}\left(a - \dfrac{1}{a}\right) + \sqrt{\dfrac{1}{4}\left(a^2 + \dfrac{1}{a^2} + 2\right)}\right\}$ ◀ $\sqrt{\dfrac{1}{4}\left(4 + a^2 + \dfrac{1}{a^2} - 2\right)}$

$= \log_2\left\{\dfrac{1}{2}\left(a - \dfrac{1}{a}\right) + \sqrt{\left\{\dfrac{1}{2}\left(a + \dfrac{1}{a}\right)\right\}^2}\right\}$ ◀ $a^2 + \dfrac{1}{a^2} + 2 = \left(a + \dfrac{1}{a}\right)^2$

$= \log_2\left\{\dfrac{1}{2}\left(a - \dfrac{1}{a}\right) + \dfrac{1}{2}\left(a + \dfrac{1}{a}\right)\right\}$ ◀ $\sqrt{A^2} = A$ [$A > 0$ のとき]

$= \log_2 a$ ◀ $\dfrac{1}{2}a - \dfrac{1}{2}\cdot\dfrac{1}{a} + \dfrac{1}{2}a + \dfrac{1}{2}\cdot\dfrac{1}{a} = a$

$= \log_2 2^{\frac{1}{3}}$ ◀ $a = 2^{\frac{1}{3}}$

$= \dfrac{1}{3} \cdot \log_2 2$ ◀ **Point 2.7 ①**

$= \dfrac{1}{3} \cdot 1$ ◀ **Point 2.7 ②**

$= \dfrac{1}{3}$

例題 12

$\log_3 4 = x$ のとき，4 を x を用いて表せ。

[考え方]

一見するとよく分からない問題のように見えるけれど，これは単に次の **Point 2.8** を使うだけの問題なんだ。

Point 2.8 〈log の重要な公式 II（log の定義）〉
$\log_a b = c$
$\Leftrightarrow b = a^c$

$\boxed{\log_a b = c \Leftrightarrow b = a^c}$ を考え，◀ Point 2.8
$\log_3 4 = x \Leftrightarrow 4 = 3^x$ がいえる。 ◀ $a=3, b=4, c=x$ の場合

[解答]

$\log_3 4 = x \Leftrightarrow 4 = 3^x$ ◀ Point 2.8

さて，今までのまとめとして次の **練習問題 10** をやってごらん。

練習問題 10

$x = 0.125$，$y = \log_{0.8} 7$ のとき，$\dfrac{3}{7} \log_x 128 + (0.8)^y$ の値を求めよ。

例題 13

次の方程式
$$2+\log_2(23-x)=\log_{\sqrt{2}}(x-8) \quad \cdots\cdots (*)$$
を解け。

[考え方]

（＊）は log の方程式なので，
ここで，log の方程式の解法について解説しよう。

まず，準備として，
知っておかなければならない log の用語を確認しておこう。

log の用語

$\log_a b$ における b を**真数**といい，
真数の b は絶対に正でなければならない。
この $b>0$ という条件を**真数条件**という。

$\log_a b$ における a を**底**といい，
底の a は $0<a<1$ or $1<a$ を満たしていなければならない。

これを踏まえて log の方程式の解き方をまとめておくと
次のようになる。

Point 2.9 〈log の方程式の解き方〉

Step 1
真数条件を考える。

Step 2
底をそろえて，$\log_a A = \log_a B$ の形にする。

▶ $\log_a A = \log_a B$ から $A = B$ がいえる！

まず，**Point 2.9** の **Step 1** に従って
$\log_2(23-x)$ と $\log_{\sqrt{2}}(x-8)$ の真数条件を考えよう。

真数は正でなければならない ので
$23-x>0$ と $x-8>0$ がいえるよね。

さらに，
$\begin{cases} 23-x>0 \Rightarrow 23>x \\ x-8>0 \Rightarrow x>8 \end{cases}$ を考え

$\log_2(23-x)$ と $\log_{\sqrt{2}}(x-8)$ が満たすべき真数条件は
$8<x<23$ …… ① であることが分かった。

次に，$\log_2(23-x)$ と $\log_{\sqrt{2}}(x-8)$ は底がそろっていないので，
Point 2.9 の **Step 2** の前半に従って ◀「底をそろえて，$\log_a A = \log_a B$ の形にする」
$\log_2(23-x)$ と $\log_{\sqrt{2}}(x-8)$ の底をそろえよう。

底をそろえるためには次の **Point** が必要になる。

Point 2.10 〈底の変換公式〉

$\log_a b = \dfrac{\log_c b}{\log_c a}$ ◀ c は（1 以外の正の数ならば）なんでもよい！

$\log_2(23-x)$ と $\log_{\sqrt{2}}(x-8)$ の底をそろえるために **Point 2.10** を使って $\log_{\sqrt{2}}(x-8)$ の底を 2 に変えよう！

すると，

$$\boxed{\log_{\sqrt{2}}(x-8) = \frac{\log_2(x-8)}{\log_2\sqrt{2}}}$$ ◀ 底を2にした！[Point 2.10のc=2の場合]

$$= \frac{\log_2(x-8)}{\log_2 2^{\frac{1}{2}}}$$ ◀ $\sqrt{2} = 2^{\frac{1}{2}}$

$$= \frac{\log_2(x-8)}{\frac{1}{2}\log_2 2}$$ ◀ $\log_2 2^n = n\log_2 2$ [Point 2.7 ①]

$$= \frac{\log_2(x-8)}{\frac{1}{2}}$$ ◀ $\log_2 2 = 1$ [Point 2.7 ②]

$$= 2\log_2(x-8)$$ が得られる。 ◀ 分母分子に2を掛けた

よって，

$$2 + \log_2(23-x) = \log_{\sqrt{2}}(x-8) \quad \cdots\cdots (*)$$
$$\Leftrightarrow 2 + \log_2(23-x) = 2\log_2(x-8) \quad \cdots\cdots (**)$$ ◀ 底がそろった！

がいえる。

さらに，**Point 2.9** の Step 2 の後半に従って，◀「底をそろえて，$\log_a A = \log_a B$ の形にする」
$(**)$ を $\log_2 A = \log_2 B$ の形に変形しよう。

そのために次の **Point** が必要になる。

Point 2. 11 〈log の重要な公式Ⅲ〉

① $\log_a AB = \log_a A + \log_a B$

② $\log_a \dfrac{A}{B} = \log_a A - \log_a B$

まず，
(**)の左辺の $2+\log_2(23-x)$ を $\log_2 A$ の形にしよう。

[方針]
　もしも $2+\log_2(23-x)$ が $\log_2 k + \log_2(23-x)$ という形だったら **Point 2.11** の①を使うことにより，◀ $\log_a A + \log_a B = \log_a AB$
$\log_2 k + \log_2(23-x)$ は簡単に $\log_2 k(23-x)$ と ◀ $\log_2 A$ の形！
書き直すことができるよね。
そこで，まず，2 を $\log_2 k$ の形に書き直すことから始めよう！

まず，
$2 = 2\cdot 1$　◀ 2を2・1とみなして強引に $\log_2\square$ の形にする！
　$= 2\cdot \log_2 2$　◀ $\log_a a = 1$
　$= \log_2 2^2$　◀ $n\log_a b = \log_a b^n$
　$= \log_2 4$　より　◀ $2^2 = 4$

　$2 + \log_2(23-x)$
$= \log_2 4 + \log_2(23-x)$ がいえるよね。　◀ $2 = \log_2 4$

さらに，
Point 2.11 の①より
$\boxed{\log_2 4 + \log_2(23-x) = \log_2 4(23-x)}$　◀ $\log_2 A + \log_2 B = \log_2 AB$
　　　　　　　　$= \log_2(92-4x)$ がいえるので，　◀ $4(23-x) = 92-4x$

(**)の左辺の $2+\log_2(23-x)$ は $\log_2(92-4x)$ と書ける　◀ $\log_2 A$ の形！
ことが分かった！

次に，
(**) の右辺の $2\log_2(x-8)$ を $\log_2 B$ の形にしよう。

これは簡単だよね。
Point 2.7 の①より
$2\log_2(x-8) = \log_2(x-8)^2$ ◀ $n\log_a b = \log_a b^n$
$\qquad\qquad\quad = \log_2(x^2-16x+64)$ がいえるので， ◀ $(x-8)^2 = x^2-16x+64$
(**) の右辺の $2\log_2(x-8)$ は $\log_2(x^2-16x+64)$ と書ける ◀ $\log_2 B$ の形！
ことが分かった。

以上より，
$\quad 2 + \log_2(23-x) = 2\log_2(x-8)$ ……(**)
$\Leftrightarrow \log_2(92-4x) = \log_2(x^2-16x+64)$ が得られた。 ◀ $\log_2 A = \log_2 B$ の形！

あとは $\boxed{\log_2 A = \log_2 B \Rightarrow A = B}$ ……(★) を使えば
面倒くさい log が消えてくれるので簡単だよね。

実際に (★) を使ってみると，
$\quad \log_2(92-4x) = \log_2(x^2-16x+64)$
$\Leftrightarrow 92-4x = x^2-16x+64$ ◀ $\log_2 A = \log_2 B \Rightarrow A = B$
$\Leftrightarrow x^2-12x-28 = 0$ ◀ 整理した
$\Leftrightarrow (x+2)(x-14) = 0$ ◀ たすき掛け
$\Leftrightarrow x = -2, 14$ のように x を求めることができた。

よって，
$8 < x < 23$ ……① を考え， ◀ Step1 で求めた真数条件！
$x = 14$ が得られた。 ◀ $x = -2$ は不適

[解答]

$2 + \log_2(23-x) = \log_{\sqrt{2}}(x-8)$ ……(*)

(*)の真数条件を考え ◀真数は絶対に正である！

$\begin{cases} 23-x > 0 \\ x-8 > 0 \end{cases}$

∴ $8 < x < 23$ ……① がいえる。

ここで，

$\log_{\sqrt{2}}(x-8) = \dfrac{\log_2(x-8)}{\log_2\sqrt{2}}$ ◀底を2に変えた！[Point 2.10]

$= \dfrac{\log_2(x-8)}{\frac{1}{2}}$ ◀$\log_2\sqrt{2} = \log_2 2^{\frac{1}{2}} = \frac{1}{2}\cdot\log_2 2 = \frac{1}{2}\cdot 1 = \frac{1}{2}$

$= 2\log_2(x-8)$ を考え ◀分母分子に2を掛けた

(*) $\Leftrightarrow 2 + \log_2(23-x) = 2\log_2(x-8)$ ◀底をそろえた！
$\Leftrightarrow 2\log_2 2 + \log_2(23-x) = 2\log_2(x-8)$ ◀$2 = 2\cdot 1 = 2\cdot\log_2 2$
$\Leftrightarrow \log_2 2^2 + \log_2(23-x) = \log_2(x-8)^2$ ◀$2\log_a b = \log_a b^2$
$\Leftrightarrow \log_2 4 + \log_2(23-x) = \log_2(x^2-16x+64)$ ◀展開した
$\Leftrightarrow \log_2(92-4x) = \log_2(x^2-16x+64)$ ◀$\log_2 4 + \log_2(23-x) = \log_2 4(23-x) = \log_2(92-4x)$
$\Leftrightarrow 92-4x = x^2-16x+64$ ◀$\log_a A = \log_a B \Rightarrow A = B$
$\Leftrightarrow x^2-12x-28 = 0$ ◀整理した
$\Leftrightarrow (x+2)(x-14) = 0$ ◀たすき掛け
$\Leftrightarrow x = -2, 14$ が得られる。

よって，

$8 < x < 23$ ……① を考え， ◀真数条件！

$x = 14$ が得られた。 ◀$x = -2$ は不適

例題 14

不等式 $2\log_{\frac{1}{9}}x + \log_{\frac{1}{3}}(2-x) \leqq \log_{\frac{1}{3}}(2x-3)$ を満たす x の範囲を求めよ。

[考え方]

$2\log_{\frac{1}{9}}x + \log_{\frac{1}{3}}(2-x) \leqq \log_{\frac{1}{3}}(2x-3)$ は log の不等式なのでまず，log の不等式の解法をまとめておこう。

Point 2.12 〈log の不等式の解き方〉

Step 1
真数条件を考える。

Step 2
底をそろえて，$\log_a A \leqq \log_a B$ の形にする。

Step 3

(I) $a>1$ のとき

$\log_a A \leqq \log_a B \implies A \leqq B$

(II) $0<a<1$ のとき

$\log_a A \leqq \log_a B \implies A \geqq B$

▶ [*Point 2.12* の Step 3 の解説]

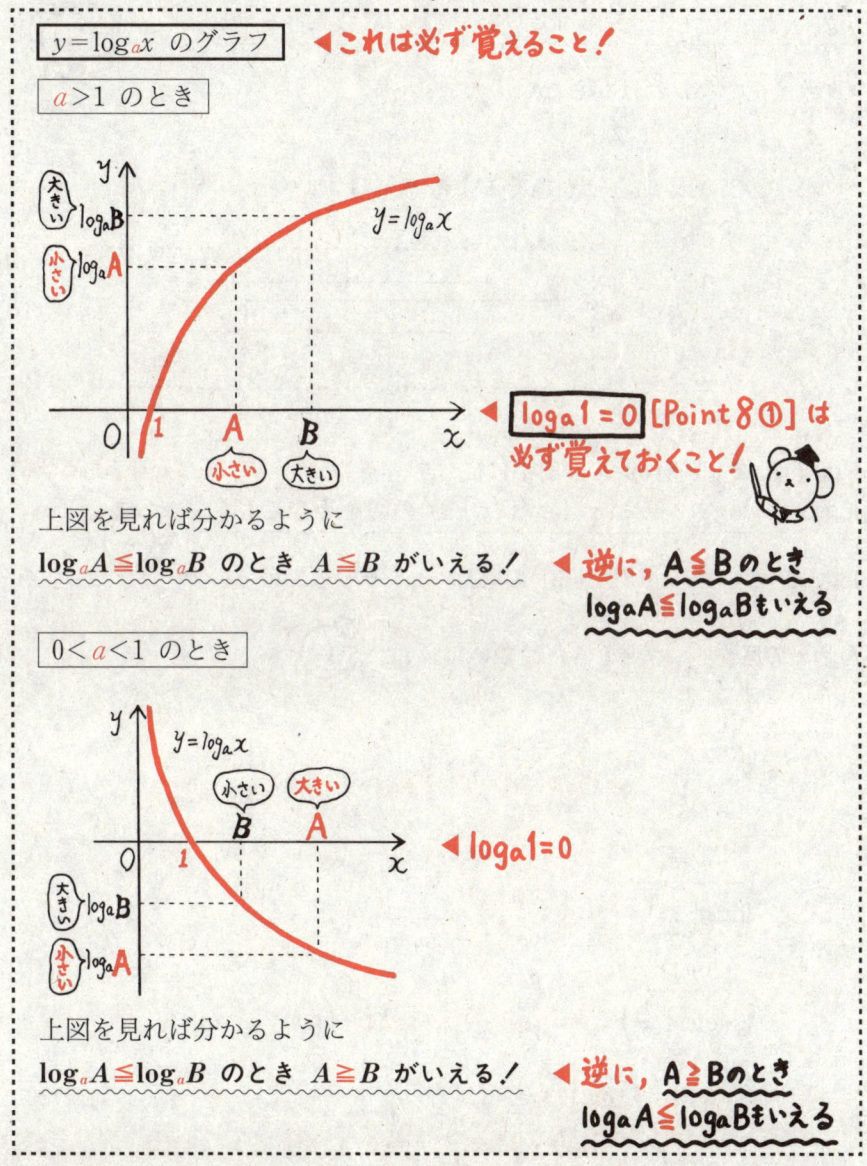

$y = \log_a x$ のグラフ　◀これは必ず覚えること！

$a > 1$ のとき

（大きい）$\log_a B$
（小さい）$\log_a A$

◀ $\log_a 1 = 0$ [Point 8①] は必ず覚えておくこと！

上図を見れば分かるように
$\log_a A \leqq \log_a B$ のとき $A \leqq B$ がいえる！　◀逆に、$A \leqq B$ のとき $\log_a A \leqq \log_a B$ もいえる

$0 < a < 1$ のとき

◀ $\log_a 1 = 0$

上図を見れば分かるように
$\log_a A \leqq \log_a B$ のとき $A \geqq B$ がいえる！　◀逆に、$A \geqq B$ のとき $\log_a A \leqq \log_a B$ もいえる

以上の基本事項を踏まえて、
$2\log_{\frac{1}{9}} x + \log_{\frac{1}{3}} (2-x) \leqq \log_{\frac{1}{3}} (2x-3)$ ……（＊）を解いてみよう。

まず, **Point 2.12** の Step 1 に従って
$\log_{\frac{1}{9}}x$ と $\log_{\frac{1}{3}}(2-x)$ と $\log_{\frac{1}{3}}(2x-3)$ の真数条件を考えよう。

真数は正でなければならない ので
$x>0, \ 2-x>0, \ 2x-3>0$

$\Leftrightarrow x>0, \ 2>x, \ x>\dfrac{3}{2}$ がいえるよね。

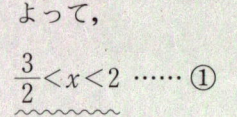

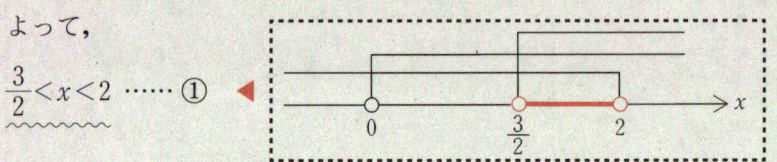

よって,

$\dfrac{3}{2}<x<2$ ……①

次に,
Point 2.12 の Step 2 の前半に従って ◀「底をそろえて, $\log_a A \leqq \log_a B$ の形にする」
$\log_{\frac{1}{9}}x$ と $\log_{\frac{1}{3}}(2-x)$ と $\log_{\frac{1}{3}}(2x-3)$ の底をそろえよう。

$\log_{\frac{1}{3}}(2-x)$ と $\log_{\frac{1}{3}}(2x-3)$ の底は $\dfrac{1}{3}$ にそろっているので

$\log_{\frac{1}{9}}x$ の底を $\dfrac{1}{3}$ に変えるだけでいいよね。

$\boxed{\log_{\frac{1}{9}}x = \dfrac{\log_{\frac{1}{3}}x}{\log_{\frac{1}{3}}\dfrac{1}{9}}}$ ◀ 底を $\dfrac{1}{3}$ にした [Point 2.10]

$= \dfrac{\log_{\frac{1}{3}}x}{\log_{\frac{1}{3}}\left(\dfrac{1}{3}\right)^2}$ ◀ $\dfrac{1}{9}=\left(\dfrac{1}{3}\right)^2$

$= \dfrac{\log_{\frac{1}{3}}x}{2\cdot\log_{\frac{1}{3}}\left(\dfrac{1}{3}\right)}$ ◀ $\log_a b^n = n\log_a b$

$= \dfrac{\log_{\frac{1}{3}}x}{2\cdot 1}$ ◀ $\log_{\frac{1}{3}}\left(\dfrac{1}{3}\right)=1$

$= \dfrac{1}{2}\log_{\frac{1}{3}}x$ ◀ $\dfrac{\log_{\frac{1}{3}}x}{2}=\dfrac{1}{2}\log_{\frac{1}{3}}x$

よって，$\log_{\frac{1}{9}} x = \frac{1}{2} \log_{\frac{1}{3}} x$ より

$2\log_{\frac{1}{9}} x + \log_{\frac{1}{3}}(2-x) \leqq \log_{\frac{1}{3}}(2x-3)$ ……(*)

$\Leftrightarrow \log_{\frac{1}{3}} x + \log_{\frac{1}{3}}(2-x) \leqq \log_{\frac{1}{3}}(2x-3)$ ……(*)' がいえる。◀底がそろった！

さらに，**Point 2.12** の **Step 2** の後半に従って ◀「底をそろえて，$\log_a A \leqq \log_a B$ の形にする」
(*)' を $\log_{\frac{1}{3}} A \leqq \log_{\frac{1}{3}} B$ の形に変形しよう。

これは簡単だよね。

Point 2.11 の①より

$\boxed{\log_{\frac{1}{3}} x + \log_{\frac{1}{3}}(2-x) = \log_{\frac{1}{3}} x(2-x)}$ ◀$\log_{\frac{1}{3}} A + \log_{\frac{1}{3}} B = \log_{\frac{1}{3}} AB$

$\qquad\qquad\qquad = \log_{\frac{1}{3}}(2x-x^2)$ がいえるので ◀$x(2-x) = 2x - x^2$

$\log_{\frac{1}{3}} x + \log_{\frac{1}{3}}(2-x) \leqq \log_{\frac{1}{3}}(2x-3)$ ……(*)'

$\Leftrightarrow \log_{\frac{1}{3}}(2x-x^2) \leqq \log_{\frac{1}{3}}(2x-3)$ がいえる。 ◀$\log_{\frac{1}{3}} A \leqq \log_{\frac{1}{3}} B$ の形！

さらに **Point 2.12** の **Step 3 (Ⅱ)** より

$\boxed{\begin{array}{l} \log_{\frac{1}{3}}(2x-x^2) \leqq \log_{\frac{1}{3}}(2x-3) \\ \Leftrightarrow 2x - x^2 \geqq 2x - 3 \end{array}}$ ◀$0 < a < 1$ のとき $\log_a A \leqq \log_a B \Rightarrow A \geqq B$

$\Leftrightarrow x^2 - 3 \leqq 0$ ◀整理した

$\Leftrightarrow (x - \sqrt{3})(x + \sqrt{3}) \leqq 0$ ◀因数分解した

∴ $-\sqrt{3} \leqq x \leqq \sqrt{3}$ ……② が得られる。

よって，
①かつ②より ◀①と②を共に満たす x の範囲について考える！

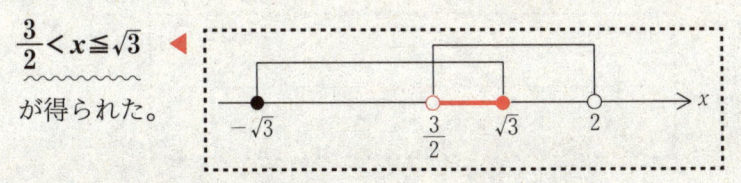

$\dfrac{3}{2} < x \leqq \sqrt{3}$ ◀

が得られた。

[解答]

$2\log_{\frac{1}{9}} x + \log_{\frac{1}{3}}(2-x) \leq \log_{\frac{1}{3}}(2x-3)$ ……(∗)

真数条件を考え，$x > 0$，$2-x > 0$，$2x-3 > 0$ から ◂ Point 2.12 の Step1

$\dfrac{3}{2} < x < 2$ …… ① が得られる。 ◂ [考え方] 参照

ここで，

$\log_{\frac{1}{9}} x = \dfrac{\log_{\frac{1}{3}} x}{\log_{\frac{1}{3}} \frac{1}{9}}$ ◂ 底を $\frac{1}{3}$ にした [Point 2.10]

$= \dfrac{\log_{\frac{1}{3}} x}{\log_{\frac{1}{3}} \left(\frac{1}{3}\right)^2}$ ◂ $\frac{1}{9} = \left(\frac{1}{3}\right)^2$

$= \dfrac{1}{2} \log_{\frac{1}{3}} x$ を考え， ◂ $\log_{\frac{1}{3}}\left(\frac{1}{3}\right)^2 = 2 \cdot \log_{\frac{1}{3}} \frac{1}{3} = 2 \cdot 1 = 2$

(∗) $\Leftrightarrow \log_{\frac{1}{3}} x + \log_{\frac{1}{3}}(2-x) \leq \log_{\frac{1}{3}}(2x-3)$ ◂ $2\log_{\frac{1}{9}} x = 2 \cdot \frac{1}{2} \cdot \log_{\frac{1}{3}} x = \log_{\frac{1}{3}} x$

$\Leftrightarrow \log_{\frac{1}{3}} x(2-x) \leq \log_{\frac{1}{3}}(2x-3)$ ◂ $\log_{\frac{1}{3}} A + \log_{\frac{1}{3}} B = \log_{\frac{1}{3}} AB$

$\Leftrightarrow \log_{\frac{1}{3}}(2x-x^2) \leq \log_{\frac{1}{3}}(2x-3)$ ◂ $x(2-x) = 2x - x^2$

$\Leftrightarrow 2x - x^2 \geq 2x - 3$ ◂ Point 2.12 の Step3 (Ⅱ)

$\Leftrightarrow x^2 - 3 \leq 0$ ◂ 整理した

$\Leftrightarrow (x-\sqrt{3})(x+\sqrt{3}) \leq 0$ ◂ 因数分解した

∴ $-\sqrt{3} \leq x \leq \sqrt{3}$ …… ② が得られる。

よって，

①かつ②より ◂ ①と②を共に満たす x の範囲について考える！

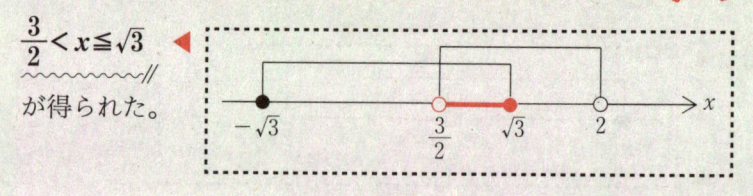

$\dfrac{3}{2} < x \leq \sqrt{3}$ ◂

が得られた。

練習問題 11

(1) 不等式 $\log_2 x < 4$ を解け。

(2) 不等式 $\log_{\frac{1}{2}}(\log_2 x) > -2$ を解け。

練習問題 12

$a > 0$, $a \neq 1$ のとき，不等式 $\log_{a^2} 4x \leq \log_a (3-x)$ を解け。

例題 15

$2^x = 100$, $5^y = 1000$ であるとき，$(x-2)(y-\Box) = \Box$ である。
$\Box$ に適当な整数をうめよ。　　　　　　　　　　　　　　[東京理科大]

[考え方]

まず，2^x や 5^y のような指数が入っている関係式は，一般に考えにくいよね。だから，問題を解く上で指数は非常に嫌な存在なのでなんとか指数をなくしたいよね。そこで，log が必要になるのである。えっ，なぜかって？
だって，log の重要公式の $\log_a b^n = n\log_a b$ を使えば　◀ Point 2.7 ①
b^n の n を $n\log_a b$ のように "単なる係数" に変えることができるでしょ！

そこで，次の **Point** が出てくる。

Point 2.13 〈指数の入った関係式〉

指数の入った関係式は 両辺に log をとれ！

▶「両辺に log を**とる**」ということは「両辺に log を**つける**」という意味である。

まず，
$2^x = 100 \Leftrightarrow 2^x = 10^2$ を考え， ◀ $100 = 10^2$
Point 2.13 に従って
$\boxed{2^x = 10^2 \text{ の両辺に log をとる}}$ と， ◀ $2^x=10^2$ は指数の入った関係式

$\log_{10} 2^x = \log_{10} 10^2$ ◀ 数Ⅱの範囲で log をとる場合は普通，底を10にする！
$\Leftrightarrow x\log_{10} 2 = 2\log_{10} 10$ ◀ $\log_a b^n = n\log_a b$
$\Leftrightarrow x\log_{10} 2 = 2$ …… ① ◀ $\log_{10} 10 = 1$
が得られる。

┌─ 用語 ─────────┐
│ 10 を底とする $\log_{10} x$ を │
│ x の**常用対数**という。 │
└────────────────┘

次に，
$5^y = 1000 \Leftrightarrow 5^y = 10^3$ を考え ◀ $1000 = 10^3$
$\boxed{5^y = 10^3 \text{ の両辺に log をとる}}$ と， ◀ **Point 2.13**

$\log_{10} 5^y = \log_{10} 10^3$ ◀ 原則に従って底を10にした！
$\Leftrightarrow y\log_{10} 5 = 3\log_{10} 10$ ◀ $\log_a b^n = n\log_a b$
$\Leftrightarrow y\log_{10} 5 = 3$ …… ② ◀ $\log_{10} 10 = 1$

$\log_{10} 5$ が出てきたけれど，この $\log_{10} 5$ は
次のように変形できることは知っているかい？ ◀ これは必ず覚えておくこと！

┌─ **Point 2.14** 〈$\log_{10} 5$ の式変形について〉─────┐
│　　$5 = \dfrac{10}{2}$ より，   │
│　$\log_{10} 5 = \log_{10} \dfrac{10}{2}$ │
│　　　　　$= \log_{10} 10 - \log_{10} 2$ ◀ $\log_a \dfrac{A}{B} = \log_a A - \log_a B$ │
│　　　　　$= 1 - \log_{10} 2$ ◀ $\log_a a = 1$ │
└──────────────────────────────┘

よって，**Point 2.14** より，
$\quad y\log_{10} 5 = 3$ …… ②
$\Leftrightarrow y(1 - \log_{10} 2) = 3$ …… ②′ がいえる。 ◀ $\log_{10} 5 = 1 - \log_{10} 2$

とりあえず $\begin{cases} x\log_{10}2 = 2 & \cdots\cdots ① \\ y(1-\log_{10}2) = 3 & \cdots\cdots ② \end{cases}$ が求まったけれど，
この後どうすればいいのか分かるかい？
この問題で必要なのは，x と y と整数の関係式なので
$\log_{10}2$ がジャマだよね。
だから 不要な $\log_{10}2$ を消去しよう！

$\Leftrightarrow \begin{cases} x\log_{10}2 = 2 & \cdots\cdots ① \\ y(1-\log_{10}2) = 3 & \cdots\cdots ②' \end{cases}$

$\Leftrightarrow \begin{cases} \log_{10}2 = \dfrac{2}{x} & \cdots\cdots ①' \quad \blacktriangleleft 両辺を x [\neq 0] で割った \\ 1-\log_{10}2 = \dfrac{3}{y} & \cdots\cdots ②'' \quad \blacktriangleleft 両辺を y [\neq 0] で割った \end{cases}$

①$'$＋②$''$ より ◀ $\log_{10}2$ を消去する！

$1 = \dfrac{2}{x} + \dfrac{3}{y} \cdots\cdots (*)$ が得られる。 ◀ $\log_{10}2$ が消えた

以下，
$1 = \dfrac{2}{x} + \dfrac{3}{y} \cdots\cdots (*)$ を $(x-2)(y-\Box) = \Box$ の形に書き直そう。

とりあえず，$1 = \dfrac{2}{x} + \dfrac{3}{y} \cdots\cdots (*)$ のように分数があったら
$(x-2)(y-\Box) = \Box$ の形には程遠いので，

まず，分数をなくすために $(*)$ の両辺に xy を掛けると，

$1 = \dfrac{2}{x} + \dfrac{3}{y} \cdots\cdots (*)$

$\Leftrightarrow xy = xy\left(\dfrac{2}{x} + \dfrac{3}{y}\right)$ ◀ 両辺に $xy[\neq 0]$ を掛けて分数をなくす！

$\Leftrightarrow xy = 2y + 3x$ ◀ $xy\left(\dfrac{2}{x}+\dfrac{3}{y}\right) = xy\cdot\dfrac{2}{x} + xy\cdot\dfrac{3}{y} = \underline{2y+3x}$

$\Leftrightarrow xy - 3x - 2y = 0 \cdots\cdots (*)'$ が得られる。

あとは $xy - 3x - 2y = 0$ を $(x-2)(y-\Box) = \Box$ の形に変形すれば
いいのだが，どのように変形すればいいのか分かるかい？

この変形は（特に 整数問題で 頻繁に必要になる）重要な式変形なので，次の **Point** の手順は必ず覚えておくこと！

Point 2.15 〈$axy+bx+cy$ から積をつくる方法について〉

Step 1
x or y でくくる！

$axy+bx+cy$
$=x(ay+b)+cy$ ◀ xでくくった！

Step 2
cy から $(ay+b)$ をつくる！

$\dfrac{c}{a}(ay+b)$ ◀ $(ay+b)$のyの係数をcにするために，$(ay+b)$に$\dfrac{c}{a}$を掛けた！

$=cy+\dfrac{bc}{a}$ を考え ◀ 展開した

$cy=\dfrac{c}{a}(ay+b)-\dfrac{bc}{a}$ が得られる。 ◀ cyについて解いた

Step 3
$(ay+b)$ でくくる！

Step 1 と Step 2 より，
$axy+bx+cy$
$=x(ay+b)+cy$ ◀ Step 1
$=x(ay+b)+\dfrac{c}{a}(ay+b)-\dfrac{bc}{a}$ ◀ Step 2
$=(ay+b)\left(x+\dfrac{c}{a}\right)-\dfrac{bc}{a}$ ◀ $(ay+b)$でくくった！

この **Point** を使って
$xy-3x-2y=0$ ……$(*)'$ を $(x-2)(y-\square)=\square$ の形に変形してみよう。

指数・対数関数の頻出問題の考え方について　69

$xy - 3x - 2y = 0$ ……(*)'
$\Leftrightarrow x(y-3) - 2y = 0$ ◀ Step1 に従って x でくくった！
$\Leftrightarrow x(y-3) - 2(y-3) - 6 = 0$ ◀ Step2 に従って -2y から (y-3) をつくった！
$\Leftrightarrow (y-3)(x-2) - 6 = 0$ ◀ Step3 に従って (y-3) でくくった！
$\therefore (x-2)(y-3) = 6$ ◀ (x-2)(y-□) = □ の形になった！

[解答]
$2^x = 100 \Leftrightarrow \log_{10} 2^x = \log_{10} 100$ ◀ 両辺に log をとった！[Point 2.13]
$\Leftrightarrow \log_{10} 2^x = \log_{10} 10^2$ ◀ $100 = 10^2$
$\Leftrightarrow x \log_{10} 2 = 2 \log_{10} 10$ ◀ $\log_a b^n = n \log_a b$
$\Leftrightarrow x \log_{10} 2 = 2$ ◀ $\log_{10} 10 = 1$
$\Leftrightarrow \log_{10} 2 = \dfrac{2}{x}$ ……① ◀ 両辺を x (≠0) で割って $\log_{10} 2$ について解いた ([考え方] 参照)

$5^y = 1000 \Leftrightarrow \log_{10} 5^y = \log_{10} 1000$ ◀ 両辺に log をとった！[Point 2.13]
$\Leftrightarrow \log_{10} 5^y = \log_{10} 10^3$ ◀ $1000 = 10^3$
$\Leftrightarrow y \log_{10} 5 = 3 \log_{10} 10$ ◀ $\log_a b^n = n \log_a b$
$\Leftrightarrow y \log_{10} \dfrac{10}{2} = 3$ ◀ $5 = \dfrac{10}{2}$ [Point 2.14]，$\log_{10} 10 = 1$
$\Leftrightarrow y(\log_{10} 10 - \log_{10} 2) = 3$ ◀ $\log_a \dfrac{A}{B} = \log_a A - \log_a B$
$\Leftrightarrow y(1 - \log_{10} 2) = 3$ ◀ $\log_{10} 10 = 1$
$\Leftrightarrow 1 - \log_{10} 2 = \dfrac{3}{y}$ ……② ◀ 両辺を y (≠0) で割った ([考え方] 参照)

①+② より ◀ 不要な $\log_{10} 2$ を消去する！
$1 = \dfrac{2}{x} + \dfrac{3}{y}$ ◀ x と y だけの式！
$\Leftrightarrow xy = 2y + 3x$ ◀ 両辺に xy (≠0) を掛けて分母を払った
$\Leftrightarrow xy - 3x - 2y = 0$
$\Leftrightarrow x(y-3) - 2y = 0$ ◀ x でくくった！
$\Leftrightarrow x(y-3) - 2(y-3) - 6 = 0$ ◀ $-2y = -2(y-3) - 6$
$\Leftrightarrow (y-3)(x-2) - 6 = 0$ ◀ (y-3) でくくった！
$\therefore (x-2)(y-3) = 6$

例題 16

$2^x = 5^y = 10^z$ のとき

$\dfrac{1}{x} + \dfrac{1}{y} = \boxed{}$ （ただし，$z \neq 0$ とする）

[考え方]

まず，$2^x = 5^y = 10^z$ は指数の入った関係式なので **Point 2.13** に従って，全体に log をとる と， ◀《注》を見よ！

$$\log_{10} 2^x = \log_{10} 5^y = \log_{10} 10^z$$

$\Leftrightarrow x\log_{10} 2 = y\log_{10} 5 = z\log_{10} 10 \ \cdots\cdots (*)$ ◀ $\log_a b^n = n\log_a b$

が得られる。

さらに，

$$\begin{cases} \log_{10} 5 = \log_{10} \dfrac{10}{2} \quad \blacktriangleleft \text{Point 2.14} \\ \qquad\quad = \log_{10} 10 - \log_{10} 2 \quad \blacktriangleleft \log_a \dfrac{A}{B} = \log_a A - \log_a B \\ \qquad\quad = 1 - \log_{10} 2 \quad \blacktriangleleft \log_{10} 10 = 1 \\ \log_{10} 10 = 1 \quad \blacktriangleleft \text{Point 2.7 ②} \end{cases}$$

より，

$$x\log_{10} 2 = y\log_{10} 5 = z\log_{10} 10 \ \cdots\cdots (*)$$

$\Leftrightarrow x\log_{10} 2 = y(1 - \log_{10} 2) = z$ ◀ $\log_{10} 5 = 1 - \log_{10} 2$ と $\log_{10} 10 = 1$ を代入した

$\Leftrightarrow \begin{cases} x\log_{10} 2 = z \ \cdots\cdots ① \\ y(1 - \log_{10} 2) = z \ \cdots\cdots ② \end{cases}$ ◀ $A = B = C \Leftrightarrow \begin{cases} A = C \\ B = C \end{cases}$

が得られるよね。 ◀ 考えやすくするために 2 つに分けた

そこで，①と②から $\dfrac{1}{x} + \dfrac{1}{y}$ を求めよう。

まず，$\boxed{①から\dfrac{1}{x}を求めよう。}$ ◀ $x\log_{10}2 = z$ ……①

$\boxed{①の両辺を\ x[\neq 0]\ で割る}$ と ◀ $\dfrac{1}{x}$の形をつくりたいから

$\dfrac{z}{x} = \log_{10}2$ ……①′ となり，

さらに $\boxed{①′の両辺を\ z[\neq 0]\ で割る}$ と ◀ $\dfrac{1}{x}$をつくる！

$\dfrac{1}{x} = \dfrac{\log_{10}2}{z}$ ……①″ のように $\dfrac{1}{x}$ が求められた。

次に，$\boxed{②から\dfrac{1}{y}を求めよう。}$ ◀ $y(1-\log_{10}2) = z$ ……②

$\boxed{②の両辺を\ y[\neq 0]\ で割る}$ と ◀ $\dfrac{1}{y}$の形をつくりたいから

$\dfrac{z}{y} = 1 - \log_{10}2$ ……②′ となり，

さらに $\boxed{②′の両辺を\ z[\neq 0]\ で割る}$ と ◀ $\dfrac{1}{y}$をつくる！

$\dfrac{1}{y} = \dfrac{1-\log_{10}2}{z}$ ……②″ のように $\dfrac{1}{y}$ が求められた。

よって，

$\boxed{①″+②″}$ より， ◀ $\dfrac{1}{x}+\dfrac{1}{y}$をつくる！

$\dfrac{1}{x} + \dfrac{1}{y} = \dfrac{\log_{10}2}{z} + \dfrac{1-\log_{10}2}{z}$

$\qquad = \dfrac{\log_{10}2 + 1 - \log_{10}2}{z}$ ◀ $\dfrac{A}{z} + \dfrac{B}{z} = \dfrac{A+B}{z}$

$\qquad = \dfrac{1}{z}$ が得られた！ ◀ 整理した

Section 2

[解答]

$$2^x = 5^y = 10^z$$
$\Leftrightarrow \log_{10} 2^x = \log_{10} 5^y = \log_{10} 10^z$ ◀ Point 2.13

$\Leftrightarrow x\log_{10} 2 = y\log_{10} 5 = z\log_{10} 10$ ◀ $\log_a b^n = n \log_a b$

$\Leftrightarrow x\log_{10} 2 = y(1 - \log_{10} 2) = z$ ◀ $\log_{10} 5 = \log_{10} \frac{10}{2} = \log_{10} 10 - \log_{10} 2 = 1 - \log_{10} 2$

$\Leftrightarrow \begin{cases} x\log_{10} 2 = z \\ y(1 - \log_{10} 2) = z \end{cases}$ ◀ $A = B = C \Leftrightarrow \begin{cases} A = C \\ B = C \end{cases}$

$\Leftrightarrow \begin{cases} \dfrac{1}{x} = \dfrac{\log_{10} 2}{z} \quad \cdots\cdots ① \\ \dfrac{1}{y} = \dfrac{1 - \log_{10} 2}{z} \quad \cdots\cdots ② \end{cases}$ ◀ 両辺を $xz(\neq 0)$ で割って $\frac{1}{x}$ をつくった！
◀ 両辺を $yz(\neq 0)$ で割って $\frac{1}{y}$ をつくった！

①+② より， ◀ $\frac{1}{x} + \frac{1}{y}$ をつくる！

$$\frac{1}{x} + \frac{1}{y} = \frac{\log_{10} 2}{z} + \frac{1 - \log_{10} 2}{z}$$
$$= \frac{\log_{10} 2 + 1 - \log_{10} 2}{z} = \frac{1}{z} /\!/$$

(注)

$2^x = 5^y = 10^z$ の全体に log をとるとき，[解答] では底を 10 にしたが，底は 2 でもいいし 5 でもよい。 ◀ 要は Point 2.7 の $\log_a a = 1$ が使えればよい！
(むしろ，2 や 5 の方が少しだけ簡単？) ◀ 各自，確認せよ

練習問題 13

a, b, c, x, y, z は正の数で $a \neq 1$ とする。

$a^x = b^y = c^z$ と $\dfrac{1}{x} + \dfrac{1}{y} = \dfrac{2}{z}$ が成り立つとき，

c を a, b を用いて表せ。

練習問題 14

$\log_{10}2=0.3010$, $\log_{10}3=0.4771$ とするとき
$12^n>10^{101}$ となる最小の整数 n は □ である。

例題 17

x, y の連立方程式
$\begin{cases} x^2y^4=1 & \cdots\cdots ① \\ \log_2 x+(\log_2 y)^2=3 & \cdots\cdots ② \end{cases}$ を解け。

[考え方]

まず、②は log の方程式なので
真数条件について考える と、
$x>0$, $y>0$ ……(＊) がいえる。

ところで、①と②はちょっと式の形が違うよね。
②は log の方程式なのに①は log の方程式ではないよね。
形が違う方程式だと考えにくいので、とりあえず
①の両辺に log をとって②と同じ形の方程式にしてみる と、

$\log_2 x^2y^4=\log_2 1$ ◀ ②と同じ形になるように底を2にした!
$\Leftrightarrow \log_2 x^2+\log_2 y^4=0$ ◀ $\log_2 AB=\log_2 A+\log_2 B$, $\log_a 1=0$
$\Leftrightarrow 2\log_2 x+4\log_2 y=0$ ◀ $\log_a b^n=n\log_a b$
$\Leftrightarrow \log_2 x+2\log_2 y=0$ …… ①′ が得られる。 ◀ 両辺を2で割った

$\begin{cases} \log_2 x + 2\log_2 y = 0 & \cdots\cdots ①' \\ \log_2 x + (\log_2 y)^2 = 3 & \cdots\cdots ② \end{cases}$ ◀ 変数は $\log_2 x$ と $\log_2 y$

ここで、式を見やすくするために
$\begin{cases} \log_2 x = X \\ \log_2 y = Y \text{とおく} \end{cases}$ と、

$\begin{cases} X + 2Y = 0 & \cdots\cdots ①'' \\ X + Y^2 = 3 & \cdots\cdots ②' \end{cases}$ のような 簡単な連立方程式が得られた！

①''と②'を解くのは ものすごく簡単だよね。

①'' ⇔ $X = -2Y \cdots\cdots$ ①''' を考え、 ◀ ①''を X について解いた

①'''を②'に代入する と、 ◀ X を消去して Y だけの式にする！

　　$X + Y^2 = 3 \cdots\cdots$ ②'
⇔ $Y^2 - 2Y - 3 = 0$ ◀ ①'''を代入して Y だけの式にした
⇔ $(Y-3)(Y+1) = 0$ ◀ たすき掛け
⇔ $Y = 3, -1$ が得られる。

よって、$X = -2Y \cdots\cdots$ ①''' より ◀ X = -6, 2 が分かる
$(X, Y) = (-6, 3), (2, -1) \cdots\cdots$ (★) が得られる。

ここで、**Point 2.2** に従って
$X = \log_2 x$ と $Y = \log_2 y$ の範囲について考えよう。

$X = \log_2 x$ と $Y = \log_2 y$ のグラフをかくと
次のようになるよね。 ◀ P.61 の [Point 2.12 の Step3 の解説] を見よ！

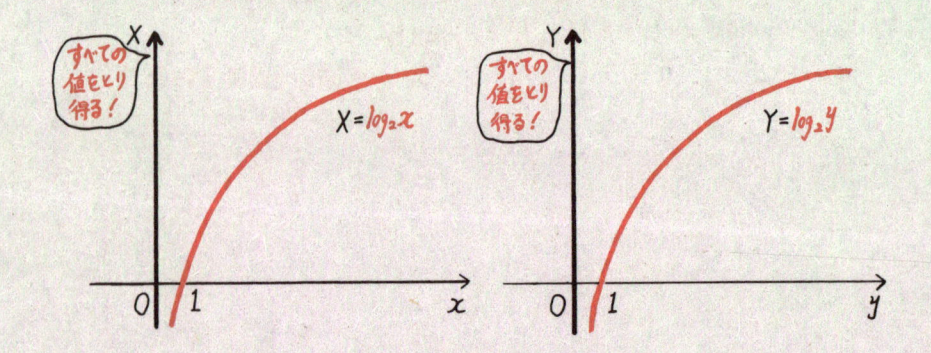

よって，

$X(=\log_2 x)$ と $Y(=\log_2 y)$ はどんな値でもとり得る ことが分かるので，特に，X と Y については範囲を考える必要がないことが分かった。

そこで，

$(X, Y)=(-6, 3), (2, -1)$ ……(★) から x, y を求める と，

$(X, Y)=(-6, 3)$
$\Leftrightarrow (\log_2 x, \log_2 y)=(-6, 3)$ ◀ $\begin{cases} X=\log_2 x \\ Y=\log_2 y \end{cases}$ を代入した

$\Leftrightarrow \begin{cases} \log_2 x = -6 \\ \log_2 y = 3 \end{cases}$

$\Leftrightarrow \begin{cases} x = 2^{-6} \\ y = 2^3 \end{cases}$ ◀ logの定義 [Point 2.8]

$\Leftrightarrow \begin{cases} x = \dfrac{1}{64} \\ y = 8 \end{cases}$

$\therefore (x, y) = \left(\dfrac{1}{64}, 8\right)$ ◀ $x>0, y>0$ ……(＊) を満たしている！

$(X, Y)=(2, -1)$
$\Leftrightarrow (\log_2 x, \log_2 y)=(2, -1)$ ◀ $\begin{cases} X=\log_2 x \\ Y=\log_2 y \end{cases}$ を代入した

$\Leftrightarrow \begin{cases} \log_2 x = 2 \\ \log_2 y = -1 \end{cases}$

$\Leftrightarrow \begin{cases} x = 2^2 \\ y = 2^{-1} \end{cases}$ ◀ logの定義 [Point 2.8]

$\Leftrightarrow \begin{cases} x = 4 \\ y = \dfrac{1}{2} \end{cases}$

$\therefore (x, y) = \left(4, \dfrac{1}{2}\right)$ ◀ $x>0, y>0$ ……(＊) を満たしている！

[解答]

$$\begin{cases} x^2 y^4 = 1 \quad \cdots\cdots ① \\ \log_2 x + (\log_2 y)^2 = 3 \quad \cdots\cdots ② \end{cases}$$

まず，②の真数条件を考え $x>0$, $y>0$ ……(*) がいえる。

次に，①の両辺に log をとる と， ◀①と②を同じ形の式にする！

$\log_2 x^2 y^4 = \log_2 1$ ◀②と同じ形になるように底を2にした

$\Leftrightarrow \log_2 x^2 + \log_2 y^4 = 0$ ◀$\log_2 AB = \log_2 A + \log_2 B$, $\log_a 1 = 0$

$\Leftrightarrow 2\log_2 x + 4\log_2 y = 0$ ◀$\log_a b^n = n \log_a b$

$\Leftrightarrow \log_2 x = -2\log_2 y$ ……①′ が得られる。 ◀両辺を2で割って整理した

ここで，

$$\begin{cases} \log_2 x = X \\ \log_2 y = Y \text{とおく} \end{cases}$$ と ◀式を見やすくする！

$$\begin{cases} X = -2Y \quad \cdots\cdots ①'' \\ X + Y^2 = 3 \quad \cdots\cdots ②' \end{cases}$$ が得られるので，

①″を②′に代入する と ◀Xを消去してYだけの式にする！

$-2Y + Y^2 = 3$ ◀Yだけの式

$\Leftrightarrow Y^2 - 2Y - 3 = 0$ ◀整理した

$\Leftrightarrow (Y-3)(Y+1) = 0$ ◀たすき掛け

$\Leftrightarrow Y = 3, -1$ が得られる。

さらに，$X = -2Y$ ……①″ を考え

$(X, Y) = (-6, 3), (2, -1)$ が得られるので，

$$\begin{cases} \log_2 x = X \\ \log_2 y = Y \end{cases} \text{より}$$

$(x, y) = \left(\dfrac{1}{64}, 8\right), \left(4, \dfrac{1}{2}\right)$ が得られる。 ◀[考え方]参照

[別解について]

この問題については，$x^2y^4=1$ ……① が特殊な形をしているので次のようにも解くことができる。

[別解]

$$\begin{cases} x^2y^4=1 \quad \cdots\cdots ① \\ \log_2 x+(\log_2 y)^2=3 \quad \cdots\cdots ② \end{cases}$$

まず，②の真数条件を考え $x>0,\ y>0$ ……（＊）がいえる。

さらに，（＊）を考え

$\quad x^2y^4=1 \quad \cdots\cdots ①$
$\Leftrightarrow (xy^2)^2=1$
$\Leftrightarrow xy^2=1$ ◀ $a>0$のとき，$a^2=1$ から $a=1$ がいえる！
$\Leftrightarrow x=\dfrac{1}{y^2} \quad \cdots\cdots ①'$ がいえるので，◀両辺を$y^2[\neq 0]$で割ってxについて解いた

①'を②に代入する と，◀xを消去してyだけの式にする！

$\quad \log_2\dfrac{1}{y^2}+(\log_2 y)^2=3$ ◀yだけの式になった

$\Leftrightarrow \log_2 1-\log_2 y^2+(\log_2 y)^2=3$ ◀$\log_2\dfrac{A}{B}=\log_2 A-\log_2 B$
$\Leftrightarrow -2\log_2 y+(\log_2 y)^2=3$ ◀$\log_2 1=0,\ \log_2 y^n=n\log_2 y$
$\Leftrightarrow (\log_2 y)^2-2\log_2 y-3=0$ ◀整理した
$\Leftrightarrow (\log_2 y-3)(\log_2 y+1)=0$ ◀たすき掛け
$\Leftrightarrow \log_2 y=3,\ \log_2 y=-1$
$\Leftrightarrow y=2^3,\ y=2^{-1}$ ◀logの定義[Point 2.8]
$\Leftrightarrow y=8,\ \dfrac{1}{2}$ が得られる。

よって，$x=\dfrac{1}{y^2}$ ……①' を考え

$(x,\ y)=\left(\dfrac{1}{64},\ 8\right),\ \left(4,\ \dfrac{1}{2}\right)$ が得られた。

練習問題 15

$x>2$, $y>0$, $y\neq 1$ である実数 x, y に関する連立方程式
$\begin{cases} \log_2 x = 2\log_y 4 + \log_y 2 & \cdots\cdots ① \\ \log_{\sqrt{6}}(\log_2 x + \log_2 y) = 2 & \cdots\cdots ② \end{cases}$ を解け。

例題 18

2つの関数 $f(t)=4t(2-t)$, $g(x)=\log_2 x$ に対して、
関数 $h(t)=g(f(t))$ が定義できるための t の範囲は
$\boxed{}<t<\boxed{}$ である。
このとき、関数 $h(t)$ について以下の問いに答えよ。
(1) 関数 $h(t)$ は $t=\boxed{}$ のとき最大値 $\boxed{}$ をとる。
(2) $-1<h(t)$ が成り立つ t の範囲は $\boxed{}<t<\boxed{}$ である。

[考え方]

$h(t)=g(f(t))$
$\quad =\log_2(f(t))$ ◀ $g(x)=\log_2 x$ の x に $f(t)$ を代入した
$\quad =\log_2\{4t(2-t)\}$ より、 ◀ $f(t)=4t(2-t)$ を代入した

$h(t)$ が定義できるための条件については
$\log_2\{4t(2-t)\}$ について考えればよいことが分かるよね。

$\log_2\{4t(2-t)\}$ は真数条件の $4t(2-t)>0$ さえ満たされていれば
数式として特に問題はないので、
$h(t)$ が定義できるためには $4t(2-t)>0$ であればよい、
ということが分かる。

指数・対数関数の頻出問題の考え方について　79

よって，
　$4t(2-t) > 0$　◀ $\log_2\{4t(2-t)\}$ の真数条件
$\Leftrightarrow -4t(t-2) > 0$　◀ $2-t = -(t-2)$
$\Leftrightarrow t(t-2) < 0$　◀ 両辺を -4 で割って最高次の係数を 1 にした！
$\Leftrightarrow \underline{0 < t < 2}$ ……① が "$h(t)$ が定義できるための t の範囲" である。

(1) まず，いきなり $h(t) = \log_2\{4t(2-t)\}$ の最大値を求めよ，といわれても よく分からないよね。
だけど，とりあえず
$4t(2-t)$ は t の 2 次式なので　◀ $4t(2-t) = -4t^2 + 8t$
$4t(2-t)$ だったら考えやすいよね。

そこで，
$\log_2\{4t(2-t)\}$ と $4t(2-t)$ の関係について考えてみよう。

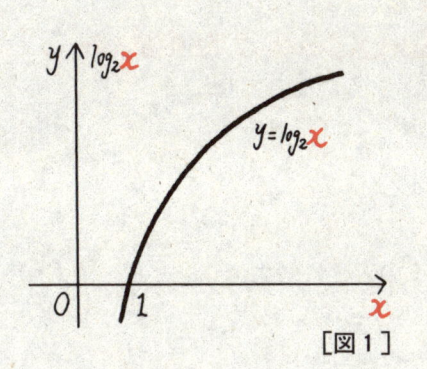

まず，
x と $\log_2 x$ の関係は
[図1] のようになっているので，◀ P.61の [Point2.12のStep3の解説] を見よ！

◀ x が増加すると $\log_2 x$ も増加していく！

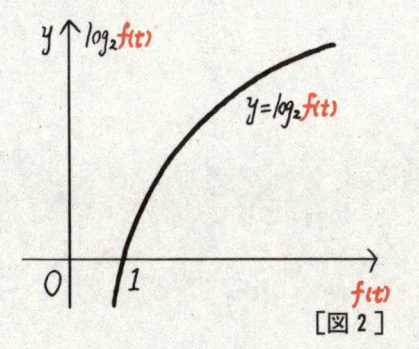

[図1]

$f(t)$ と $\log_2 f(t)$ の関係は
[図2] のようになっていることが分かるよね。◀ x に $f(t)$ を代入した

◀ $f(t)$ が増加すると $\log_2 f(t)$ も増加していく！

[図2]

[図2] から
$f(t)$ が増加すると $\log_2 f(t)$ も単調に増加していくことが分かるので,
$f(t)$ が最大になるときに $\log_2 f(t)$ も最大になる ……(★)
ことが分かるよね。

つまり,
$\log_2 f(t)$ が最大になるときの条件を求めるためには
$f(t)$ が最大になる条件について考えればよい ということが分かった！

そこで,
$f(t) = 4t(2-t)$ が最大になる条件について考えよう。 ◀ 2次式なので, Point 2.5 を使えば簡単に最大になる条件を求めることができる！

$f(t) = 4t(2-t)$
$\quad = -4t^2 + 8t$ ◀ 展開した
$\quad = -4(t^2 - 2t)$ ◀ −4でくくった
$\quad = -4(t-1)^2 + 4$ を考え, ◀ Point 2.5に従って平方完成した

$f(t) = 4t(2-t)$ のグラフをかくと 次のようになるよね。

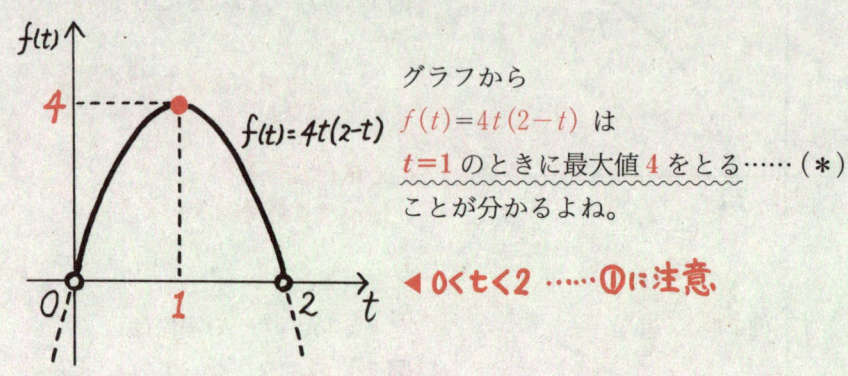

グラフから $f(t) = 4t(2-t)$ は
$t = 1$ のときに最大値 4 をとる ……(*)
ことが分かるよね。

◀ $0 < t < 2$ ……①に注意

よって, (★)を考え, ◀ $f(t)$が最大になるときに$\log_2 f(t)$も最大になる…(★)
$\log_2 f(t)$ は $t=1$ のときに最大値 $\log_2 4$ をとる ……(*)′
ことがいえる！ ◀ $f(t)$が最大になるときに$\log_2 f(t)$も最大になるので,
$f(t)$は$t=1$のときに最大値4をとる…(*)ことを考え
$\log_2 f(t)$も$t=1$のときに最大値$\log_2 4$をとる…(*)′
ことがいえる

以上より，$(*)'$ を考え，
$h(t)=\log_2 f(t)$ は
$t=1$ のときに最大値 2 をとる ◀ $\log_2 4 = \log_2 2^2 = 2\cdot\log_2 2 = 2\cdot 1 = 2$
ことが分かった。

(2)　$-1 < h(t)$
　　$\Leftrightarrow -1 < \log_2\{4t(2-t)\}$ は log の不等式なので ◀ $h(t)=\log_2\{4t(2-t)\}$
　　Point 2.12 を使えばいいよね。

$\quad\quad -1 < \log_2\{4t(2-t)\}$ ◀ Step1 の真数条件については既に①で求めている！
$\Leftrightarrow -\log_2 2 < \log_2\{4t(2-t)\}$ ◀ $\log_2 2 = 1$ を使って $\log_2\square$ の形をつくった！
$\Leftrightarrow \log_2 2^{-1} < \log_2\{4t(2-t)\}$ ◀ $-\log_2 2 = -1\cdot\log_2 2 = \log_2 2^{-1}$
$\Leftrightarrow \log_2 \dfrac{1}{2} < \log_2\{4t(2-t)\}$ ◀ $2^{-1} = \dfrac{1}{2}$

$\Leftrightarrow \dfrac{1}{2} < 4t(2-t)$ ◀ Point 2.12 の Step3 (I) より

$\Leftrightarrow \dfrac{1}{2} < -4t^2 + 8t$ ◀ 展開した

$\Leftrightarrow 1 < -8t^2 + 16t$ ◀ 両辺に 2 を掛けて分母を払った
$\Leftrightarrow 8t^2 - 16t + 1 < 0$ ◀ 整理した

$\Leftrightarrow 1-\dfrac{\sqrt{14}}{4} < t < 1+\dfrac{\sqrt{14}}{4}$ ……② ◀ $8t^2-16t+1=0$ の解は $t=1\pm\dfrac{\sqrt{14}}{4}$ である

より，$0 < t < 2$ ……① を考え， ◀ 真数条件！

$1-\dfrac{\sqrt{14}}{4} < t < 1+\dfrac{\sqrt{14}}{4}$ ◀

が得られる。

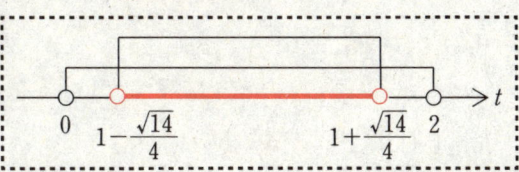

(注)
$\begin{cases} 1+\dfrac{\sqrt{14}}{4} < 1+\dfrac{\sqrt{16}}{4} = 1+\dfrac{4}{4} = 1+1 = 2 \\ 1-\dfrac{\sqrt{14}}{4} > 1-\dfrac{\sqrt{16}}{4} = 1-\dfrac{4}{4} = 1-1 = 0 \end{cases}$

[解答]

$f(t) > 0$ ……① がいえれば $\log_2 f(t)$ と書くことができる ので， ◀ 真数条件！

$h(t) = g(f(t))$
$\quad = \log_2 f(t)$ が定義できるための条件は ◀ $g(x) = \log_2 x$
$f(t) > 0$ ……① である。

よって，
$\quad f(t) > 0$ ……①
$\Leftrightarrow 4t(2-t) > 0$ ◀ $f(t) = 4t(2-t)$
$\Leftrightarrow t(t-2) < 0$ ◀ 両辺を -4 で割って最高次の係数を 1 にした！
$\therefore \ 0 < t < 2$ ……①'

(1) $f(t)$ が最大になるときに $\log_2 f(t)$ も最大になる ……(*)
ことを考え， ◀[考え方]参照
$f(t) = 4t(2-t)$ が最大になる条件について考える。

$f(t) = 4t(2-t)$
$\quad = -4t^2 + 8t$ ◀ 展開した
$\quad = -4(t^2 - 2t)$ ◀ -4 でくくった
$\quad = -4(t-1)^2 + 4$ を考え， ◀ 平方完成した
$f(t)$ は $t = 1$ のときに最大値 4 をとることが分かる。 ◀[考え方]参照

よって，(*) より
$\log_2 f(t)$ は $t = 1$ のときに最大値 $\log_2 4$ をとることが分かるので，
$\log_2 4 = \log_2 2^2$ ◀ $4 = 2^2$
$\quad = 2$ を考え， ◀ $\log_2 4 = \log_2 2^2 = 2 \cdot \log_2 2 = 2 \cdot 1 = 2$
$h(t)$ は $t = 1$ のときに最大値 2 をとる ことが分かった。 ◀ $h(t) = \log_2 f(t)$

(2)　$-1 < h(t)$
$\Leftrightarrow -1 < \log_2\{4t(2-t)\}$　◀ $h(t)=\log_2\{4t(2-t)\}$
$\Leftrightarrow -\log_2 2 < \log_2\{4t(2-t)\}$　◀ $\log_2 2 = 1$ を使って $\log_2 \square$ の形をつくった！
$\Leftrightarrow \log_2 \frac{1}{2} < \log_2\{4t(2-t)\}$　◀ $-\log_2 2 = -1 \cdot \log_2 2 = \log_2 2^{-1} = \log_2 \frac{1}{2}$
$\Leftrightarrow \frac{1}{2} < 4t(2-t)$　◀ Point 2.12 のStep3(I)より
$\Leftrightarrow 1 < -8t^2 + 16t$　◀ 両辺に2を掛けて展開した
$\Leftrightarrow 8t^2 - 16t + 1 < 0$　◀ 整理した
$\Leftrightarrow 1 - \frac{\sqrt{14}}{4} < t < 1 + \frac{\sqrt{14}}{4}$　◀ $8t^2-16t+1=0$ の解は $t=1\pm\frac{\sqrt{14}}{4}$ である

より，$0 < t < 2$ …… ①′ を考え，　◀ 真数条件！

$1 - \frac{\sqrt{14}}{4} < t < 1 + \frac{\sqrt{14}}{4}$　◀

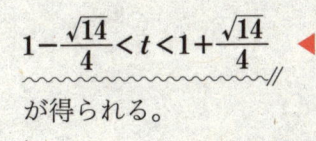

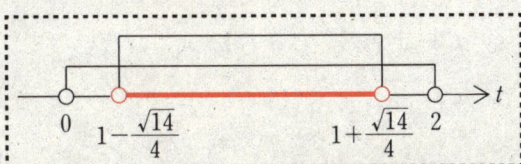

が得られる。

練習問題 16

$1 \leq x \leq 8$ のとき，以下の問いに答えよ。

(1)　$y = x^{\log_2 x}$ とすると，$\log_2 y$ の最大値は $\boxed{}$ である。

(2)　関数 $f(x) = x^{6 - \log_2(4x^2)}$ の
最大値は $\boxed{}$ であり，最小値は $\boxed{}$ である。　　［東京理科大］

例題 19

$x>0$, $y>0$, xy^3 が一定のとき,
$\log_{10}x \cdot \log_{10}y$ は x と y が □ を満たすとき最大となる。

[考え方]

まず, $\log_{10}x \cdot \log_{10}y$ は x と y の2変数の式なので $\log_{10}x \cdot \log_{10}y$ が最大になる条件なんてよく分からないよね。

◀一般に最大・最小問題は 1変数の場合でないと考えにくい！

とりあえず, $\log_{10}x \cdot \log_{10}y$ の形のままではよく分からないので 問題文の「xy^3 が一定」という条件を使ってみよう！

だけど, 「xy^3 が一定」という条件は 式ではないので使いにくいよね。

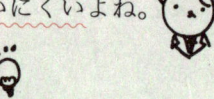

そこで, $xy^3=k$ (一定) とおいて式の形にしよう！

$xy^3=k$ のような x と y の関係式があれば,

$xy^3=k$

$\Leftrightarrow x=\dfrac{k}{y^3}$ ……① ◀両辺を y^3 [≠0] で割って x について解いた

のように x について解くことができ,

$x=\dfrac{k}{y^3}$ ……① を $\log_{10}x \cdot \log_{10}y$ に代入することにより x を消去して y だけの式にすることができる よね。

▶考えにくい2変数の式を
　考えやすい1次変数の式に書き直すことができる！

そこで,

①を $\log_{10}x \cdot \log_{10}y$ に代入する と, ◀x を消去して y だけの式にする！

$\log_{10}x \cdot \log_{10}y = \log_{10}\left(\dfrac{k}{y^3}\right) \cdot \log_{10}y$ ◀1変数の式になった！

$$= (\log_{10}k - \log_{10}y^3)\log_{10}y \quad \blacktriangleleft \log_{10}\frac{A}{B} = \log_{10}A - \log_{10}B$$
$$= (\log_{10}k - 3\log_{10}y)\log_{10}y \quad \blacktriangleleft \log_{10}y^n = n\log_{10}y$$
$$= \log_{10}k \cdot \log_{10}y - 3(\log_{10}y)^2 \text{ が得られる。} \quad \blacktriangleleft 展開した$$

とりあえず，y だけの1変数になったよね。 ◀ k は定数
だけど，
$\log_{10}k \cdot \log_{10}y - 3(\log_{10}y)^2$ は，一見すると log がたくさんあって
式が汚いので考えにくそうだよね。

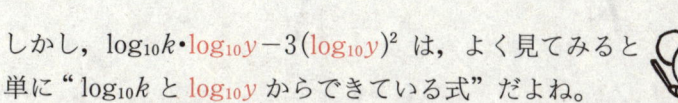

しかし，$\log_{10}k \cdot \log_{10}y - 3(\log_{10}y)^2$ は，よく見てみると
単に "$\log_{10}k$ と $\log_{10}y$ からできている式" だよね。

そこで，
式を見やすくするために置き換えをしよう！

$$\begin{cases} \log_{10}k = K \\ \log_{10}y = Y \end{cases} \text{とおく} \quad \text{と，} \quad \blacktriangleleft 《注》を見よ$$

$\log_{10}x \cdot \log_{10}y = \log_{10}k \cdot \log_{10}y - 3(\log_{10}y)^2$
$\qquad\qquad\qquad = KY - 3Y^2$ が得られるよね。 ◀ $\log_{10}k = K$ と $\log_{10}y = Y$ を代入した

このように，
$\log_{10}x \cdot \log_{10}y$ は $-3Y^2 + KY$ （K は定数）のような
単なる Y の2次式にすぎなかったのである！
つまり，
$\log_{10}x \cdot \log_{10}y$ が最大になる条件を考えるためには
$-3Y^2 + KY$ が最大になる条件について考えればいいのである。

そこで，
$-3Y^2 + KY$ のグラフをかこう。 ◀ グラフをかけば最大になる条件が分かるから！

$$-3Y^2 + KY = -3\left(Y^2 - \frac{K}{3}Y\right) \quad \blacktriangleleft -3 でくくった$$

$$\qquad\qquad\quad = -3\left(Y - \frac{K}{6}\right)^2 + \frac{K^2}{12} \text{ を考え} \quad \blacktriangleleft グラフをかくために平方完成した！$$

$\log_{10}x \cdot \log_{10}y = -3Y^2 + KY$ のグラフは次のようになるよね。

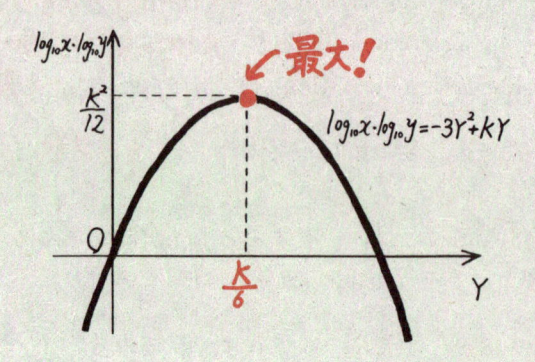

よって，グラフから，

$Y = \dfrac{K}{6}$ のとき $\log_{10} x \cdot \log_{10} y$ が最大になる ……(*) ことが分かるよね。

だけど，この問題で求めなければならないものは
$\log_{10} x \cdot \log_{10} y$ が最大になるときの x と y の関係式なので， ◀ $Y=\dfrac{K}{6}$ はxとyの関係式ではない！

$K = \log_{10} k$ と $Y = \log_{10} y$ を考え，$\log_{10} x \cdot \log_{10} y$ が最大になる条件の
$Y = \dfrac{K}{6}$ を x と y だけの式に書き直そう。

$Y = \dfrac{K}{6}$

$\Leftrightarrow \log_{10} y = \dfrac{\log_{10} k}{6}$ ◀ $Y=\log_{10}y$ と $K=\log_{10}k$ を代入した

$\Leftrightarrow 6\log_{10} y = \log_{10} k$ ◀ 両辺に6を掛けて分母を払った

$\Leftrightarrow \log_{10} y^6 = \log_{10} k$ ◀ $n\log_{10}y=\log_{10}y^n$ を使って $\log_{10}A=\log_{10}B$ の形にした

$\Leftrightarrow \log_{10} y^6 = \log_{10} xy^3$ ◀ xとyの関係式が必要なので，$xy^3=k$ を使って不要なkを消去した！

$\Leftrightarrow y^6 = xy^3$ ◀ $\log_{10}A=\log_{10}B \Rightarrow A=B$

$\Leftrightarrow y^3 = x$ ◀ 両辺を $y^3 (\neq 0)$ で割った

よって，(*)を考え， ◀ $Y=\dfrac{K}{6}$ のとき $\log_{10}x \cdot \log_{10}y$ が最大になる…(*)
$y^3 = x$ のときに $\log_{10} x \cdot \log_{10} y$ が最大になることが分かった！

[解答]

$xy^3 = k$（一定）とおく と，　◀「xy^3が一定」を式で表した

$x = \dfrac{k}{y^3}$ ……①　がいえるので，　◀1文字を消去するためにxについて解いた

$\log_{10} x \cdot \log_{10} y = \log_{10} \dfrac{k}{y^3} \cdot \log_{10} y$　◀xを消去してyだけの式にした

$\qquad\qquad\quad = (\log_{10} k - \log_{10} y^3) \cdot \log_{10} y$　◀$\log_{10}\dfrac{A}{B} = \log_{10} A - \log_{10} B$

$\qquad\qquad\quad = (\log_{10} k - 3\log_{10} y) \cdot \log_{10} y$　◀$\log_{10} y^n = n\log_{10} y$

$\qquad\qquad\quad = -3(\log_{10} y)^2 + \log_{10} k \cdot \log_{10} y$　◀展開した

が得られる。　◀変数は$\log_{10} y$だけ！

ここで，$\begin{cases} \log_{10} y = Y \\ \log_{10} k = K \end{cases}$ とおく と　◀式を見やすくする！

$\log_{10} x \cdot \log_{10} y = -3Y^2 + KY$　◀Yの2次式！

$\qquad\qquad\quad = -3\left(Y^2 - \dfrac{K}{3}Y\right)$　◀-3でくくった

$\qquad\qquad\quad = -3\left(Y - \dfrac{K}{6}\right)^2 + \dfrac{K^2}{12}$ が得られるので，　◀平方完成した

$Y = \dfrac{K}{6}$ のとき $\log_{10} x \cdot \log_{10} y$ は最大になる ……(*) ことが分かる。

さらに，

$Y = \dfrac{K}{6} \Leftrightarrow \log_{10} y = \dfrac{\log_{10} k}{6}$　◀$Y = \log_{10} y$と$K = \log_{10} k$を代入した

$\qquad\quad \Leftrightarrow 6\log_{10} y = \log_{10} k$　◀両辺に6を掛けて分母を払った

$\qquad\quad \Leftrightarrow 6\log_{10} y = \log_{10} xy^3$　◀$k = xy^3$を代入した

$\qquad\quad \Leftrightarrow \log_{10} y^6 = \log_{10} xy^3$　◀$\log_{10} y^n = n\log_{10} y$

$\qquad\quad \Leftrightarrow y^6 = xy^3$　◀$\log_{10} A = \log_{10} B \Rightarrow A = B$

$\qquad\quad \Leftrightarrow y^3 = x$ を考え，　◀両辺を$y^3 (\neq 0)$で割った

(*)より

$\log_{10} x \cdot \log_{10} y$ は x と y が $y^3 = x$ を満たすときに最大となることが分かった。

(注) $Y\,(=\log_{10}y)$ と $K\,(=\log_{10}k)$ の範囲について

まず，$x>0$ と $y>0$ から $xy^3>0$ がいえるので，
$k>0$ ……(★) であることが分かるよね。 ◀ $k=xy^3>0$

そこで，$y>0$ と $k>0$ ……(★) を踏まえて
$Y=\log_{10}y$ と $K=\log_{10}k$ のグラフをかくと
次のようになる。 ◀ P.61の[Point 2.12のStep3の解説]を見よ！

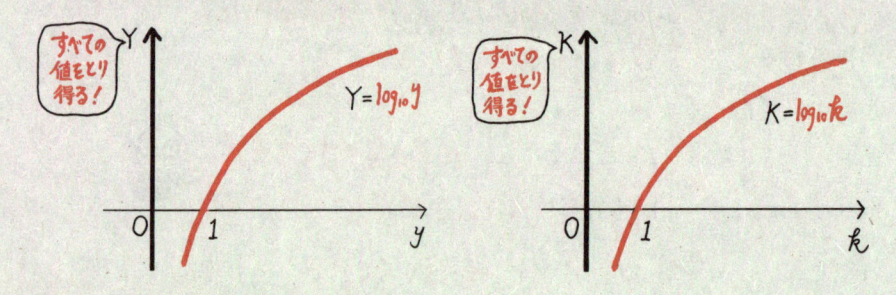

上図を見れば分かるように
$Y\,(=\log_{10}y)$ と $K\,(=\log_{10}k)$ はどんな値でもとり得る ので，
特に，Y と K については範囲を考える必要はないのである。

[別解について]

例題17の[考え方]と同様に， ◀ 同じ形の式にする
$xy^3=k$ の両辺に log をとって ◀ 底は $\log_{10}x \cdot \log_{10}y$ にそろえて10にする
それを $\log_{10}x$ について解き，さらにその $\log_{10}x$ を
$\log_{10}x \cdot \log_{10}y$ に代入して求めてもよい。

練習問題 17

正の数 a, b が $a^3b=4$ を満たしているとき，
$S=(\log_2 a)^3+(\log_8 b)^3$ は $b=\boxed{}$ のとき最小値 $\boxed{}$ をとる。

Section 3 指数・対数関数の大小比較に関する問題

ここでは, Section 2 のちょっとした応用として「大小比較に関する問題」について解説します。

「指数・対数関数の大小比較に関する問題」は頻繁に出題されるけれど, 出題されるパターンは決まっています。

それらのパターンはこの Section 3 に網羅されているので, ここで解説した問題が解けるようになれば十分でしょう。

例題20

$\sqrt[4]{5}$, $\sqrt[3]{3}$, $\sqrt[5]{6}$ を大きさの順に並べると，
$\boxed{} < \boxed{} < \boxed{}$ となる。

[考え方]

とりあえず，$\sqrt[4]{5}$, $\sqrt[3]{3}$, $\sqrt[5]{6}$ の形のままだとよく分からないので，
$\boxed{\sqrt[n]{A} = A^{\frac{1}{n}}}$ を考え，$\sqrt[4]{5}$, $\sqrt[3]{3}$, $\sqrt[5]{6}$ を
$5^{\frac{1}{4}}$, $3^{\frac{1}{3}}$, $6^{\frac{1}{5}}$ と書き直してみよう。

だけど，
$5^{\frac{1}{4}}$, $3^{\frac{1}{3}}$, $6^{\frac{1}{5}}$ は a^m, a^n, a^ℓ の形に書き直すことができないので，
演習問題3 (P.160) のように **Point 6** を使って求めることはできないよね。

そこで，次の **Point 3.1** が必要になる。

Point 3.1 〈a^n と b^n に関する大小関係の公式〉

正の数 a, b について ◀ n も正とする
$a < b$ のとき $a^n < b^n$ がいえる。 ◀ $a<b$ の両辺を n 乗すると $a^n<b^n$ になる！
また，
$a^n < b^n$ のとき $a < b$ がいえる。 ◀ $a^n<b^n$ の両辺を $\frac{1}{n}$ 乗すると $a<b$ になる！
つまり，
$a^n < b^n \Leftrightarrow a < b$ ◀ 「a^n, b^n と a, b の大小関係は等しい」
がいえる。

Point 3.1 を踏まえて，とりあえず
$5^{\frac{1}{4}}$, $3^{\frac{1}{3}}$, $6^{\frac{1}{5}}$ を a^n, b^n, c^n の形に変形してみよう。

まず，
指数の分母の 4, 3, 5 の最小公倍数は ◀ 「最小公倍数」とは
60 なので， ◀ $4 \times 3 \times 5 = 60$ 　「(正の)共通な倍数のうちで最小なもの」のことである

$$\begin{cases} 5^{\frac{1}{4}} = 5^{\frac{15}{60}} = (5^{15})^{\frac{1}{60}} \\ 3^{\frac{1}{3}} = 3^{\frac{20}{60}} = (3^{20})^{\frac{1}{60}} \\ 6^{\frac{1}{5}} = 6^{\frac{12}{60}} = (6^{12})^{\frac{1}{60}} \end{cases}$$ ◀ $x^{\frac{a}{b}} = x^{a \cdot \frac{1}{b}} = (x^a)^{\frac{1}{b}}$

と書き直すことができる。 ◀ a^n, b^n, c^n の形にすることができた！

さらに，**Point 3.1** より， ◀「a^n, b^n と a, b の大小関係は等しい」

$(5^{15})^{\frac{1}{60}}, (3^{20})^{\frac{1}{60}}, (6^{12})^{\frac{1}{60}}$ の大小関係は
$5^{15}, 3^{20}, 6^{12}$ の大小関係と等しい ということが分かるので，

$(5^{15})^{\frac{1}{60}}, (3^{20})^{\frac{1}{60}}, (6^{12})^{\frac{1}{60}}$ の大小関係を調べるためには
$5^{15}, 3^{20}, 6^{12}$ の大小関係について考えればいいよね。

だけど，
5^{15} や 3^{20} や 6^{12} はどれも求めるのがものすごく大変そうだよね。

つまり，
この解法のままでは短時間で解くことができそうにないのである。
そこで，もう一度この解法を考え直してみよう。

まず，
$5^{\frac{1}{4}}, 3^{\frac{1}{3}}, 6^{\frac{1}{5}}$ の大小関係は **Point 6** では求めることができないので
Point 3.1 を使って求めてみよう，という発想は自然だよね。

しかし，$5^{\frac{1}{4}}, 3^{\frac{1}{3}}, 6^{\frac{1}{5}}$ の指数の分母の
4，3，5 の最小公倍数は 60 という大きな数字になってしまうので
イッキに $5^{\frac{1}{4}}$ と $3^{\frac{1}{3}}$ と $6^{\frac{1}{5}}$ の指数をそろえようとすると
$(5^{15})^{\frac{1}{60}}, (3^{20})^{\frac{1}{60}}, (6^{12})^{\frac{1}{60}}$ のようになり 5^{15} や 3^{20} や 6^{12} のような
指数の大きい数を計算しなければならなくなってしまうよね。

つまり，さっきの解法では，
イッキに3つの数の指数をそろえようとしたから大変になってしまった
のである！

そこで，まず

$5^{\frac{1}{4}}$ と $3^{\frac{1}{3}}$ の大小関係について考えよう。　◀ とりあえず，2つの数の大小関係について考える！

4と3の最小公倍数は 12 なので，　◀ 4×3=12

$$\begin{cases} 5^{\frac{1}{4}} = 5^{\frac{3}{12}} = (5^3)^{\frac{1}{12}} \\ 3^{\frac{1}{3}} = 3^{\frac{4}{12}} = (3^4)^{\frac{1}{12}} \end{cases}$$ ◀ $x^{\frac{a}{b}} = (x^a)^{\frac{1}{b}}$

と書き直すことができる。　◀ a^n, b^n の形にすることができた！

さらに，**Point 3.1** より，　◀「a^n, b^n と a, b の大小関係は等しい」

$(5^3)^{\frac{1}{12}}$ と $(3^4)^{\frac{1}{12}}$ の大小関係は 5^3 と 3^4 の大小関係と等しい ことが分かるので，

5^3 と 3^4 の大小関係について考える。　◀ 5^3と3^4だったら簡単に求めることができる！

$$\begin{cases} 5^3 = 125 \\ 3^4 = 81 \end{cases}$$ ◀ $5^3 = 5^2 \cdot 5 = 25 \cdot 5 = 125$
◀ $3^4 = 3^2 \cdot 3^2 = 9 \cdot 9 = 81$

より，$5^3 > 3^4$ がいえるので，　◀ 5^3と3^4の大小関係が分かった！

$(5^3)^{\frac{1}{12}} > (3^4)^{\frac{1}{12}}$ がいえる。　◀ **Point 3.1**

∴　$5^{\frac{1}{4}} > 3^{\frac{1}{3}}$ ……①　◀ $(5^3)^{\frac{1}{12}} = 5^{\frac{1}{4}}, (3^4)^{\frac{1}{12}} = 3^{\frac{1}{3}}$

次に，

$3^{\frac{1}{3}}$ と $6^{\frac{1}{5}}$ の大小関係について考えよう。

3と5の最小公倍数は 15 なので，　◀ 3×5=15

$$\begin{cases} 3^{\frac{1}{3}} = 3^{\frac{5}{15}} = (3^5)^{\frac{1}{15}} \\ 6^{\frac{1}{5}} = 6^{\frac{3}{15}} = (6^3)^{\frac{1}{15}} \end{cases}$$ ◀ $x^{\frac{a}{b}} = (x^a)^{\frac{1}{b}}$

と書き直すことができる。　◀ a^n, b^n の形にすることができた！

さらに，**Point 3.1** より，　◀「a^n, b^n と a, b の大小関係は等しい」

$(3^5)^{\frac{1}{15}}$ と $(6^3)^{\frac{1}{15}}$ の大小関係は 3^5 と 6^3 の大小関係と等しい ことが分かるので，

指数・対数関数の大小比較に関する問題　93

3^5 と 6^3 の大小関係について考える。◀ 3^5 と 6^3 だったら簡単に求めることができる！

$$\begin{cases} 3^5 = 243 \\ 6^3 = 216 \end{cases}$$

◀ $3^5 = 3^2 \cdot 3^2 \cdot 3 = 9 \cdot 9 \cdot 3 = 81 \cdot 3 = 243$
◀ $6^3 = 6^2 \cdot 6 = 36 \cdot 6 = 216$

より，$3^5 > 6^3$ がいえるので，◀ 3^5 と 6^3 の大小関係が分かった！

$(3^5)^{\frac{1}{15}} > (6^3)^{\frac{1}{15}}$ がいえる。◀ Point 3.1

$\therefore \quad 3^{\frac{1}{3}} > 6^{\frac{1}{5}} \quad \cdots\cdots ②$ ◀ $(3^5)^{\frac{1}{15}} = 3^{\frac{1}{3}}$, $(6^3)^{\frac{1}{15}} = 6^{\frac{1}{5}}$

以上より

$$\begin{cases} 3^{\frac{1}{3}} < 5^{\frac{1}{4}} \quad \cdots\cdots ① \\ 6^{\frac{1}{5}} < 3^{\frac{1}{3}} \quad \cdots\cdots ② \end{cases}$$

◀「$5^{\frac{1}{4}}$ は $3^{\frac{1}{3}}$ よりも大きい」
◀「$3^{\frac{1}{3}}$ は $6^{\frac{1}{5}}$ よりも大きい」

が得られたので，①と②から

$6^{\frac{1}{5}} < 3^{\frac{1}{3}} < 5^{\frac{1}{4}}$ がいえるよね。◀ $6^{\frac{1}{5}} < 3^{\frac{1}{3}} < 5^{\frac{1}{4}}$

よって，
$\sqrt[5]{6} < \sqrt[3]{3} < \sqrt[4]{5}$ が分かった！ ◀ $6^{\frac{1}{5}} < 3^{\frac{1}{3}} < 5^{\frac{1}{4}}$

[解答]

$$\begin{cases} \sqrt[4]{5} = 5^{\frac{1}{4}} = 5^{\frac{3}{12}} = (5^3)^{\frac{1}{12}} = 125^{\frac{1}{12}} \\ \sqrt[3]{3} = 3^{\frac{1}{3}} = 3^{\frac{4}{12}} = (3^4)^{\frac{1}{12}} = 81^{\frac{1}{12}} \end{cases}$$

◀ $5^3 = 125$
◀ $3^4 = 81$

より，◀ [考え方]参照

$\sqrt[3]{3} < \sqrt[4]{5} \quad \cdots\cdots ①$ がいえ，◀ Point 3.1

$$\begin{cases} \sqrt[3]{3} = 3^{\frac{1}{3}} = 3^{\frac{5}{15}} = (3^5)^{\frac{1}{15}} = 243^{\frac{1}{15}} \\ \sqrt[5]{6} = 6^{\frac{1}{5}} = 6^{\frac{3}{15}} = (6^3)^{\frac{1}{15}} = 216^{\frac{1}{15}} \end{cases}$$

◀ $3^5 = 243$
◀ $6^3 = 216$

より，◀ [考え方]参照

$\sqrt[5]{6} < \sqrt[3]{3} \quad \cdots\cdots ②$ がいえる。◀ Point 3.1

よって，①と②から
$\sqrt[5]{6} < \sqrt[3]{3} < \sqrt[4]{5}$ がいえる。◀ [考え方]参照

[まとめ]

ここで，指数に関する大小関係を調べる問題の解法をまとめておこう。

Point 3.2 〈指数に関する大小関係を調べる問題の解法〉

Pattern 1
a^m，a^n の形に変形することができたら ◀ 例えば, $2^5, 2^8$
Point 6 (P.159) を使うことにより大小関係を調べる。

▶ **Pattern 1** の a^m，a^n の形に変形することができなかったら次の **Pattern 2** を使う！

Pattern 2
a^n，b^n の形に変形し， ◀ 例えば, $2^8, 3^8$
Point 3.1 ◀「a^n, b^n と a, b の大小関係は等しい」
を使うことにより大小関係を調べる。

練習問題 18

$2^{\frac{1}{2}}$，$3^{\frac{1}{3}}$，$5^{\frac{1}{5}}$ を大きさの順に並べると，
□ < □ < □ となる。

指数・対数関数の大小比較に関する問題　95

例題21

3つの数 $a=\dfrac{3}{2}$, $b=\log_4 7$, $c=\log_2 \sqrt[3]{24}$ について,

a, b, c を大きさの順に並べると,

$\boxed{} < \boxed{} < \boxed{}$ となる。　　　［センター試験］

[考え方]

まず, $\dfrac{3}{2}$, $\log_4 7$, $\log_2 \sqrt[3]{24}$ は

$\dfrac{3}{2}$（普通の分数）, $\log_4 7$（底が4のlog）, $\log_2 \sqrt[3]{24}$（底が2のlog）のように 形がバラバラなので この形のままでは 大小関係は分からないよね。

そこで，まず

　大小関係がすぐ分かるように1つの形に統一してみよう。

とりあえず, $\dfrac{3}{2}$ と $\log_4 7$ を $\log_2 \sqrt[3]{24}$ と同じ形（▶ $\log_2 \square$）にしてみると,

$$\begin{cases} \dfrac{3}{2} = \dfrac{3}{2} \cdot 1 \quad \blacktriangleleft \dfrac{3}{2} を \dfrac{3}{2}\cdot 1 とみなして強引に \log_2 \square の形にする！ \\ \quad = \dfrac{3}{2} \cdot \log_2 2 \quad \blacktriangleleft \log_a a = 1 \\ \quad = \log_2 2^{\frac{3}{2}} \quad \blacktriangleleft n\log_a b = \log_a b^n \\ \log_4 7 = \dfrac{\log_2 7}{\log_2 4} \quad \blacktriangleleft 底を2に変換した〔Point 2.10〕 \\ \quad = \dfrac{\log_2 7}{\log_2 2^2} \quad \blacktriangleleft 4=2^2 \\ \quad = \dfrac{\log_2 7}{2} \quad \blacktriangleleft \log_2 2^2 = 2\log_2 2 = 2\cdot 1 = 2 \\ \quad = \log_2 7^{\frac{1}{2}} \quad \blacktriangleleft \dfrac{\log_2 7}{2} = \dfrac{1}{2}\cdot \log_2 7 = \log_2 7^{\frac{1}{2}} \end{cases}$$

のように 簡単に $\log_2 \square$ の形に書き直すことができるよね。

$\log_2 2^{\frac{3}{2}}$, $\log_2 7^{\frac{1}{2}}$, $\log_2 \sqrt[3]{24}$ のように同じ形であれば，
Point 2.12 の Step 3 より ◀「a>1のとき、A<Bならば"$\log_a A < \log_a B$"がいえる」

$2^{\frac{3}{2}}$ と $7^{\frac{1}{2}}$ と $\sqrt[3]{24}$ の大小関係を調べるだけで
$\log_2 2^{\frac{3}{2}}$ と $\log_2 7^{\frac{1}{2}}$ と $\log_2 \sqrt[3]{24}$ の大小関係が分かる よね。

そこで，以下
$2^{\frac{3}{2}}$ と $7^{\frac{1}{2}}$ と $\sqrt[3]{24}$ の大小関係について考えよう。

まず，$2^{\frac{3}{2}}$，$7^{\frac{1}{2}}$，$\sqrt[3]{24}\ [=24^{\frac{1}{3}}]$ は
a^m，a^n，a^ℓ の形に書き直すことができないので， ◀ **Point 6** は使えない！
例題 20 と同様に **Point 3.1** を使って求めてみよう。

$2^{\frac{3}{2}}$，$7^{\frac{1}{2}}$，$24^{\frac{1}{3}}$ の指数の分母の 2，2，3 の最小公倍数は
6 なので， ◀ $2 \times 3 = 6$

$\begin{cases} 2^{\frac{3}{2}} = 2^{\frac{9}{6}} = (2^9)^{\frac{1}{6}} \\ 7^{\frac{1}{2}} = 7^{\frac{3}{6}} = (7^3)^{\frac{1}{6}} \\ 24^{\frac{1}{3}} = 24^{\frac{2}{6}} = (24^2)^{\frac{1}{6}} \end{cases}$ ◀ $x^{\frac{a}{b}} = x^{a \cdot \frac{1}{b}} = (x^a)^{\frac{1}{b}}$

と書き直すことができるよね。 ◀ a^n, b^n, c^n の形にすることができた！

さらに，**Point 3.1** より， ◀「a^n, b^n と a, b の大小関係は等しい」

$(2^9)^{\frac{1}{6}}$，$(7^3)^{\frac{1}{6}}$，$(24^2)^{\frac{1}{6}}$ の大小関係は
2^9，7^3，24^2 の大小関係と等しい ことが分かるので，

2^9，7^3，24^2 の大小関係について考える。 ◀ 2^9 や 7^3 や 24^2 ぐらいなら簡単に求めることができる！

$\begin{cases} 2^9 = 2^{10} \cdot \frac{1}{2} = 1024 \cdot \frac{1}{2} = 512 \\ 7^3 = 343 \\ 24^2 = 576 \end{cases}$ を考え， ◀ $2^{10} = 1024$ ← これは覚えておくこと！

$7^3 < 2^9 < 24^2$ がいえるので， ◀ $343 < 512 < 576$

$(7^3)^{\frac{1}{6}} < (2^9)^{\frac{1}{6}} < (24^2)^{\frac{1}{6}}$ がいえる。 ◀ **Point 3.1**

よって，**Point 2.12** の Step 3 より
$\log_2(7^3)^{\frac{1}{6}} < \log_2(2^9)^{\frac{1}{6}} < \log_2(24^2)^{\frac{1}{6}}$ がいえるので，
$b < a < c$ が分かった。 ◀ $\log_4 7 < \dfrac{3}{2} < \log_2 \sqrt[3]{24}$

[解答]

$$\begin{cases} a = \dfrac{3}{2} = \log_2 2^{\frac{3}{2}} \\ b = \log_4 7 = \log_2 7^{\frac{1}{2}} \\ c = \log_2 \sqrt[3]{24} = \log_2 24^{\frac{1}{3}} \end{cases}$$

◀ $\log_2 \square$ の形に書き直した
　（[考え方]参照）

を考え，

$a,\ b,\ c$ と $2^{\frac{3}{2}},\ 7^{\frac{1}{2}},\ 24^{\frac{1}{3}}$ の大小関係は一致する ……(＊)

ことが分かる。 ◀ **Point 2.12** の Step 3 より

そこで，

$$\begin{cases} 2^{\frac{3}{2}} = 2^{\frac{9}{6}} = (2^9)^{\frac{1}{6}} = 512^{\frac{1}{6}} \\ 7^{\frac{1}{2}} = 7^{\frac{3}{6}} = (7^3)^{\frac{1}{6}} = 343^{\frac{1}{6}} \\ 24^{\frac{1}{3}} = 24^{\frac{2}{6}} = (24^2)^{\frac{1}{6}} = 576^{\frac{1}{6}} \end{cases}$$

を考え ◀ [考え方]参照

$7^{\frac{1}{2}} < 2^{\frac{3}{2}} < 24^{\frac{1}{3}}$ ◀ $343 < 512 < 576$
がいえるので， ◀ **Point 3.1**

(＊)より $b < a < c$ がいえる。

[まとめ]

ここで，logに関する大小関係を調べる問題の解法をまとめておこう。

Point 3.3 〈logに関する大小関係を調べる問題の解法 I〉

Step 1
logの底をそろえる！

Step 2
(I) $a>1$ のとき
　$\log_a A < \log_a B \Rightarrow A < B$ を使う！

(II) $0<a<1$ のとき
　$\log_a A < \log_a B \Rightarrow A > B$ を使う！

▶ **Point 2.12** の Step 3 の [解説]（P.61）を見よ

練習問題 19

次の □ に等号または不等号を入れよ。

(1) $(\sqrt{2})^2$ □ $\log_2 \sqrt{15}$
(2) $(\sqrt{2})^8$ □ $\log_{\sqrt{2}} 8$
(3) $(\sqrt{2})^{\sqrt{8}}$ □ $\log_{\sqrt{2}} \sqrt{8}$

[センター試験]

指数・対数関数の大小比較に関する問題

例題22

$\dfrac{1}{2} < \log_a b < 1$ のとき，次の A, B の大小関係を調べよ。

(1) $A = \log_a b$, $B = \dfrac{1}{\log_a b}$

(2) $A = \log_a b$, $B = 2 - \dfrac{1}{\log_a b}$

[考え方]

(1) まず次のことは知っておこう。

重要事項

$\log_a x$, $\dfrac{1}{\log_a x}$ の2つを同時に $\log_b \bigcirc$, $\log_b \square$ のように
Point 3.3 が使える形に書き直すことはできない！

$\left[\blacktriangleright \text{つまり，} \log_a x, \dfrac{1}{\log_a x} \text{の形の大小関係は} \right.$
$\left. \textbf{Point 3.3} \text{ を使って求めることはできない！} \right]$

▶例えば，$\dfrac{1}{\log_a x}$ の底を x に変換すると，$\dfrac{1}{\log_a x}$ は

$\dfrac{1}{\log_a x} = \dfrac{1}{\dfrac{\log_x x}{\log_x a}}$　◀ $\log_a b = \dfrac{\log_c b}{\log_c a}$

$= \dfrac{1}{\dfrac{1}{\log_x a}}$　◀ $\log_x x = 1$

$= \dfrac{\log_x a}{1}$　◀ 分母分子に $\log_x a$ を掛けた

$= \underline{\log_x a}$ のように $\log_x \square$ の形に書き直すことができるが，

$\log_a x$ は　◀ $\log_x \square, \log_x \bigcirc$ のように底が同じでないと Point 3.3 は使えない！

$\log_a x = \dfrac{\log_x x}{\log_x a}$　◀ $\log_a b = \dfrac{\log_c b}{\log_c a}$

$= \dfrac{1}{\log_x a}$ のように　◀ $\log_x x = 1$

分数の形になってしまうので，　◀ $\log_x \bigcirc$ の形にはならない！

結局 $\log_a x$, $\dfrac{1}{\log_a x}$ は $\dfrac{1}{\log_x a}$, $\log_x a$ となってしまい，$\log_x \square$, $\log_x \bigcirc$ のような形（▶ **Point 3.3** が使える形）にはならない．

つまり，この問題は 今までのようには解くことができないので次の **Point 3.4** が必要になる．

Point 3.4 〈log に関する大小関係を調べる問題の解法Ⅱ〉

Step 1
　A, B を変形してみて ◀ A,Bは大小関係を調べる2つの数
Point 3.3（log に関する大小関係を調べる問題の解法Ⅰ）が使えるのかどうかを Check する．
　▶つまり，A, B が
　$\log_a \bigcirc$, $\log_a \square$ の形に変形できるのかを Check する！

▶もしも **Point 3.3** が使えるのなら **Point 3.3** を使って解き，**Point 3.3** が使えないのなら，次の **Step 2** を使う．

Step 2
　Pattern 1
　　A, B の範囲を調べることによって A, B の大小関係を調べる．

▶**Pattern 1** を使っても A, B の大小関係が分からなかったら **Pattern 2** を使う．

　Pattern 2
　　$A - B$ の符号を調べることによって A, B の大小関係を調べる．

▶$A - B$ の符号が正になったら $A > B$ がいえ， ◀ A−B>0 ⇒ A>B
　$A - B$ の符号が負になったら $A < B$ がいえる． ◀ A−B<0 ⇒ A<B

Point 3.4 に従って，
<u>A，Bの範囲について考えよう．</u> ◀ **Step2 の Pattern 1**

まず，$A = \log_a b$ の範囲は，問題文の $\dfrac{1}{2} < \log_a b < 1$ より

$\dfrac{1}{2} < A < 1$ …… ① だと分かるよね．

次に，$B = \dfrac{1}{\log_a b}$ の範囲について考えよう．

一般に，

> 正の数の α，β について
> $\alpha < x < \beta$ のとき $\dfrac{1}{\beta} < \dfrac{1}{x} < \dfrac{1}{\alpha}$ がいえる

◀ P.102 の [参考] を見よ

ので，

$\dfrac{1}{2} < \log_a b < 1$ のとき ◀ 問題文の条件

$1 < \dfrac{1}{\log_a b} < 2$ …… ② がいえるよね． ◀ $\dfrac{1}{1} < \dfrac{1}{\log_a b} < \dfrac{1}{\frac{1}{2}}$

$\Leftrightarrow 1 < \dfrac{1}{\log_a b} < 2$

よって，

$1 < B < 2$ …… ②′ だと分かる． ◀ $B = \dfrac{1}{\log_a b}$

以上より，

$\begin{cases} \dfrac{1}{2} < A < 1 \text{ …… ①} \\ 1 < B < 2 \text{ …… ②′} \end{cases}$ が得られたので，

①と②′から
$A < B$ がいえるよね． ◀ [数直線: $\dfrac{1}{2}$ に A，1 と 2 の間に B]

[参考] $(0<)\ \alpha < x < \beta \Rightarrow \dfrac{1}{\beta} < \dfrac{1}{x} < \dfrac{1}{\alpha}$ について

$\alpha < x < \beta$ ◀ α と β は正の数

$\Leftrightarrow \begin{cases} \alpha < x \\ x < \beta \end{cases}$ ◀ 考えやすくするために2つに分けた

$\Leftrightarrow \begin{cases} \dfrac{1}{x} < \dfrac{1}{\alpha} \\ \dfrac{1}{\beta} < \dfrac{1}{x} \end{cases}$ ◀ 両辺を $\alpha x\ [>0]$ で割って $\dfrac{1}{x}$ をつくった

◀ 両辺を $\beta x\ [>0]$ で割って $\dfrac{1}{x}$ をつくった

$\Leftrightarrow \dfrac{1}{\beta} < \dfrac{1}{x} < \dfrac{1}{\alpha}$ ◀ 1つにまとめた

[考え方]

(2) $A = \log_a b$, $B = 2 - \dfrac{1}{\log_a b}$ についても分数の形が入っているので，(1)と同様に明らかに $\log_x \bigcirc$, $\log_x \square$ の形に書き直すことはできなさそうだよね。そこで，**Point 3.4** に従って A, B の範囲について考えよう。◀ Step2 の Pattern1

まず，$A = \log_a b$ の範囲は，(1)と同様に

$\dfrac{1}{2} < A < 1$ …… ③ だと分かるよね。

次に，$B = 2 - \dfrac{1}{\log_a b}$ の範囲について考えよう。

(1)の $1 < \dfrac{1}{\log_a b} < 2$ …… ② より

$-2 < -\dfrac{1}{\log_a b} < -1$ ◀ ②の全体に-1を掛けて $-\dfrac{1}{\log_a b}$ をつくった！

$\Leftrightarrow 0 < 2 - \dfrac{1}{\log_a b} < 1$ …… ④ ◀ 全体に2を加えて $2 - \dfrac{1}{\log_a b}$ をつくった！

が得られるよね。

よって，

$0 < B < 1$ …… ④′ だと分かる。 ◀ $B = 2 - \dfrac{1}{\log_a b}$

以上より，

$\begin{cases} \dfrac{1}{2} < A < 1 \quad \cdots\cdots ③ \\ 0 < B < 1 \quad \cdots\cdots ④' \end{cases}$ が得られたが，

③と④'からは
A と B の大小関係は判別できないよね。

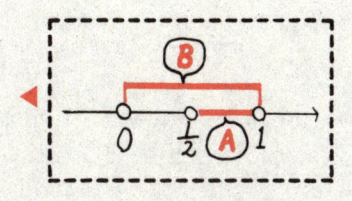

えっ，なぜかって？
だって， 

$\begin{cases} \dfrac{1}{2} < A < 1 \quad \cdots\cdots ③ \\ 0 < B < 1 \quad \cdots\cdots ④' \end{cases}$ だけでは，例えば

$A = \dfrac{3}{5}$, $B = \dfrac{4}{5}$ の場合も考えられるし， ◀ A<Bの場合

$A = \dfrac{4}{5}$, $B = \dfrac{3}{5}$ の場合も考えられるでしょ。 ◀ A>Bの場合

つまり，**Step 2** の **Pattern 1** では解くことができないので，
Pattern 2 に従って，$A - B$ の符号について考えてみよう。

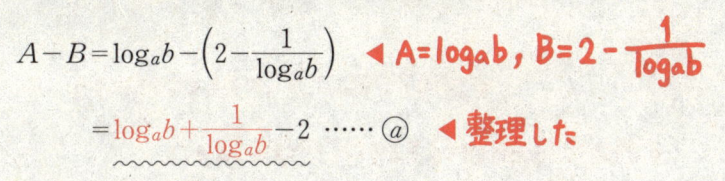

$A - B = \log_a b - \left(2 - \dfrac{1}{\log_a b}\right)$ ◀ $A = \log_a b$, $B = 2 - \dfrac{1}{\log_a b}$

$\quad\quad = \log_a b + \dfrac{1}{\log_a b} - 2 \quad \cdots\cdots ⓐ$ ◀ 整理した

-2 は定数なので，ここで

$\log_a b + \dfrac{1}{\log_a b}$ の範囲について考えよう。

$\log_a b + \dfrac{1}{\log_a b}$ の範囲を求めるのは簡単だよね？ ◀ P.39の[解説]を見よ！

$\log_a b$ と $\dfrac{1}{\log_a b}$ はそれぞれ変数だけれど
$\log_a b \cdot \dfrac{1}{\log_a b} = 1$ のように 掛けると定数になる よね。

そこで，**Point 2.4** を考え， ◀ $\log_a b$ と $\dfrac{1}{\log_a b}$ は共に正である

相加相乗平均より ◀ **Point 2.3**
$$\log_a b + \frac{1}{\log_a b} \geq 2\sqrt{\log_a b \cdot \frac{1}{\log_a b}} \quad \blacktriangleleft A+B \geq 2\sqrt{AB}$$
$$\Leftrightarrow \log_a b + \frac{1}{\log_a b} \geq 2 \quad \cdots\cdots (*) \text{ がいえる} \quad \blacktriangleleft \sqrt{\log_a b \cdot \frac{1}{\log_a b}} = \sqrt{1} = 1$$

よね。

ここで，
($*$) の等号が成立する条件について考えてみよう。 ◀ (注)を見よ

まず，
$A+B \geq 2\sqrt{AB}$ の等号（=）が成立するための条件は
$A=B$ なので， ◀ **Point 2.3**

$\log_a b + \dfrac{1}{\log_a b} \geq 2 \quad \cdots\cdots (*)$ の等号（=）が成立するための条件は

$\log_a b = \dfrac{1}{\log_a b} \quad \cdots\cdots (**)$ だよね。

さらに，

$\quad \log_a b = \dfrac{1}{\log_a b} \quad \cdots\cdots (**)$ ◀ ($**$)を変形してさらにキレイな形にする

$\Leftrightarrow (\log_a b)^2 = 1$ ◀ 両辺に $\log_a b$ [≠0] を掛けて分母を払った

$\Leftrightarrow \log_a b = 1 \quad \cdots\cdots (**)'$ ◀ $\log_a b$ は正なので $\log_a b \neq -1$

を考え，

$\log_a b + \dfrac{1}{\log_a b} \geq 2 \quad \cdots\cdots (*)$ の等号（=）が成立するための条件は

$\log_a b = 1 \quad \cdots\cdots (**)'$ であることが分かる。

しかし，この問題の $\log_a b$ の範囲は
$\dfrac{1}{2} < \log_a b < 1$ となっているので，$\log_a b = 1$ ……$(**)'$ となることは
ありえないよね。

つまり，この問題の場合は
$\log_a b + \dfrac{1}{\log_a b} \geq 2$ …$(*)$ の等号$(=)$が成立することはありえない …$(\#)$
のである！

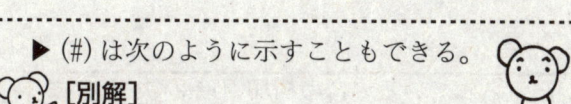

▶ $(\#)$ は次のように示すこともできる。

[別解]

$\log_a b + \dfrac{1}{\log_a b} \geq 2$ ……$(*)$ の等号が成立するための条件は

$\log_a b = \dfrac{1}{\log_a b}$ ……$(**)$ であるが， ◀ A+B = 2√AB ➡ A=B

$\dfrac{1}{2} < \log_a b < 1$ と $1 < \dfrac{1}{\log_a b} < 2$ を考え，$(**)$ は成立しない。

よって，
この問題の $\dfrac{1}{2} < \log_a b < 1$ という条件のもとでは，

$\log_a b + \dfrac{1}{\log_a b} \geq 2$ ……$(*)$ という式は

$\log_a b + \dfrac{1}{\log_a b} > 2$ ……$(*)'$ としなければならない　◀[参考]を見よ

ことが分かった。

以上より，

$\log_a b + \dfrac{1}{\log_a b} > 2$ ……$(*)'$ が得られたので，　◀ logab + $\dfrac{1}{\log ab}$ の範囲が分かった

$A - B = \log_a b + \dfrac{1}{\log_a b} - 2$ ……ⓐ

$ > 2 - 2$ ◀ $\log_a b + \dfrac{1}{\log_a b} > 2 \Rightarrow \log_a b + \dfrac{1}{\log_a b} - 2 > 2 - 2$

∴ $\underline{A - B > 0}$ ◀ $2 - 2 = \underline{0}$

よって，
$\underline{A > B}$ が分かった！ ◀ $A - B > 0 \Rightarrow \underline{A > B}$

(注) 正の変数の範囲が限定されている場合の相加相乗平均について

一般に，

> $a > 0, \ b > 0$ のとき
> $\underline{a + b \geqq 2\sqrt{ab}}$ ……(★) が成立し，
> $\underline{a = b}$ のときに (★) の等号 ($=$) が成立する。 ◀ Point 2.3

今までのように，正の変数 a, b の範囲が特に限定されていなければ $\underline{a = b}$ という条件が常に成立するので何の問題も生じないけれど，

例えば，

> $0 < a < 1, \ 1 < b < 2$ のように範囲が限定されると
> $\underline{a = b}$ という条件が成立しなくなる場合も出てくる。

さらに，$a = b$ が成立しなければ
$\underline{a + b \geqq 2\sqrt{ab}}$ ……(★) の等号 ($=$) が成立しなくなるので
(★) は $\underline{a + b > 2\sqrt{ab}}$ ……(★)' と書き直す必要が出てくる。

このように，
正の変数 a, b の範囲が限定されている場合には，特に等号が成立する条件に注意しなければならない！

[参考] $\dfrac{1}{2} < \log_a b < 1$ のときの $\log_a b + \dfrac{1}{\log_a b}$ の厳密な範囲について

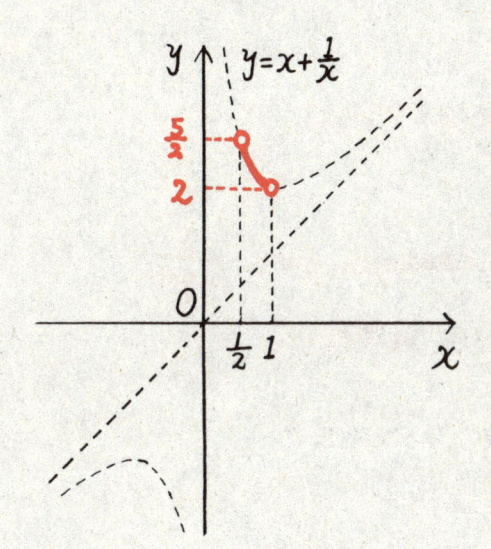

$\dfrac{1}{2} < x < 1$ のとき
$y = x + \dfrac{1}{x}$ のグラフは
左図のようになる ◀P.183を見よ
ので,

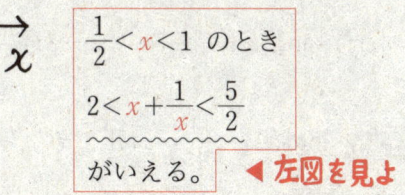

$\dfrac{1}{2} < x < 1$ のとき
$2 < x + \dfrac{1}{x} < \dfrac{5}{2}$
がいえる。 ◀左図を見よ

よって,

$\dfrac{1}{2} < \log_a b < 1$ のとき
$2 < \log_a b + \dfrac{1}{\log_a b} < \dfrac{5}{2}$ がいえる ことが分かるが, ◀$x = \log_a b$ の場合

この問題では

$2 < \log_a b + \dfrac{1}{\log_a b}$ だけが分かれば十分なので, ◀AとBの大小関係が分かるから!

$\log_a b + \dfrac{1}{\log_a b} < \dfrac{5}{2}$ の部分は 特に必要はない。

[解答]

(1) 問題文の条件の $\frac{1}{2} < \log_a b < 1$ から

$$\begin{cases} \frac{1}{2} < A < 1 \\ 1 < B < 2 \end{cases} \text{ がいえる}$$

ので、 ◀[考え方]参照

$\underline{A < B}$ であることが分かる。

(2) $A - B = \log_a b - \left(2 - \frac{1}{\log_a b}\right)$ ◀ $A = \log_a b,\ B = 2 - \frac{1}{\log_a b}$

$= \log_a b + \frac{1}{\log_a b} - 2 \ \cdots\cdots\ ①$ ◀ 整理した

ここで、$\log_a b$ と $\frac{1}{\log_a b}$ は正であることを考え、

相加相乗平均より ◀ Point 2.3

$\log_a b + \frac{1}{\log_a b} \geq 2 \ \cdots\cdots\ (*)$ ◀ $A + B \geq 2\sqrt{AB}$

がいえる。

しかし、

$(*)$ の等号が成立するための条件は ◀ $A+B = 2\sqrt{AB}$ ➡ $A = B$

$\log_a b = 1$ である が、 ◀[考え方]参照

$\log_a b = 1$ は問題文の条件の $\frac{1}{2} < \log_a b < 1$ を満たさないので

$(*)$ は $\log_a b + \frac{1}{\log_a b} > 2 \ \cdots\cdots\ (*)'$ となる。 ◀[考え方]参照

よって、

$A - B = \log_a b + \frac{1}{\log_a b} - 2 \ \cdots\cdots\ ①$

$\quad\quad > 2 - 2$ ◀ $\log_a b + \frac{1}{\log_a b} > 2 \ \cdots\cdots\ (*)'$ を代入した

∴ $\underline{A - B > 0}$ が得られるので、 ◀ $2 - 2 = 0$

$\underline{A > B}$ が分かった。 ◀ $A - B > 0$ ➡ $A > B$

例題23

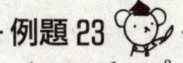

$1 < a < b < a^2$ のとき，
$A = \log_a b$, $B = \log_b a$, $C = \log_a \dfrac{a}{b}$, $D = \log_b \dfrac{b}{a}$ の大小関係は

$\boxed{} < \boxed{} < \dfrac{1}{2} < \boxed{} < \boxed{}$ である。　　　　［センター試験］

[考え方]

まず，
$\log_a b$, $\log_b a$, $\log_a \dfrac{a}{b}$, $\log_b \dfrac{b}{a}$ のように底がバラバラだと考えにくいので，とりあえず底を a にそろえて整理してみよう。

$A = \underline{\log_a b}$ ◀これは特に書き直す必要がない

$B = \log_b a$
$ = \dfrac{\log_a a}{\log_a b}$ ◀底を a に変換した [Point 2.10]
$ = \dfrac{1}{\underline{\log_a b}}$ ◀ $\log_a a = 1$

$C = \log_a \dfrac{a}{b}$
$ = \log_a a - \log_a b$ ◀ $\log_a \dfrac{A}{B} = \log_a A - \log_a B$
$ = 1 - \underline{\log_a b}$ ◀ $\log_a a = 1$

$D = \log_b \dfrac{b}{a}$
$ = \log_b b - \log_b a$ ◀ $\log_b \dfrac{A}{B} = \log_b A - \log_b B$
$ = 1 - \dfrac{1}{\underline{\log_a b}}$ ◀ [B =] $\log_b a = \dfrac{1}{\log_a b}$ を使った

このように $\log_a b$ だけを使って書き直すことができたので，ここで $\log_a b$ について考えてみよう。

まず，問題文の条件の $\boxed{1<a<b<a^2}$ から ◀ Point2.12 の Step3 を使って $\log_a b$ に関する式をつくった
$\boxed{\log_a 1 < \log_a a < \log_a b < \log_a a^2}$ がいえる

ので， ◀ $a>1$ のとき，$x<y$ ならば $\log_a x < \log_a y$ がいえる

$\log_a 1 < \log_a a < \log_a b < \log_a a^2$
$\Leftrightarrow 0 < 1 < \log_a b < 2\log_a a$ ◀ $\log_a 1 = 0$, $\log_a a = 1$, $\log_a b^n = n\log_a b$
$\Leftrightarrow 0 < 1 < \log_a b < 2$ ◀ $\log_a a = 1$
$\therefore \underline{1 < \log_a b < 2}$ ……(∗) が得られる。 ◀ $0<1$ はあたりまえの式なので無視できる

(∗) より，

$$\begin{cases} \underline{\dfrac{1}{2} < \dfrac{1}{\log_a b} < 1} \cdots\cdots (**) \quad ◀ (*) を使って求めた \\ \underline{-1 < 1 - \log_a b < 0} \quad ◀ (*) を使って求めた \\ \underline{0 < 1 - \dfrac{1}{\log_a b} < \dfrac{1}{2}} \quad ◀ (**) を使って求めた \end{cases}$$

が得られるので， ◀《注》を見よ

$\underline{1 < A < 2, \ \dfrac{1}{2} < B < 1, \ -1 < C < 0, \ 0 < D < \dfrac{1}{2}}$ がいえるよね。

よって，

$C < D < \dfrac{1}{2} < B < A$ ◀

が得られるので，

$\underline{\log_a \dfrac{a}{b} < \log_b \dfrac{b}{a} < \dfrac{1}{2} < \log_b a < \log_a b}$ が分かった。

(注) B, C, D の範囲について

$\dfrac{1}{2} < \dfrac{1}{\log_a b} < 1$ について ◀ $\dfrac{1}{2} < B < 1$ について

一般に，正の数 α, β について

$\alpha < x < \beta$ のとき $\dfrac{1}{\beta} < \dfrac{1}{x} < \dfrac{1}{\alpha}$ がいえる ◀ P.102 の [参考] を見よ

ので，

$1 < \log_a b < 2$ ……(*) のとき

$\dfrac{1}{2} < \dfrac{1}{\log_a b} < 1$ ……(**) がいえる。 ◀ $\dfrac{1}{\log ab}$ の範囲が分かった

$-1 < 1 - \log_a b < 0$ について ◀ $-1 < C < 0$ について

(*) の全体に -1 を掛ける と ◀ $-\log ab$ をつくる

$-2 < -\log_a b < -1$ となり， ◀ $a < x < b \Rightarrow -b < -x < -a$

さらに，全体に 1 を加える と ◀ $1-\log ab$ をつくる

$-1 < 1 - \log_a b < 0$ が得られる。 ◀ $1-\log ab$ の範囲が分かった

$0 < 1 - \dfrac{1}{\log_a b} < \dfrac{1}{2}$ について ◀ $0 < D < \dfrac{1}{2}$ について

(**) の全体に -1 を掛ける と ◀ $-\dfrac{1}{\log ab}$ をつくる

$-1 < -\dfrac{1}{\log_a b} < -\dfrac{1}{2}$ となり， ◀ $a < x < b \Rightarrow -b < -x < -a$

さらに，全体に 1 を加える と ◀ $1-\dfrac{1}{\log ab}$ をつくる

$0 < 1 - \dfrac{1}{\log_a b} < \dfrac{1}{2}$ が得られる。 ◀ $1-\dfrac{1}{\log ab}$ の範囲が分かった

[解答]

$$\begin{cases} A = \underwave{\log_a b} \\ B = \log_b a = \dfrac{\log_a a}{\log_a b} = \underwave{\dfrac{1}{\log_a b}} \\ C = \log_a \dfrac{a}{b} = \log_a a - \log_a b = \underwave{1 - \log_a b} \\ D = \log_b \dfrac{b}{a} = \log_b b - \log_b a = \underwave{1 - \dfrac{1}{\log_a b}} \end{cases}$$ ◀[考え方]参照

また，

$1 < a < b < a^2$ ◀問題文の条件
$\Leftrightarrow \log_a 1 < \log_a a < \log_a b < \log_a a^2$ ◀Point 2.12のStep 3より
$\Leftrightarrow 0 < 1 < \log_a b < 2\log_a a$ ◀$\log_a 1 = 0$, $\log_a a = 1$, $\log_a b^n = n\log_a b$
$\Leftrightarrow 1 < \log_a b < 2$ ◀$\log_a a = 1$

を考え，

$1 < A < 2,\ \dfrac{1}{2} < B < 1,\ -1 < C < 0,\ 0 < D < \dfrac{1}{2}$

がいえるので，◀[考え方]参照

$\underwave{\log_a \dfrac{a}{b} < \log_b \dfrac{b}{a} < \dfrac{1}{2} < \log_b a < \log_a b}$ ◀$C < D < \dfrac{1}{2} < B < A$

練習問題 20

$a^2 < b < a < 1$ であるとき，
$A = \log_a b,\ B = \log_b a,\ C = \log_a \dfrac{a}{b},\ D = \log_b \dfrac{b}{a},\ \dfrac{1}{2}$
を大小の順に並べよ。 [早大一政経]

練習問題 21

正の数 $x,\ y$ が $x < y^2 < x^2$ の関係にあるとき，4つの実数
$A = \log_x y,\ B = \log_y x,\ C = \log_x \dfrac{x^2}{y},\ D = \log_y \sqrt{x}$
を小さい順に並べよ。 [東京理科大]

例題24

$A = \log_4(\log_3 4)$, $B = \log_3(\log_3 4)$, $C = \log_4(\log_4 3)$ のとき

(1) $A + C$ の値を求めると □ となる。

(2) A, B, C を大きさの順に並べると、
□ < □ < □ となる。

[考え方]

(1) まず、**Point 2.11** の①より ◀ $\log_a x + \log_a y = \log_a xy$

$A + C = \log_4(\log_3 4) + \log_4(\log_4 3)$
$\qquad = \log_4(\log_3 4 \cdot \log_4 3)$ ◀ $\log_a x + \log_a y = \log_a xy$

がいえるよね。

さらに、**Point 2.10**（底の変換公式）より ◀ $\log_a b = \dfrac{\log_c b}{\log_c a}$

$\log_3 4 \cdot \log_4 3 = \log_3 4 \cdot \dfrac{\log_3 3}{\log_3 4}$ ◀ 底が同じでないと計算ができないのですべての底を3（4でもよい）にそろえた！

$\qquad\qquad\quad = \log_3 4 \cdot \dfrac{1}{\log_3 4}$ ◀ $\log_a a = 1$

$\qquad\qquad\quad = \underline{1}$ がいえるので、 ◀ 分母分子の $\log_3 4$ を約分した

$A + C = \log_4(\log_3 4 \cdot \log_4 3)$
$\qquad = \log_4 1$ ◀ $\log_3 4 \cdot \log_4 3 = 1$ を代入した
$\qquad = \underline{\mathbf{0}}$ が得られた。 ◀ $\log_a 1 = 0$ [Point 8 ①]

(2) まず、(1)の $\boxed{A + C = 0 \text{ より}\ A \text{ と } C \text{ が異符号であることが分かる}}$ よね。 ◀ $A \neq C$ のとき、$A + C = 0$ [⇔ $A = -C$] ならば A と C のどちらかが正でどちらかが負である

そこで、
A と C の符号について考えよう。 ◀ 例えば、A が正で C が負であることが分かったら、その時点で $A > C$ がいえる

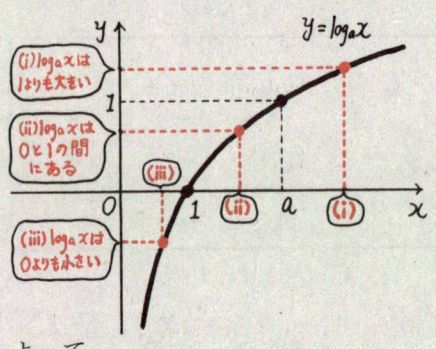

$y = \log_a x \ [a>1]$ のグラフは左図のようになるので,

(i) $x > a$ のとき, $\log_a x > 1$
(ii) $1 < x < a$ のとき, $0 < \log_a x < 1$
(iii) $0 < x < 1$ のとき, $\log_a x < 0$

がいえることが分かるよね。

よって,

$\begin{cases} \log_3 4 > 1 \ \cdots\cdots \ ① \\ 0 < \log_4 3 < 1 \ \cdots\cdots \ ② \end{cases}$ ◀(i)の $a=3, x=4$ の場合
◀(ii)の $a=4, x=3$ の場合

がいえるよね。

さらに, ①と②から

$\begin{cases} \log_4(\log_3 4) > 0 \\ \log_4(\log_4 3) < 0 \end{cases}$ ◀$x>1$ のとき $\log_4 x > 0$ である!
◀$0<x<1$ のとき $\log_4 x < 0$ である!

がいえるので,
$A > 0, \ C < 0$ が分かった! ◀ $\begin{cases} A = \log_4(\log_3 4) \\ C = \log_4(\log_4 3) \end{cases}$

全く同様に $B = \log_3(\log_3 4)$ の符号についても考えてみよう。

$\log_3 4 > 1 \ \cdots\cdots \ ①$ より
$\log_3(\log_3 4) > 0$ ◀$x>1$ のとき $\log_3 x > 0$ である!

がいえるので,
$B > 0$ も分かった。 ◀$B = \log_3(\log_3 4)$

以上より,
$A > 0, \ B > 0, \ C < 0$ が分かったので, ◀ C だけが負!
$A, \ B, \ C$ の中で C が1番小さい, ということが分かるよね。

> ▶このように，大小関係を調べる問題では
> 「ある数(この場合は 0)よりも大きい or 小さい」ということを Check
> するだけで 大小関係が分かってしまう問題も少なくないのである。
> つまり，出題者は (1) で $A+C=0$ を求めさせることによって，
> 「A と C の符号(▶0との大小関係！)に着目すれば 簡単に A と C の
> 大小関係が分かる」というヒントを教えてくれていたんだよ。

そこで，以下
<u>A と B の大小関係について考えよう。</u> ◀あとはAとBの大小関係だけが分かればよい！

$\begin{cases} A=\log_4(\log_3 4) \\ B=\log_3(\log_3 4) \end{cases}$ のように <u>底がそろっていないと考えにくいので</u>,

とりあえず <u>$A=\log_4(\log_3 4)$ の底を 3 にそろえてみよう。</u> ◀Point 3.3のStep 1

すると，
$A=\log_4(\log_3 4)$

$=\dfrac{\log_3(\log_3 4)}{\log_3 4}$ ◀ $\log_a b = \dfrac{\log_c b}{\log_c a}$ [$a=4, b=\log_3 4$ の場合]

のように 汚い形になるので
明らかに **Point 3.3** は使えない
よね。 ◀ $\dfrac{\log_3(\log_3 4)}{\log_3 4}$ は $\log_3 \square$ の形にすることはできない！

そこで，
Point 3.4 の **Step 2** を考え，
<u>$A-B$ の符号について考えよう。</u> ◀Pattern 1では求めることができないので，[A>0, B>0からAとBの大小関係は分からない！] Pattern 2を使って求める！

$A - B = \dfrac{\log_3(\log_3 4)}{\log_3 4} - \log_3(\log_3 4)$

$= \dfrac{\log_3(\log_3 4)}{\log_3 4}(1 - \log_3 4)$ より, ◀ $\dfrac{\log_3(\log_3 4)}{\log_3 4}$ でくくった

$\begin{cases} \log_3(\log_3 4) > 0 & \blacktriangleleft B = \log_3(\log_3 4) \text{と} B > 0 \text{より} \log_3(\log_3 4) > 0 \text{がいえる} \\ \log_3 4 > 0 & \blacktriangleleft \log_3 4 > 1 \cdots\cdots ① \text{より} \log_3 4 > 0 \text{がいえる} \\ 1 - \log_3 4 < 0 & \blacktriangleleft \log_3 4 > 1 \cdots\cdots ① \text{より} 1 - \log_3 4 < 0 \text{がいえる} \end{cases}$

を考え, ◀ すべての符号が分かった！

$A - B < 0$ がいえるよね。 ◀ $A-B = \dfrac{\overset{\text{正}}{\log_3(\log_3 4)}}{\underset{\text{正}}{\log_3 4}} \underset{\text{負}}{(1 - \log_3 4)}$

よって,
$A < B$ がいえるので, ◀ $A-B<0 \Rightarrow A<B$
$C < A < B$ が分かった。 ◀ C が1番小さいことは既に分かっている

[別解について] ◀ A と B の大小関係は次のように調べることもできる

$A = \log_4(\log_3 4)$ ◀ Point 3.3 の Step 1 に従って底を3に変換する！

$= \dfrac{\log_3(\log_3 4)}{\log_3 4}$ ◀ $\log_a b = \dfrac{\log_c b}{\log_c a}$ [$a=4, b=\log_3 4$ の場合]

$= \dfrac{B}{\log_3 4}$ ◀ $\log_3(\log_3 4)$ が出てきたので, $\log_3(\log_3 4) = B$ を代入して A と B の関係式をつくってみた！

より, A と B は

$A = \dfrac{B}{\log_3 4}$

$\Leftrightarrow A \cdot \log_3 4 = B \cdots\cdots (*)$ ◀ 分数だと考えにくいので分母を払った

を満たしていることが分かった。

指数・対数関数の大小比較に関する問題　117

さらに、

> $\log_3 4 > 1$ ……① より、正の数 A, B について
> $A \cdot \log_3 4 = B$ ……(*) が成立するとき、$A < B$ がいえる

ことが分かるよね。◀《注》を見よ

(注) $A \cdot \log_3 4 = B$ ……(*) ➡ $A < B$ について

一般に、

> 正の数に $\log_3 4$ [>1] を掛けるとその数は大きくなる

よね。◀例えば、5に2[>1]を掛けると 10 のように大きくなる!

> $A \cdot \log_3 4 = B$ ……(*) という式は
> 「正の数 A に $\log_3 4$ [>1] を掛けるとその数が B と等しくなる」
> ということを意味している

ので、◀つまり、「A に $\log_3 4$ [>1] を掛けて大きくしたもの と B が等しくなる」ということ!

A と B の大小関係は、当然
$A < B$ となるよね。◀例えば、
　　　5・2=10 のとき、5<10 となる

[解答]

(1) $A + C = \log_4(\log_3 4) + \log_4(\log_4 3)$
　　　　　$= \log_4(\log_3 4 \cdot \log_4 3)$　◀$\log_a x + \log_a y = \log_a xy$
　　　　　$= \log_4\left(\log_3 4 \cdot \dfrac{\log_3 3}{\log_3 4}\right)$　◀底を 3 に変換した [Point 2.10]
　　　　　$= \log_4 1$　◀$\log_3 3 = 1$
　　　　　$= \mathbf{0}$ //

(2) $\begin{cases} \log_3 4 > 1 \quad \cdots\cdots ① \\ 0 < \log_4 3 < 1 \quad \cdots\cdots ② \end{cases}$ ◀[考え方]参照

を考え，

$\begin{cases} A = \log_4(\log_3 4) > 0 \\ B = \log_3(\log_3 4) > 0 \\ C = \log_4(\log_4 3) < 0 \end{cases}$

がいえるので， ◀[考え方]参照
A，B，C の中で C が1番小さい $\cdots\cdots$ (*)
ことが分かる。

また，
$A = \log_4(\log_3 4)$
$ = \dfrac{\log_3(\log_3 4)}{\log_3 4}$ より ◀Point 3.3のStep1に従って底を3に変換した

$A - B = \dfrac{\log_3(\log_3 4)}{\log_3 4} - \log_3(\log_3 4)$ ◀Point 3.4のStep2のPattern 2

$ = \dfrac{\log_3(\log_3 4)}{\log_3 4}(1 - \log_3 4)$ ◀ $\dfrac{\log_3(\log_3 4)}{\log_3 4}$ でくくった

がいえるので，

$\log_3 4 > 1 \cdots\cdots ①$ と $B = \log_3(\log_3 4) > 0$ を考え，
$A - B < 0$ がいえる。 ◀[考え方]参照

∴ $A < B \cdots\cdots$ (**) ◀ $A - B < 0 \Rightarrow A < B$

▶ $A < B$ ……（**）は次のように示してもよい。

$A = \log_4(\log_3 4)$
$= \dfrac{\log_3(\log_3 4)}{\log_3 4}$ ◀ Point3.3のStep1に従って底を3に変換した
$= \dfrac{B}{\log_3 4}$ より ◀ $\log_3(\log_3 4) = B$ を代入した

$A \cdot \log_3 4 = B$ …… ③ が得られるので, ◀ 両辺に $\log_3 4$ を掛けて分母を払った

$\log_3 4 > 1$ …… ① と $A > 0$ と $B > 0$ を考え, ③から
$A < B$ ……（**）がいえる。 ◀ [考え方] 参照

よって,（*）と（**）から
$C < A < B$ が分かった。

練習問題 22

$a = \log_2 3$, $b = \log_3 2$, $c = \log_4 8$ を大きさの順に並べると, $\boxed{} < \boxed{} < \boxed{}$ となる。

[参考] ***Point 2.6* の証明**

$ax^2+bx+c=0$ $[a\neq0]$ の 2 解が α, β のとき
$ax^2+bx+c=0$ は $a(x-\alpha)(x-\beta)=0$ と
書き直すことができる。 ◀ **これは必ず知っておくこと！**

さらに，$a(x-\alpha)(x-\beta)=0$ を展開すると
$ax^2-a(\alpha+\beta)x+a\alpha\beta=0$ ◀ **$a\{x^2-(\alpha+\beta)x+\alpha\beta\}=0$**
になるので，
$ax^2+bx+c=0$ ……($*$) は $ax^2-a(\alpha+\beta)x+a\alpha\beta=0$ ……($*$)$'$ と
書き直すことができる。

よって，
$\begin{cases} -a(\alpha+\beta)=b \ \cdots\cdots ① \\ a\alpha\beta=c \ \cdots\cdots ② \end{cases}$ ◀ **($*$)と($*$)$'$は同じ式なのでxの係数が等しい！**
◀ **($*$)と($*$)$'$は同じ式なので定数項が等しい！**

がいえるので
$\begin{cases} \alpha+\beta=-\dfrac{b}{a} \\ \alpha\beta=\dfrac{c}{a} \end{cases}$ ◀ **①の両辺を$-a[\neq0]$で割った**
◀ **②の両辺を$a[\neq0]$で割った**

が得られる。

Section 4　桁数に関する問題

ここでは，指数・対数関数の応用として最も重要な「桁数に関する問題」について解説します。

まず次の問題をやってみよう。

例題 25

(1) n 桁の最小の自然数は □ である。
(2) $10^{n-1} \leq x < 10^n$ を満たす自然数 x は □ 桁である。
ただし，n は自然数とする。　　　　　　　　　［例題 26 の準備問題］

[考え方]

(1) いきなり「n 桁の最小の自然数」なんていわれても
よく分からないよね。
そこで，次の **Point** が必要になる。

Point 4.1 〈一般論の問題の考え方〉

一般論の問題では，まず（具体的な数を使って）実験をして
規則性をつかめ！

▶ この **Point** が身に付いているかどうかで 解ける問題の量が
全く違ってくるので，はやめに身に付けよう！

Point 4.1 を踏まえて実際に 実験してみよう。

n は自然数なので　◀「自然数」とは $1, 2, 3, \cdots$ のような「正の整数」のこと！
一番簡単な $n=1$ の場合から考えることにしよう。

$\boxed{n=1 \text{ のとき}}$
1 桁の自然数は 1, 2, 3, 4, 5, 6, 7, 8, 9 なので
1 桁の最小の自然数は $1 (= 10^0)$ だよね。

$\boxed{n=2 \text{ のとき}}$
2 桁の自然数は 10, 11, 12, 13, $\cdots$, 98, 99 なので
2 桁の最小の自然数は $10 (= 10^1)$ だよね。

$n=3$ のとき

3桁の最小の自然数は $100(=10^2)$ だよね。

$n=4$ のとき

4桁の最小の自然数は $1000(=10^3)$ だよね。

このように具体的な数を使って実験してみれば規則性がみえてくるよね。つまり，

$\begin{cases} 1桁の最小の自然数は 10^0 \\ 2桁の最小の自然数は 10^1 \\ 3桁の最小の自然数は 10^2 \\ 4桁の最小の自然数は 10^3 \end{cases}$ から

n 桁の最小の自然数は 10^{n-1} だと分かるよね！

[解答]

(1) 10^{n-1}

[考え方]

(2) まず(1)から ◀「n桁の最小の自然数は 10^{n-1}である」

$\begin{cases} 10^{n-1} \Rightarrow n桁の最小の自然数 \\ 10^n \Rightarrow n+1桁の最小の自然数 \end{cases}$ がいえるよね。

よって，

$\boxed{10^{n-1}} \leq x < \boxed{10^n}$ より

↑n桁の最小の自然数　　↑$n+1$桁の最小の自然数

自然数 x は「n桁の最小の自然数以上の数」で「$n+1$桁の最小の自然数よりも小さい数」ということが分かるので，x は n 桁の自然数であることが分かるよね。

▶よく分からなければ，これも次の(注)のように具体的に実験してみよ！

(注) $\boxed{10^{n-1} \leq x < 10^n \text{ を満たす自然数 } x \text{ の桁数について}}$

$\boxed{n=1 \text{ のとき}}$

$10^0 \leq x < 10^1$ ◀ $10^{n-1} \leq x < 10^n$ に $n=1$ を代入した

$\Leftrightarrow 1 \leq x < 10$ より

x は 1 桁の自然数だよね。

[
▶ $1 \leq x < 10$ を満たす自然数 x は
①, 2, 3, 4, 5, 6, 7, 8, ⑨ である。
↑1桁の1番小さい自然数 ↑1桁の1番大きい自然数
]

$\boxed{n=2 \text{ のとき}}$

$10^1 \leq x < 10^2$ ◀ $10^{n-1} \leq x < 10^n$ に $n=2$ を代入した

$\Leftrightarrow 10 \leq x < 100$ より

x は 2 桁の自然数だよね。

[
▶ $10 \leq x < 100$ を満たす自然数 x は
⑩, 11, 12, …, 97, 98, ⑨⑨ である。
↑2桁の1番小さい自然数 ↑2桁の1番大きい自然数
]

$\boxed{n=3 \text{ のとき}}$

$10^2 \leq x < 10^3$ ◀ $10^{n-1} \leq x < 10^n$ に $n=3$ を代入した

$\Leftrightarrow 100 \leq x < 1000$ より

x は 3 桁の自然数だよね。

これらの例から
$10^{n-1} \leq x < 10^n$ を満たす自然数 x は n 桁であることが分かるよね。

[解答]

(2) n 桁

この問題の結果は重要なので 必ず すぐに書けるようにしておこう！

> **Point 4.2** 〈桁数に関する公式〉
>
> n 桁の自然数 x は $10^{n-1} \leq x < 10^n$ を満たしている。
> ただし，n は自然数とする。

▶[考え方]のように考えれば すぐに導けるので，覚えるのではなく，考え方を理解して すぐに導けるようにしておこう！

例題 25 を踏まえて，次の 例題 26 をやってみよう。

例題 26

3^{100} の桁数 n と最高位の数字 m を次のようにして求めた。
ただし，$\log_{10}2 = 0.3010$，$\log_{10}3 = 0.4771$，$\log_{10}7 = 0.8451$ とせよ。

(1) 自然数 x が n 桁であるということを不等式で表すと，
$$\boxed{\text{あ}} \leq \log_{10}x < \boxed{\text{あ}} + 1$$
ゆえに，3^{100} は $\boxed{\text{い}}$ 桁である。

(2) n 桁の自然数 x の最高位の数字が m であるということを不等式で表すと，
$$\log_{10}m \leq \boxed{\text{う}} < \log_{10}(m+1)$$
ゆえに，3^{100} の最高位の数字は $\boxed{\text{え}}$ である。

[考え方]

(1) 自然数 x は n 桁なので，**Point 4.2** より
$10^{n-1} \leqq x < 10^n$ ……① がいえるよね。

さらに，
|①の全体に log をとる| と ◀ $\log_{10}x$ に関する問題なので！

$\log_{10}10^{n-1} \leqq \log_{10}x < \log_{10}10^n$

$\Leftrightarrow (n-1)\log_{10}10 \leqq \log_{10}x < n\log_{10}10$ ◀ $\log_a b^m = m\log_a b$

$\Leftrightarrow n-1 \leqq \log_{10}x < n$ ……② ◀ $\log_{10}10 = 1$

が得られ，

$n-1 \leqq \log_{10}x < n$ ……② は

$\boxed{n-1} \leqq \log_{10}x < \boxed{n-1} +1$ と書き直せるので， ◀ $n = \boxed{n-1}+1$

$\boxed{あ}$ には **n-1** を入れればよい。

次に，3^{100} の桁数について考えよう。

|3^{100} が n 桁であるとする| と

$n-1 \leqq \log_{10}x < n$ ……② より

$n-1 \leqq \log_{10}3^{100} < n$ ……②' ◀ ②の x に 3^{100} を代入した

がいえるよね。

よって，

|$n-1 \leqq \log_{10}3^{100} < n$ ……②' を満たす n を求めれば

3^{100} の桁数が求められる| よね。 ◀ n は 3^{100} の桁数なので！

そこで，

②'を満たす自然数 n を求めよう。

②' $\Leftrightarrow n-1 \leqq 100 \cdot \log_{10}3 < n$ ◀ $\log_{10}3^{100} = 100 \cdot \log_{10}3$

$\Leftrightarrow n-1 \leqq 47.71 < n$ より ◀ $\log_{10}3$ に 0.4771 を代入した（問題文を見よ）

②'を満たす自然数 n は 48 だよね。 ◀ $47 \leqq 47.71 < 48$

よって，

3^{100} は **48 桁**である。 ◀ 3^{100} の桁数を n とおいたので！

[解答]

(1) $10^{n-1} \leq x < 10^n$ ◀ **Point 4.2**

$\Leftrightarrow \log_{10} 10^{n-1} \leq \log_{10} x < \log_{10} 10^n$ ◀ 全体にlogをとった！

$\Leftrightarrow (n-1)\log_{10} 10 \leq \log_{10} x < n\log_{10} 10$ ◀ $\log_a b^m = m\log_a b$

$\Leftrightarrow n-1 \leq \log_{10} x < n$ ……① ◀ $\log_{10} 10 = 1$

$\therefore \boldsymbol{n-1 \leq \log_{10} x < n-1+1}$ ◀ $n = \boxed{n-1} + 1$

①に $x = 3^{100}$ を代入する と ◀ 3^{100}の桁数を求める

$n-1 \leq \log_{10} 3^{100} < n$

$\Leftrightarrow n-1 \leq 100 \cdot \log_{10} 3 < n$ ◀ $\log_{10} 3^{100} = 100 \cdot \log_{10} 3$

$\Leftrightarrow n-1 \leq 47.71 < n$ が得られる。 ◀ $\log_{10} 3 = 0.4771$（問題文より）

よって、
3^{100} は **48桁**である。 ◀ 3^{100}の桁数はnである

[考え方]

(2) まず、
<u>n桁で最高位の数字がmの自然数xについて考えてみよう。</u>

これもいきなり一般論ではよく分からないので
Point 4.1 に従って実験してみよう。

$\boxed{n=2, \ m=1 \text{ のとき}}$ ◀ 2桁で最高位の数字が1のとき

2桁で最高位の数字が1の自然数xは
10, 11, 12, 13, 14, 15, 16, 17, 18, 19 だよね。

よって、
$10 \leq x < 20$ がいえるよね。

$n=2, \ m=2$ のとき　◀ 2桁で最高位の数字が2のとき

2桁で最高位の数字が2の自然数 x は
20, 21, 22, 23, 24, 25, 26, 27, 28, 29 だよね。
よって,
$20 \leq x < 30$ がいえるよね。

$n=3, \ m=2$ のとき　◀ 3桁で最高位の数字が2のとき

3桁で最高位の数字が2の自然数 x は
200, 201, 202, 203, …, 297, 298, 299 だよね。
よって,
$200 \leq x < 300$ がいえるよね。

$n=3, \ m=3$ のとき　◀ 3桁で最高位の数字が3のとき

3桁で最高位の数字が3の自然数 x は
300, 301, 302, 303, …, 397, 398, 399 だよね。
よって,
$300 \leq x < 400$ がいえるよね。

これらの具体例から一般式を導いてみよう。

$n=2, \ m=1$ のとき　◀ 2桁で最高位の数字が1のとき

$\quad 10 \leq x < 20$
$\Leftrightarrow 1 \times 10^1 \leq x < (1+1) \times 10^1$ 　◀ $m \times 10^{n-1} \leq x < (m+1) \times 10^{n-1}$ の形!

$n=2, \ m=2$ のとき　◀ 2桁で最高位の数字が2のとき

$\quad 20 \leq x < 30$
$\Leftrightarrow 2 \times 10^1 \leq x < (2+1) \times 10^1$ 　◀ $m \times 10^{n-1} \leq x < (m+1) \times 10^{n-1}$ の形!

$\boxed{n=3,\ m=2\ \text{のとき}}$ ◀ 3桁で最高位の数字が2のとき

$200 \leq x < 300$
$\Leftrightarrow 2 \times 10^2 \leq x < (2+1) \times 10^2$ ◀ $m \times 10^{n-1} \leq x < (m+1) \times 10^{n-1}$ の形!

$\boxed{n=3,\ m=3\ \text{のとき}}$ ◀ 3桁で最高位の数字が3のとき

$300 \leq x < 400$
$\Leftrightarrow 3 \times 10^2 \leq x < (3+1) \times 10^2$ ◀ $m \times 10^{n-1} \leq x < (m+1) \times 10^{n-1}$ の形!

よって,
n 桁で 最高位の数字が m の自然数 x は
$m \times 10^{n-1} \leq x < (m+1) \times 10^{n-1}$ を満たしていることが分かるよね。

この結果も重要なので,必ず すぐに書けるようにしておくこと!

▶ これも **Point 4.2** と同様に,上のように考えればすぐに導けるので,覚えるのではなく 考え方を理解してすぐに導けるようにしておこう。

> **Point 4.3** 〈最高位の数字に関する不等式について〉
> n 桁で 最高位の数字が m の自然数 x は
> $m \times 10^{n-1} \leq x < (m+1) \times 10^{n-1}$ を満たしている。
> ただし,n は自然数で $m=1,\ 2,\ \cdots,\ 9$ とする。

Point 4.3 を踏まえて (2)を解いてみよう。

自然数 x は "n 桁で 最高位の数字が m" なので,**Point 4.3** より
$m \times 10^{n-1} \leq x < (m+1) \times 10^{n-1}$ …… ③ がいえるよね。

さらに、

ご③の全体に log をとる と ◀ $\log_{10}x$ に関する問題なので！

$$\log_{10}(m \times 10^{n-1}) \leq \log_{10}x < \log_{10}\{(m+1) \times 10^{n-1}\}$$

$\Leftrightarrow \log_{10}m + \log_{10}10^{n-1} \leq \log_{10}x < \log_{10}(m+1) + \log_{10}10^{n-1}$ ◀ Point 2.11

$\Leftrightarrow \log_{10}m + (n-1)\log_{10}10 \leq \log_{10}x < \log_{10}(m+1) + (n-1)\log_{10}10$ ◀ Point 2.7

$\Leftrightarrow \log_{10}m + n - 1 \leq \log_{10}x < \log_{10}(m+1) + n - 1$ ◀ $\log_{10}10=1$

$\Leftrightarrow \log_{10}m \leq \log_{10}x - (n-1) < \log_{10}(m+1)$ ◀ 全体から $n-1$ を引いた

$\therefore \log_{10}m \leq \boldsymbol{\log_{10}x - n + 1} < \log_{10}(m+1)$ …… ④ ◀ 展開した

が得られる。

そこで、④を使って
3^{100} の最高位の数字を求めてみよう。 ◀ (1)より 3^{100} は **48**桁である

まず、

3^{100} の最高位の数字が m であるとする と、④より ◀ $x=3^{100}$, $n=48$

$$\log_{10}m \leq \log_{10}3^{100} - 48 + 1 < \log_{10}(m+1)$$ ◀ ④の x に 3^{100} を代入して
n に 48 を代入した
↑(1)より 3^{100} は 48桁である

$\Leftrightarrow \log_{10}m \leq \log_{10}3^{100} - 47 < \log_{10}(m+1)$

$\Leftrightarrow \log_{10}m \leq 100 \cdot \log_{10}3 - 47 < \log_{10}(m+1)$

$\Leftrightarrow \log_{10}m \leq 47.71 - 47 < \log_{10}(m+1)$ ◀ $\log_{10}3$ に 0.4771 を代入した

$\Leftrightarrow \log_{10}m \leq 0.71 < \log_{10}(m+1)$ …… ④′ ◀ $47.71-47=0.71$

がいえるよね。 ◀ m に関する不等式が得られた！

よって、

$\log_{10}m \leq 0.71 < \log_{10}(m+1)$ …… ④′ を満たす m を求めれば
3^{100} の最高位の数字が求められる よね。 ◀ m は 3^{100} の最高位の数字なので！

そこで，
$\underline{\log_{10} m \leq 0.71 < \log_{10}(m+1)}$ ……④' を満たす m をみつけよう。

m は最高位の数字なので 1 or 2 or 3 or 4 or 5 or 6 or 7 or 8 or 9 だよね。

だから，
1～9 の数を④'に代入していけば④'を満たす m が必ずみつけられる
のである。 ◀ m は 1 or 2 or 3 or 4 or 5 or 6 or 7 or 8 or 9 のどれかなので！

④'に $m=1$ を代入する と ◀ 3^{100} の最高位の数字が 1 であるかどうかを調べる！

④' $\Leftrightarrow \log_{10} 1 \leq 0.71 < \log_{10} 2$
 $\Leftrightarrow 0 \leq 0.71 < 0.30$ となり成立しない。 ◀ $\begin{cases} \log_a 1 = 0 \text{ [Point 8 ①]} \\ \log_{10} 2 = 0.3010 \text{ [問題文]} \end{cases}$

よって，
3^{100} の最高位の数字は 1 ではない。

④'に $m=2$ を代入する と ◀ 3^{100} の最高位の数字が 2 かどうかを調べる！

④' $\Leftrightarrow \log_{10} 2 \leq 0.71 < \log_{10} 3$
 $\Leftrightarrow 0.30 \leq 0.71 < 0.47$ となり成立しない。 ◀ $\begin{cases} \log_{10} 2 = 0.3010 \text{ [問題文]} \\ \log_{10} 3 = 0.4771 \text{ [問題文]} \end{cases}$

よって，
3^{100} の最高位の数字は 2 ではない。

④'に $m=3$ を代入する と ◀ 3^{100} の最高位の数字が 3 かどうかを調べる！

④' $\Leftrightarrow \log_{10} 3 \leq 0.71 < \log_{10} 4$ のようになるが，

$\log_{10} 4$ の値は問題文で与えられていないので，ここで
$\log_{10} 4$ を求めよう。

$$\begin{aligned}
\log_{10}4 &= \log_{10}2^2 \quad \blacktriangleleft 4=2^2 \\
&= 2\log_{10}2 \quad \blacktriangleleft \log_{10}2 = 0.3010 \text{[問題文]} \\
&= 2 \times 0.3010 \quad \blacktriangleleft \log_a b^n = n\log_a b \\
&= 0.6020 \text{ より,} \quad \blacktriangleleft \log_{10}4 \text{の値が求められた!}
\end{aligned}$$

$\log_{10}3 \leq 0.71 < \log_{10}4$
$\Leftrightarrow 0.47 \leq 0.71 < 0.60$ となり成立しない。 $\blacktriangleleft \begin{cases} \log_{10}3 = 0.4771 \text{[問題文]} \\ \log_{10}4 = 0.6020 \text{[求めた]} \end{cases}$

よって,
3^{100} の最高位の数字は 3 ではない。

④′に $m=4$ を代入する と $\blacktriangleleft 3^{100}$ の最高位の数字が4かどうかを調べる!

④′ $\Leftrightarrow \log_{10}4 \leq 0.71 < \log_{10}5$ のようになる。

$\log_{10}5$ の値も問題文では与えられていないが,
$\log_{10}5$ は簡単に求められるよね。 $\blacktriangleleft$ Point 2.14 を見よ

$$\begin{aligned}
\log_{10}5 &= \log_{10}\frac{10}{2} \quad \blacktriangleleft 5=\frac{10}{2} \\
&= \log_{10}10 - \log_{10}2 \quad \blacktriangleleft \log_a \frac{A}{B} = \log_a A - \log_a B \\
&= 1 - 0.3010 \quad \blacktriangleleft \log_{10}10 = 1, \log_{10}2 = 0.3010 \text{[問題文]} \\
&= 0.6990 \text{ より,} \quad \blacktriangleleft \log_{10}5 \text{の値が求められた!}
\end{aligned}$$

$\log_{10}4 \leq 0.71 < \log_{10}5$
$\Leftrightarrow 0.60 \leq 0.71 < 0.69$ となり成立しない。 $\blacktriangleleft \begin{cases} \log_{10}4 = 0.6020 \text{[求めた]} \\ \log_{10}5 = 0.6990 \text{[求めた]} \end{cases}$

よって,
3^{100} の最高位の数字は 4 ではない。

④'に $m=5$ を代入する と ◀ 3^{100} の最高位の数字が5かどうかを調べる！

④' $\Leftrightarrow \log_{10}5 \leqq 0.71 < \log_{10}6$ のようになるが，

$\log_{10}6$ の値も問題文では与えられていないので，ここで $\log_{10}6$ を求めよう。

$\log_{10}6 = \log_{10}2\cdot3$ ◀ $6=2\cdot3$
$\phantom{\log_{10}6} = \log_{10}2 + \log_{10}3$ ◀ $\log_a AB = \log_a A + \log_a B$
$\phantom{\log_{10}6} = 0.3010 + 0.4771$ ◀ $\log_{10}2=0.3010, \log_{10}3=0.4771$
$\phantom{\log_{10}6} = 0.7781$ より， ◀ $\log_{10}6$ の値が求められた！

$\log_{10}5 \leqq 0.71 < \log_{10}6$
$\Leftrightarrow 0.69 \leqq 0.71 < 0.77$ となり成立する。 ◀ $\begin{cases} \log_{10}5 = 0.6990 \text{[求めた]} \\ \log_{10}6 = 0.7781 \text{[求めた]} \end{cases}$

よって，
3^{100} の最高位の数字は 5 であることが分かった！

(注)
　ここでは分かりやすくするために $m=1$ から $m=5$ までをすべて調べたが，要は④'を満たす m を1つだけみつければいいので不適な $m=1$ から $m=4$ の場合は 答案にいちいち書く必要はない！

つまり，
実際の（記述式の）入試では，計算用紙 or 頭の中で計算して
④'を満たす m を1つみつけて，それを次の [解答] のように書けばよい。

[解答]

(2) $m \times 10^{n-1} \leq x < (m+1) \times 10^{n-1}$ ◀ Point 4.3

$\Leftrightarrow \log_{10}(m \times 10^{n-1}) \leq \log_{10} x < \log_{10}\{(m+1) \times 10^{n-1}\}$ ◀ 全体にlogをとった

$\Leftrightarrow \log_{10} m + \log_{10} 10^{n-1} \leq \log_{10} x < \log_{10}(m+1) + \log_{10} 10^{n-1}$ ◀ Point 2.11

$\Leftrightarrow \log_{10} m + (n-1)\log_{10} 10 \leq \log_{10} x < \log_{10}(m+1) + (n-1)\log_{10} 10$ ◀ Point 2.7

$\Leftrightarrow \log_{10} m + n - 1 \leq \log_{10} x < \log_{10}(m+1) + n - 1$ ◀ $\log_{10} 10 = 1$

$\Leftrightarrow \underline{\log_{10} m \leq \log_{10} x - n + 1 < \log_{10}(m+1)}$ ……② ◀ 全体からn-1を引いた

②に $x = 3^{100}$ と(1)の $n = 48$ を代入する と, ◀ (1)より 3^{100} は48桁である

$\log_{10} m \leq \log_{10} 3^{100} - 48 + 1 < \log_{10}(m+1)$

$\Leftrightarrow \log_{10} m \leq 47.71 - 47 < \log_{10}(m+1)$ ◀ $\log_{10} 3^{100} = 100 \cdot \boxed{\log_{10} 3}$
↖ 0.4771

$\Leftrightarrow \underline{\log_{10} m \leq 0.71 < \log_{10}(m+1)}$ ……③ が得られる。

ここで,

$\begin{cases} \log_{10} 5 = \log_{10} \dfrac{10}{2} = \log_{10} 10 - \log_{10} 2 = 1 - 0.3010 = \underline{0.6990} \\ \log_{10} 6 = \log_{10} 2 \cdot 3 = \log_{10} 2 + \log_{10} 3 = 0.3010 + 0.4771 = \underline{0.7781} \end{cases}$ ◀ Point 2.14

を考え,

③に $m = 5$ を代入する と, ◀ [考え方]の《注》を見よ

③ $\Leftrightarrow \log_{10} 5 \leq 0.71 < \log_{10} 6$

$\Leftrightarrow \underline{0.69 \leq 0.71 < 0.77}$ となり成立する。

よって,

3^{100} の最高位の数字は **5** である。 ◀ 3^{100} の最高位の数字は m である

練習問題 23

$\log_{10} 2 = 0.3010$, $\log_{10} 3 = 0.4771$ のとき,

15^{100} は ☐ 桁の整数であり, 最高位の数字は ☐ である。

例題27

小数第 n 位に初めて 0 でない数字が現れる正の数 x は $10^{\square} \leqq x < 10^{\square}$ を満たしている。
ただし，n は自然数とする。　　　　　　　　　　　［例題28の準備問題］

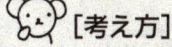

[考え方]

これもいきなり一般論ではよく分からないので，まず **Point 4.1** に従って実験してみよう。

$n=1$ のとき

小数第1位に初めて 0 でない数字が現れる正の数の最小値は
　$0.10000000000\cdots$ で，
小数第1位に初めて 0 でない数字が現れる正の数の最大値は
　$0.99999999999\cdots$ なので，
小数第1位に初めて 0 でない数字が現れる正の数 x は
　$0.1 \leqq x < 1.0$　　◀ $0.10000\cdots \leqq x < 1.0000\cdots$
⇔　$10^{-1} \leqq x < 10^{0}$ を満たしている。　◀ $10^{-n} \leqq x < 10^{-n+1}$ の形！

$n=2$ のとき

小数第2位に初めて 0 でない数字が現れる正の数の最小値は
　$0.01000000000\cdots$ で，
小数第2位に初めて 0 でない数字が現れる正の数の最大値は
　$0.09999999999\cdots$ なので，
小数第2位に初めて 0 でない数字が現れる正の数 x は
　$0.01 \leqq x < 0.1$　　◀ $0.01000\cdots \leqq x < 0.10000\cdots$
⇔　$10^{-2} \leqq x < 10^{-1}$ を満たしている。　◀ $10^{-n} \leqq x < 10^{-n+1}$ の形！

これらの例から
小数第 n 位に初めて 0 でない数字が現れる正の数 x は
$10^{-n} \leqq x < 10^{-n+1}$ を満たしてることが分かるよね。

[解答]
$10^{-n} \leq x < 10^{-n+1}$

この問題の結果も重要なので，必ずすぐに書けるようにしておこう！
[▶ 上のように考えればすぐに導けるので，覚えるのではなく
考え方を理解して すぐに導けるようにしておこう！]

Point 4.4 〈小数第 n 位に初めて 0 でない数字が現れる条件〉

小数第 n 位に初めて 0 でない数字が現れる正の数 x は

$10^{-n} \leq x < 10^{-n+1}$ を満たしている。

ただし，n は自然数とする。

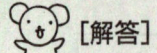

例題 27 を踏まえて，次の 例題 28 をやってみよう。

例題 28

$\left(\dfrac{2}{3}\right)^{20}$ を小数で表すと，小数第 □ 位に初めて 0 でない数字が現れる。ただし，$\log_{10}2 = 0.3010$，$\log_{10}3 = 0.4771$ とする。

[考え方]

$\left(\dfrac{2}{3}\right)^{20}$ が小数第 n 位に初めて 0 でない数字が現れるとすると

$10^{-n} \leq \left(\dfrac{2}{3}\right)^{20} < 10^{-n+1}$ ……① がいえる。 ◀ Point 4.4

①は指数の入った関係式なので全体に log をとる と ◀ Point 2.13

$$\log_{10}10^{-n} \leqq \log_{10}\left(\frac{2}{3}\right)^{20} < \log_{10}10^{-n+1}$$ ◀ 問題文の条件が使えるように底を10にした！

$\Leftrightarrow -n \cdot \log_{10}10 \leqq 20 \cdot \log_{10}\left(\frac{2}{3}\right) < (-n+1) \cdot \log_{10}10$ ◀ $\log_a b^m = m\log_a b$

$\Leftrightarrow -n \leqq 20(\log_{10}2 - \log_{10}3) < -n+1$ ◀ $\log_{10}10=1$, $\log_a \frac{A}{B} = \log_a A - \log_a B$

$\Leftrightarrow -n \leqq 20(0.3010 - 0.4771) < -n+1$ ◀ $\log_{10}2 = 0.3010$ と $\log_{10}3 = 0.4771$ を代入した

$\Leftrightarrow -n \leqq 20(-0.1761) < -n+1$ ◀ $0.3010 - 0.4771 = -0.1761$

$\Leftrightarrow -n \leqq -3.522 < -n+1$ …… ①′ が得られる。 ◀ 展開した

①′ を満たす自然数 n は 4 だよね。 ◀ $-4 \leqq -3.522 < -3$

よって，
$\left(\frac{2}{3}\right)^{20}$ は小数第 4 位に初めて 0 でない数字が現れる。

[解答]

$\left(\frac{2}{3}\right)^{20}$ が小数第 n 位に初めて 0 でない数字が現れるとすると

$10^{-n} \leqq \left(\frac{2}{3}\right)^{20} < 10^{-n+1}$ ◀ Point 4.4

$\Leftrightarrow \log_{10}10^{-n} \leqq \log_{10}\left(\frac{2}{3}\right)^{20} < \log_{10}10^{-n+1}$ ◀ 全体に log をとった [Point 2.13]

$\Leftrightarrow -n \leqq 20(\log_{10}2 - \log_{10}3) < -n+1$ ◀ [考え方] 参照

$\Leftrightarrow -n \leqq 20(0.3010 - 0.4771) < -n+1$ ◀ $\log_{10}2 = 0.3010$ と $\log_{10}3 = 0.4771$ を代入した

$\Leftrightarrow -n \leqq -3.522 < -n+1$ ◀ これを満たす自然数 n は 4 である！

よって，
$\left(\frac{2}{3}\right)^{20}$ は小数第 4 位に初めて 0 でない数字が現れる。

練習問題 24

$(0.5)^{15}$ を小数で表すと，小数第 □ 位に初めて 0 でない数字が現れる。ただし，$\log_{10}2 = 0.3010$，$\log_{10}3 = 0.4771$ とする。

例題 29

(1) 2^{101} の一の位の数字は □ である。
(2) 3^{1002} の一の位の数字は □ である。　　　　　　　　　　　　［慶大―医］

[全体の方針について]

まず，

2^{101} や 3^{1002} なんて試験時間内ではとても求められるようなものではないので 2^{101} や 3^{1002} の一の位の数字なんてよく分からないよね。

しかも a^n の一の位の数字に関する公式というのは存在しないんだよ。

だけど 実は，a^n の一の位の数字については規則性があるんだよ。
だからこのタイプの問題は
実験して規則性を見つけるだけで終わってしまうんだよ。

そこで，**Point 4.1** を踏まえて次の **Point** が得られる。

Point 4.5　〈a^n の一の位の数字の求め方〉

　　a^n の一の位の数字を求める場合は 実験して求めよ！

▶ a^n の下2桁の数字を求める場合でも同じように考えればよい。
　（練習問題 25 参照）

[考え方]

(1) 2^n の一の位の数字について考える。

$n=1$ のとき ◀ 2^1
　　2 → 一の位は 2
$n=2$ のとき ◀ 2^2
　　4 → 一の位は 4
$n=3$ のとき ◀ 2^3
　　8 → 一の位は 8
$n=4$ のとき ◀ 2^4
　　16 → 一の位は 6
$n=5$ のとき ◀ 2^5
　　32 → 一の位は 2　◀ $n=1$ のときの 2 が出てきた！
$n=6$ のとき ◀ 2^6
　　64 → 一の位は 4　◀ $n=2$ のときの 4 が出てきた！
$n=7$ のとき ◀ 2^7
　　128 → 一の位は 8　◀ $n=3$ のときの 8 が出てきた！
$n=8$ のとき ◀ 2^8
　　256 → 一の位は 6　◀ $n=4$ のときの 6 が出てきた！
$n=9$ のとき ◀ 2^9
　　512 → 一の位は 2　◀ また $n=1$ のときの 2 が出てきた！
$n=10$ のとき ◀ 2^{10}
　　1024 → 一の位は 4　◀ また $n=2$ のときの 4 が出てきた！
$n=11$ のとき ◀ 2^{11}
　　2048 → 一の位は 8　◀ また $n=3$ のときの 8 が出てきた！
　　⋮

このように実際に 2^n を書き出してみれば
2^n の一の位には周期性があることが分かるよね。

つまり，

> 2^n の一の位は
> 2, 4, 8, 6, 2, 4, 8, 6, 2, 4, 8, 6, 2, 4, 8, 6, 2, 4, 8, 6,
> 2, 4, 8, 6, 2, 4, 8, 6, 2, 4, 8, 6, 2, ……
> のように 2, 4, 8, 6 を繰り返す

ことが分かるよね。

以上より，

$\boxed{n=4k+1 \text{ のとき}}$ $[k=0, 1, 2, ……]$ ◂ $n=1, 5, 9, …$
　2^n の一の位は $\underset{\sim}{2}$

$\boxed{n=4k+2 \text{ のとき}}$ $[k=0, 1, 2, ……]$ ◂ $n=2, 6, 10, …$
　2^n の一の位は $\underset{\sim}{4}$

$\boxed{n=4k+3 \text{ のとき}}$ $[k=0, 1, 2, ……]$ ◂ $n=3, 7, 11, …$
　2^n の一の位は $\underset{\sim}{8}$

$\boxed{n=4k+4 \text{ のとき}}$ $[k=0, 1, 2, ……]$ ◂ $n=4, 8, 12, …$
　2^n の一の位は $\underset{\sim}{6}$

が分かった！

よって，

$\boxed{101=4\cdot 25+1}$ を考え， ◂ 101を4k+1の形にした！

$2^{101}[=2^{4\cdot 25+1}]$ の一の位の数字は 2 である。

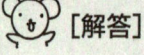

[解答]
(1) $\underset{\sim}{2}$

桁数に関する問題

[参考] $n=1, 5, 9, \cdots\cdots$ を 等差数列の一般項の公式を使って表す と

$n=1, 5, 9, \cdots\cdots$ ◀初項 $a_1=1$, 公差 $d=4$ の等差数列！
$=1+(k-1)4$ ◀$a_k=a_1+(k-1)d$ [$k=1, 2, 3, \cdots\cdots$]
$=\underline{4k-3}$ [$k=1, 2, 3, \cdots\cdots$] のようになり，

同様に

$\begin{cases} n=2, 6, 10, \cdots\cdots & \blacktriangleleft 初項 a_1=2, 公差 d=4 の等差数列！\\ =2+(k-1)4 & \blacktriangleleft a_k=a_1+(k-1)d\ [k=1,2,3,\cdots\cdots] \\ =\underline{4k-2}\ [k=1, 2, 3, \cdots\cdots] & \\ n=3, 7, 11, \cdots\cdots & \blacktriangleleft 初項 a_1=3, 公差 d=4 の等差数列！\\ =3+(k-1)4 & \blacktriangleleft a_k=a_1+(k-1)d\ [k=1,2,3,\cdots\cdots] \\ =\underline{4k-1}\ [k=1, 2, 3, \cdots\cdots] & \\ n=4, 8, 12, \cdots\cdots & \blacktriangleleft 初項 a_1=4, 公差 d=4 の等差数列！\\ =4+(k-1)4 & \blacktriangleleft a_k=a_1+(k-1)d\ [k=1,2,3,\cdots\cdots] \\ =\underline{4k}\ [k=1, 2, 3, \cdots\cdots]\text{ が得られる。} & \end{cases}$

つまり，

$\begin{cases} \boxed{n=4k-3\ \text{のとき}}\ [k=1, 2, 3, \cdots\cdots] \quad \blacktriangleleft n=1, 5, 9, \cdots \\ \quad 2^n\ \text{の一の位は}\ \underline{2} \\ \boxed{n=4k-2\ \text{のとき}}\ [k=1, 2, 3, \cdots\cdots] \quad \blacktriangleleft n=2, 6, 10, \cdots \\ \quad 2^n\ \text{の一の位は}\ \underline{4} \\ \boxed{n=4k-1\ \text{のとき}}\ [k=1, 2, 3, \cdots\cdots] \quad \blacktriangleleft n=3, 7, 11, \cdots \\ \quad 2^n\ \text{の一の位は}\ \underline{8} \\ \boxed{n=4k\ \text{のとき}}\ [k=1, 2, 3, \cdots\cdots] \quad \blacktriangleleft n=4, 8, 12, \cdots \\ \quad 2^n\ \text{の一の位は}\ \underline{6} \end{cases}$

のようにも表すことができるのである。

ちなみに この場合は，
$\boxed{101 = 4 \cdot 26 - 3}$ を考え，◀ 101を4ﾉｰ-3の形にした！
$2^{101}[=2^{4 \cdot 26 - 3}]$ の一の位の数字は **2** であることが分かる。

[考え方]

(2) これも(1)と同様に実験してみよう。

3^n の一の位の数字について考える。

$\boxed{n=1 \text{ のとき}}$ ◀ 3^1
　　3 → 一の位は 3
$\boxed{n=2 \text{ のとき}}$ ◀ 3^2
　　9 → 一の位は 9
$\boxed{n=3 \text{ のとき}}$ ◀ 3^3
　　27 → 一の位は 7
$\boxed{n=4 \text{ のとき}}$ ◀ 3^4
　　81 → 一の位は 1
$\boxed{n=5 \text{ のとき}}$ ◀ 3^5
　　243 → 一の位は 3　◀ n=1のときの3が出てきた！
$\boxed{n=6 \text{ のとき}}$ ◀ 3^6
　　729 → 一の位は 9　◀ n=2のときの9が出てきた！
$\boxed{n=7 \text{ のとき}}$ ◀ 3^7
　　2187 → 一の位は 7　◀ n=3のときの7が出てきた！
$\boxed{n=8 \text{ のとき}}$ ◀ 3^8
　　6561 → 一の位は 1　◀ n=4のときの1が出てきた！

桁数に関する問題　143

$\boxed{n=9 \text{ のとき}}$ ◀ 3^9
19683 ➡ 一の位は 3　◀ また $n=1$ のときの 3 が出てきた！

$\boxed{n=10 \text{ のとき}}$ ◀ 3^{10}
59049 ➡ 一の位は 9　◀ また $n=2$ のときの 9 が出てきた！
⋮

このように

3^n の一の位は
3, 9, 7, 1, 3, 9, 7, 1, 3, 9, 7, 1, 3, 9, 7, 1, 3, 9, 7, 1,
3, …のように 3, 9, 7, 1 を繰り返す　ことが分かるよね。

以上より，

$\boxed{n=4k+1 \text{ のとき}}$ [$k=0, 1, 2, \cdots\cdots$]　◀ $n=1, 5, 9, \cdots$
　3^n の一の位は 3

$\boxed{n=4k+2 \text{ のとき}}$ [$k=0, 1, 2, \cdots\cdots$]　◀ $n=2, 6, 10, \cdots$
　3^n の一の位は 9

$\boxed{n=4k+3 \text{ のとき}}$ [$k=0, 1, 2, \cdots\cdots$]　◀ $n=3, 7, 11, \cdots$
　3^n の一の位は 7

$\boxed{n=4k+4 \text{ のとき}}$ [$k=0, 1, 2, \cdots\cdots$]　◀ $n=4, 8, 12, \cdots$
　3^n の一の位は 1

が分かった！

よって，
$\boxed{1002=4\cdot 250+2}$ を考え，◀ 1002 を $4k+2$ の形にした！
$3^{1002}[=3^{4\cdot 250+2}]$ の一の位の数字は 9 である。

[解答]
(2)　9

練習問題 25

76^{258} の下2桁の数は □ である。

▶この問題は 記述式でも出題され得るので,
二次 or 私大で数学が必要になる人は
答えだけでなく,答えの理由についても述べよ。

練習問題 26

$\log_{10}2 = 0.3010$, $\log_{10}3 = 0.4771$, $\log_{10}7 = 0.8451$ のとき
ある整数 x に対して 7^x が 15桁の整数となるとき,
7^x の一の位の数字は □ で,
7^x の最高位の数字は □ である。　　　　　　　　　　　　［東京理科大］

▶今までのまとめの問題である。

ここで,次の 練習問題 27 の準備として, 補題 をやっておこう。

補題

正の数 a, b, c, d が
$\begin{cases} a < xy < b & \cdots\cdots ① \\ c < x < d & \cdots\cdots ② \end{cases}$ を満たすとき,
y は a, b, c, d を用いて
□ $< y <$ □ と書ける。

▶この 補題 と 練習問題 27 はやや難しいので,自信のない人はとりあえず
とばしてもいいです。
実力がついたな,と思ったら挑戦してみて下さい。

桁数に関する問題 145

[考え方]

y の範囲を求めたいので，とりあえず，
$a < xy < b$ ……① を y について解こう。

まず，c は正の数なので
$c < x < d$ ……② から ◀ $0 < c < x$
x も正の数であることが分かるよね。

そこで，①を $x\,[>0]$ で割る と ◀ y について解くために！

① $\Leftrightarrow \dfrac{a}{x} < y < \dfrac{b}{x}$ ◀ 正の数で割ったので不等号の向きは変わらない

$\Leftrightarrow a \cdot \dfrac{1}{x} < y < b \cdot \dfrac{1}{x}$ ……①′ が得られる。

次に，
$c < x < d$ ……② から $\dfrac{1}{x}$ の範囲を求めよう。 ◀ ①′から $\dfrac{1}{x}$ が出てきたので！

$c < x < d$ ……② $\Leftrightarrow \begin{cases} c < x & \cdots\cdots ③ \\ x < d & \cdots\cdots ④ \end{cases}$ ◀ 考えやすくするために②を2つにわけた

$\Leftrightarrow \begin{cases} \dfrac{1}{x} < \dfrac{1}{c} & \cdots\cdots ③' \\ \dfrac{1}{d} < \dfrac{1}{x} & \cdots\cdots ④' \end{cases}$
◀ ③の両辺を $cx\,[>0]$ で割って $\dfrac{1}{x}$ の範囲を求めた
◀ ④の両辺を $dx\,[>0]$ で割って $\dfrac{1}{x}$ の範囲を求めた

①′に③′と④′を代入する と ◀ $\dfrac{1}{x}$ を消去して y だけの式にする！

$a \cdot \dfrac{1}{d} < a \cdot \dfrac{1}{x} < y < b \cdot \dfrac{1}{x} < b \cdot \dfrac{1}{c}$ ◀ $a \cdot \dfrac{1}{x} < y < b \cdot \dfrac{1}{x}$ ……①′

◀ ④′に $a\,[>0]$ を掛けると ◀ ③′に $b\,[>0]$ を掛けると
$a \cdot \dfrac{1}{d} < a \cdot \dfrac{1}{x}$ $b \cdot \dfrac{1}{x} < b \cdot \dfrac{1}{c}$

よって，
$\dfrac{a}{d} < \dfrac{a}{x} < y < \dfrac{b}{x} < \dfrac{b}{c}$ から ◀ $a \cdot \dfrac{1}{d} < a \cdot \dfrac{1}{x} < y < b \cdot \dfrac{1}{x} < b \cdot \dfrac{1}{c}$

$\dfrac{a}{d} < y < \dfrac{b}{c}$ が得られた。 ◀ yの範囲が求められた！

[解答]
$a < xy < b$ ……①
$\Leftrightarrow a \cdot \dfrac{1}{x} < y < b \cdot \dfrac{1}{x}$ ……①′ ◀ x [>0] で割って y について解いた

$c < x < d$ ……②
$\Leftrightarrow \begin{cases} \dfrac{1}{x} < \dfrac{1}{c} & \cdots\cdots ③ \\ \dfrac{1}{d} < \dfrac{1}{x} & \cdots\cdots ④ \end{cases}$
◀ $c < x$ を cx [>0] で割って $\dfrac{1}{x}$ について解いた
◀ $x < d$ を dx [>0] で割って $\dfrac{1}{x}$ について解いた

①′に③と④を代入する と ◀ $\dfrac{1}{x}$ を消去して y の範囲を a, b, c, d だけで表す

$a \cdot \dfrac{1}{d} < a \cdot \dfrac{1}{x} < y < b \cdot \dfrac{1}{x} < b \cdot \dfrac{1}{c}$
　　↑④より　　　　　↑③より

$\Leftrightarrow \dfrac{a}{d} < \dfrac{a}{x} < y < \dfrac{b}{x} < \dfrac{b}{c}$ ◀ $A \cdot \dfrac{1}{B} = \dfrac{A}{B}$

∴ $\dfrac{a}{d} < y < \dfrac{b}{c}$ が得られる。 ◀ yの範囲が求められた！

この 補題 を踏まえて次の 練習問題 27 をやってみよう。

練習問題 27

a, b を正の整数とする。a^2 が 7 桁，ab^3 が 20 桁の数のとき a, b はそれぞれ何桁の数になるか。　　　　　　　　　[福岡大]

One Point Lesson
〜平方完成について〜

ここでは，数学がものすごく苦手な人のために「平方完成」のやり方について解説することにします。

― 問題 1 ―
　　x^2+2x+3 を平方完成せよ。

[考え方]

まず，

　「x^2+2x+3 を平方完成せよ」ということは
　「x^2+2x+3 を $(x+A)^2+B$ の形にせよ」ということ　である。

そこで，x^2+2x+3 を $(x+A)^2+B$ の形に変形してみよう。

まず，

　$(x+1)^2$ を展開すると x^2+2x が出てくる　◀ $(x+1)^2 = x^2+2x+1$

ことを考え，
x^2+2x を
$x^2+2x=(x+1)^2-1$　◀ $(x+1)^2 = x^2+2x+1$ ➡ $x^2+2x = (x+1)^2-1$
と変形してみよう。　◀ x^2+2x から $(x+A)^2$ の形がつくれた！

すると，
$x^2+2x+3=(x+1)^2-1+3$　◀ $x^2+2x=(x+1)^2-1$ の両辺に 3 を加えた
　　　　　$=(x+1)^2+2$ のように

x^2+2x+3 を $(x+A)^2+B$ の形にすることができた！

[解答]

$x^2+2x+3 = (x+1)^2-1+3$
$\qquad\quad\; = (x+1)^2+2$

◀ $(x+1)^2$を展開すると x^2+2x+1 となり x^2+2x だけでなく不要な $+1$ も出てくるので, $x^2+2x=(x+1)^2-1$
(「x^2+2x は $(x+1)^2$ から 1 を引いたもの」)
であることが分かる!

─ 問題2 ─

$2x^2+5x+3$ を平方完成せよ。

[考え方]

まず,

「$2x^2+5x+3$ を平方完成せよ」ということは
「$2x^2+5x+3$ を $2(x+A)^2+B$ の形にせよ」ということ である。

そこで, $2x^2+5x+3$ を $2(x+A)^2+B$ の形に変形してみよう。

まず,

$2x^2+5x$ を x^2 の係数の 2 でくくる と

$2x^2+5x = 2\left(x^2+\dfrac{5}{2}x\right)$ となる。

◀ 定数部分の $+3$ は後でまとめて考える

$\left(x+\dfrac{5}{4}\right)^2$ を展開すると $x^2+\dfrac{5}{2}x$ が出てくる

◀ $\left(x+\dfrac{5}{4}\right)^2 = x^2+2\cdot\dfrac{5}{4}x+\left(\dfrac{5}{4}\right)^2$
$\qquad\qquad\;\; = x^2+\dfrac{5}{2}x+\left(\dfrac{5}{4}\right)^2$

ことを考え,

$x^2+\dfrac{5}{2}x$ を

$x^2+\dfrac{5}{2}x = \left(x+\dfrac{5}{4}\right)^2-\left(\dfrac{5}{4}\right)^2$

◀ $\left(x+\dfrac{5}{4}\right)^2 = x^2+\dfrac{5}{2}x+\left(\dfrac{5}{4}\right)^2 \Rightarrow x^2+\dfrac{5}{2}x=\left(x+\dfrac{5}{4}\right)^2-\left(\dfrac{5}{4}\right)^2$

と変形してみよう。 ◀ $x^2+\dfrac{5}{2}x$ から $(x+A)^2$ の形がつくれた!

~平方完成について~ 149

すると，

$2\left(x^2+\dfrac{5}{2}x\right)+3 = 2\left\{\left(x+\dfrac{5}{4}\right)^2-\left(\dfrac{5}{4}\right)^2\right\}+3$ ◀ $x^2+\dfrac{5}{2}x=\left(x+\dfrac{5}{4}\right)^2-\left(\dfrac{5}{4}\right)^2$

$\phantom{2\left(x^2+\dfrac{5}{2}x\right)+3} = 2\left(x+\dfrac{5}{4}\right)^2-2\left(\dfrac{5}{4}\right)^2+3$ ◀ 展開した

$\phantom{2\left(x^2+\dfrac{5}{2}x\right)+3} = 2\left(x+\dfrac{5}{4}\right)^2-\dfrac{25}{8}+3$ ◀ $-2\left(\dfrac{5}{4}\right)^2+3=-2\cdot\dfrac{25}{16}+3=-\dfrac{25}{8}+3$

$\phantom{2\left(x^2+\dfrac{5}{2}x\right)+3} = 2\left(x+\dfrac{5}{4}\right)^2-\dfrac{1}{8}$ のように ◀ $-\dfrac{25}{8}+3=-\dfrac{25}{8}+\dfrac{24}{8}=-\dfrac{1}{8}$

$2\left(x^2+\dfrac{5}{2}x\right)+3$ を $2(x+A)^2+B$ の形にすることができた！

[解答]

$2x^2+5x+3 = 2\left(x^2+\dfrac{5}{2}x\right)+3$ ◀ $2x^2+5x$ を2でくくった

$ = 2\left\{\left(x+\dfrac{5}{4}\right)^2-\left(\dfrac{5}{4}\right)^2\right\}+3$ ◀ $\left(x+\dfrac{5}{4}\right)^2$ を展開すると $x^2+\dfrac{5}{2}x+\left(\dfrac{5}{4}\right)^2$ となり

$ = 2\left(x+\dfrac{5}{4}\right)^2-2\cdot\dfrac{25}{16}+3$ $x^2+\dfrac{5}{2}x$ だけでなく不要な $+\left(\dfrac{5}{4}\right)^2$ も出てくるので，

$ = 2\left(x+\dfrac{5}{4}\right)^2-\dfrac{1}{8}$ // $x^2+\dfrac{5}{2}x=\left(x+\dfrac{5}{4}\right)^2-\left(\dfrac{5}{4}\right)^2$

（「$x^2+\dfrac{5}{2}x$ は $\left(x+\dfrac{5}{4}\right)^2$ から $\left(\dfrac{5}{4}\right)^2$ を引いたもの」）
であることがわかる！

─ 問題3 ─
ax^2+bx+c $[a\neq 0]$ を平方完成せよ。

[考え方]

まず，

「ax^2+bx+c を平方完成せよ」ということは
「ax^2+bx+c を $a(x+A)^2+B$ の形にせよ」ということ である。

そこで，ax^2+bx+c を $a(x+A)^2+B$ の形に変形してみよう。

まず，

$\boxed{ax^2+bx \text{ を } x^2 \text{の係数の } a \text{ でくくる}}$ と ◀ 定数部分の $+c$ は後でまとめて考える

$ax^2+bx = a\left(x^2+\dfrac{b}{a}x\right)$ となる。

$\boxed{\left(x+\dfrac{b}{2a}\right)^2 \text{ を展開すると } x^2+\dfrac{b}{a}x \text{ が出てくる}}$ ◀ $\left(x+\dfrac{b}{2a}\right)^2 = x^2+2\cdot\dfrac{b}{2a}x+\left(\dfrac{b}{2a}\right)^2$
$= x^2+\dfrac{b}{a}x+\left(\dfrac{b}{2a}\right)^2$

ことを考え，$x^2+\dfrac{b}{a}x$ を

$x^2+\dfrac{b}{a}x = \left(x+\dfrac{b}{2a}\right)^2 - \left(\dfrac{b}{2a}\right)^2$ ◀ $\left(x+\dfrac{b}{2a}\right)^2 = x^2+\dfrac{b}{a}x+\left(\dfrac{b}{2a}\right)^2 \Rightarrow x^2+\dfrac{b}{a}x = \left(x+\dfrac{b}{2a}\right)^2 - \left(\dfrac{b}{2a}\right)^2$

と変形してみよう。 ◀ $x^2+\dfrac{b}{a}x$ から $(x+A)^2$ の形がつくれた！

すると，

$a\left(x^2+\dfrac{b}{a}x\right)+c = a\left\{\left(x+\dfrac{b}{2a}\right)^2 - \left(\dfrac{b}{2a}\right)^2\right\}+c$ ◀ $x^2+\dfrac{b}{a}x = \left(x+\dfrac{b}{2a}\right)^2 - \left(\dfrac{b}{2a}\right)^2$

$\qquad = a\left(x+\dfrac{b}{2a}\right)^2 - a\left(\dfrac{b}{2a}\right)^2 + c$ ◀ 展開した

$\qquad = a\left(x+\dfrac{b}{2a}\right)^2 - \dfrac{b^2}{4a} + c$ のように ◀ $-a\left(\dfrac{b}{2a}\right)^2+c = -a\cdot\dfrac{b^2}{4a^2}+c = -\dfrac{b^2}{4a}+c$

$a\left(x^2+\dfrac{b}{a}x\right)+c$ を $a(x+A)^2+B$ の形にすることができた！

[解答]

$ax^2+bx+c = a\left(x^2+\dfrac{b}{a}x\right)+c$ ◀ ax^2+bx を a でくくった

$\qquad = a\left\{\left(x+\dfrac{b}{2a}\right)^2 - \left(\dfrac{b}{2a}\right)^2\right\}+c$ ◀ $\left(x+\dfrac{b}{2a}\right)^2$ を展開すると $x^2+\dfrac{b}{a}x+\left(\dfrac{b}{2a}\right)^2$ となり

$\qquad = a\left(x+\dfrac{b}{2a}\right)^2 - a\cdot\dfrac{b^2}{4a^2}+c$ $x^2+\dfrac{b}{a}x$ だけでなく不要な $\left(\dfrac{b}{2a}\right)^2$ を出てくるので，

$\qquad = a\left(x+\dfrac{b}{2a}\right)^2 - \dfrac{b^2}{4a}+c$ $x^2+\dfrac{b}{a}x = \left(x+\dfrac{b}{2a}\right)^2 - \left(\dfrac{b}{2a}\right)^2$

$\left(\text{「} x^2+\dfrac{b}{a}x \text{ は }\left(x+\dfrac{b}{2a}\right)^2 \text{ から }\left(\dfrac{b}{2a}\right)^2 \text{ を引いたもの」}\right)$

であることが分かる！

～平方完成について～

以上をまとめると次のようになる。

Point 1 〈平方完成のやり方〉

$ax^2+bx+c\ [a\neq 0]$ の平方完成のやり方

STEP1

ax^2+bx を x^2 の係数の a でくくる！

▶ $ax^2+bx = a\left(x^2+\dfrac{b}{a}x\right)$

STEP2

$x^2+\dfrac{b}{a}x$ から $(x+A)^2$ の形をつくる！

▶ $\left(x+\dfrac{b}{2a}\right)^2$ を展開すると ◀ $\left(x+\dfrac{b}{2a}\right)^2 = x^2+2\cdot\dfrac{b}{2a}x+\left(\dfrac{b}{2a}\right)^2 = x^2+\dfrac{b}{a}x+\left(\dfrac{b}{2a}\right)^2$

$x^2+\dfrac{b}{a}x+\left(\dfrac{b}{2a}\right)^2$ のように ◀ $x^2+\dfrac{b}{a}x$ が出てきた！

$x^2+\dfrac{b}{a}x$ と 不要な $+\left(\dfrac{b}{2a}\right)^2$ が出てくるので，

「$x^2+\dfrac{b}{a}x$ は $\left(x+\dfrac{b}{2a}\right)^2$ から $\left(\dfrac{b}{2a}\right)^2$ を引いたもの」

であることが分かる。

よって，

$x^2+\dfrac{b}{a}x = \left(x+\dfrac{b}{2a}\right)^2 - \left(\dfrac{b}{2a}\right)^2$ ◀ $x^2+\dfrac{b}{a}x$ から $(x+A)^2$ の形がつくれた！

STEP3

Step 1 と Step 2 の結果を使って
ax^2+bx+c を $a(x+A)^2+B$ の形にする！

▶ $ax^2 + bx + c = a\left(x^2 + \dfrac{b}{a}x\right) + c$　◀ **Step 1**

$\qquad = a\left\{\left(x + \dfrac{b}{2a}\right)^2 - \left(\dfrac{b}{2a}\right)^2\right\} + c$　◀ **Step 2**

$\qquad = a\left(x + \dfrac{b}{2a}\right)^2 - a\left(\dfrac{b}{2a}\right)^2 + c$　◀ 展開した

$\qquad = \underline{a\left(x + \dfrac{b}{2a}\right)^2 - \dfrac{b^2}{4a} + c}$　◀ $a\left(\dfrac{b}{2a}\right)^2 = a \cdot \dfrac{b^2}{4a^2} = \underline{\dfrac{b^2}{4a}}$

One Point Lessonはここまで。またね♪

One Point Lesson
~指数の基本的な公式について~

指数については最低，次の公式だけは覚えておこう！

Point 2 〈指数の基本公式〉

① $a^m \cdot a^n = a^{m+n}$ ② $(a^m)^n = a^{mn}$

① $a^m \cdot a^n = a^{m+n}$ の直感的な意味について

(m と n が自然数の場合について考える)

まず，
a^m は $\underbrace{a \cdot a \cdot a \cdots\cdots a}_{m \text{個}}$ を意味しているよね。

また，
a^n は $\underbrace{a \cdot a \cdots\cdots a}_{n \text{個}}$ を意味しているよね。

よって，
$a^m \cdot a^n$ は $\underbrace{a \cdot a \cdot a \cdots\cdots a}_{m \text{個}} \cdot \underbrace{a \cdot a \cdots\cdots a}_{n \text{個}}$ を意味しているので，

$a^m \cdot a^n$ は $\underbrace{a \cdot a \cdot a \cdots\cdots a \cdot a \cdot a \cdots\cdots a}_{(m+n) \text{個}}$ と同じことだよね。

よって，
$\underbrace{a \cdot a \cdot a \cdots\cdots a \cdot a \cdot a \cdots\cdots a}_{(m+n) \text{個}} = a^{m+n}$ より，

$a^m \cdot a^n = a^{m+n}$ がいえる！

② $(a^m)^n = a^{mn}$ の直感的な意味について

たとえば，$n=3$ の場合について考えてみよう。　◀ $(a^m)^3 = a^{3m}$

$(a^m)^3 = a^m \cdot a^m \cdot a^m$ より，　◀ $A^3 = A \cdot A \cdot A$

$(a^m)^3$ は $\underbrace{a \cdot a \cdots a}_{m 個} \underbrace{a \cdot a \cdots a}_{m 個} \underbrace{a \cdot a \cdots a}_{m 個}$ を意味しているよね。

さらに，

$$\underbrace{a \cdot a \cdots a}_{m 個} \underbrace{a \cdot a \cdots a}_{m 個} \underbrace{a \cdot a \cdots a}_{m 個}$$

$= \underbrace{a \cdot a \cdots a \cdot a \cdot a \cdots a \cdot a \cdot a \cdots a}_{3m 個} = a^{3m}$ より，

$(a^m)^3 = a^{3m}$ がいえる！

以上の指数の意味と **Point 2** を踏まえて，次の問題をやってごらん。
ただし，次の定義は知っておこう。

$\sqrt[n]{}$ の定義

$\sqrt[n]{A} = A^{\frac{1}{n}}, \quad \sqrt{A} = A^{\frac{1}{2}}$

演習問題 1

$a>0$, $b>0$ で，m, n を自然数とするとき，
次の □ に数字を入れよ。

(1) $\dfrac{a^{2n+1}}{a^n} = a^{\square}$

(2) $(a^{-m})^n = \dfrac{1}{a^{\square}}$

(3) $\dfrac{a^{3m} \cdot a^{-n}}{(a^{2m+n})^2} = a^{\square}$

(4) $\dfrac{42 \cdot 4^6}{1024 \cdot 2^{\frac{3}{2}}} = \square \sqrt{2}$

(5) $\sqrt[5]{a} \div \sqrt[15]{a^8} \times \sqrt[15]{a^2} = \dfrac{1}{\sqrt[\square]{a}}$

(6) $\sqrt{a^2 \sqrt{a^3 \sqrt[3]{a^2}}} = a^{\square}$

(7) $\sqrt[3]{24} \times \sqrt[3]{6} \times \sqrt[3]{12} = \square$

(8) $(\sqrt[3]{2} \times 2 \div \sqrt{2^3})^{-3} = 2^{\square}$

(9) $\sqrt[3]{a\sqrt{a}} \times \sqrt[4]{a} \div \sqrt{a\sqrt{a}} = \square$

(10) $(a^{\frac{1}{4}} - b^{-\frac{1}{4}})(a^{\frac{1}{4}} + b^{-\frac{1}{4}})(a^{\frac{1}{2}} + b^{-\frac{1}{2}}) = a^{\square} - b^{\square}$

▶ [解答] は P.184〜P.190

また，次の公式も知っておこう。

> **Point 3** 〈指数の公式〉
> $(-a)^{\frac{1}{m}} = -a^{\frac{1}{m}}$ （ただし，$m = 3, 5, 7, \cdots\cdots$）

▶ **Point 3** の証明について （参考程度に読んでおいて下さい。）

まず，$y = x^m$ ($m = 3, 5, 7, \cdots$) のグラフの概形が次のようになっていることは必ず知っておくこと！

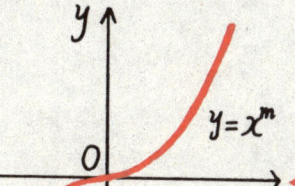

〔(注) $y = x^m$ ($m = 3, 5, 7, \cdots$) の1つの例の $y = x^3$ のグラフが左図のようになっているのは知っているよね？〕

◀ $y = x^m$ のグラフは原点に関して点対称なグラフである！

ここで，
$y = x^m$ と $y = a$ の交点の x 座標を求めてみよう。

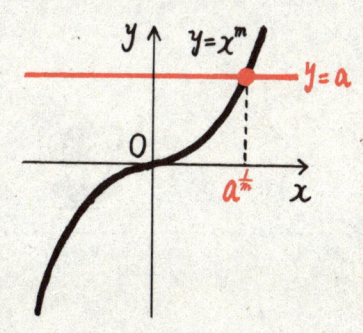

$y = x^m$ と $y = a$ から y を消去する と $x^m = a$ が得られる。

これを x について解くために両辺を $\frac{1}{m}$ 乗する と ◀ $(x^m)^{\frac{1}{m}} = a^{\frac{1}{m}}$

$x = a^{\frac{1}{m}}$ が得られる。 ◀ $y = x^m$ と $y = a$ の交点の x 座標！

同様に、
$y=x^m$ と $y=-a$ の交点の x 座標を求めてみよう。

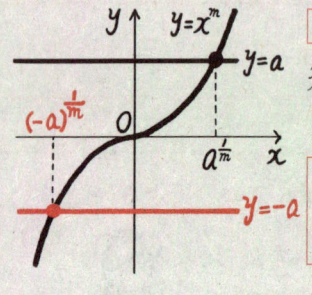

$\boxed{y=x^m \text{ と } y=-a \text{ から } y \text{ を消去する}}$ と
$\underwave{x^m=-a}$ が得られる。

これを
$\boxed{x \text{ について解くために両辺を } \dfrac{1}{m} \text{ 乗する}}$ と ◀ $(x^m)^{\frac{1}{m}}=(-a)^{\frac{1}{m}}$

$\underwave{x=(-a)^{\frac{1}{m}}}$ ……① ◀ $y=x^m$ と $y=-a$ の交点の x 座標!
が得られる。

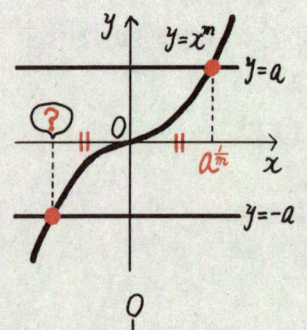

また、
$y=x^m$ と $y=-a$ の交点の x 座標は
グラフから求めることもできるよね。

$\boxed{\text{グラフの対称性}}$ から ◀ 左図を見よ
$y=x^m$ と $y=-a$ の交点の x 座標は
明らかに $\underwave{x=-a^{\frac{1}{m}}}$ ……② ◀ $y=x^m$ と $y=-a$ の交点の x 座標!
だよね。

よって、
①と②は
$\underwave{\text{同じものなので、}}$ ◀ ①と②は共に、$y=x^m$ と $y=-a$ の交点の x 座標を表している!

$(-a)^{\frac{1}{m}}=-a^{\frac{1}{m}}$ (ただし $m=3, 5, 7, \cdots\cdots$) が得られる。

〜指数の基本的な公式について〜

この **Point 3** を踏まえて，次の問題をやってごらん。

演習問題 2

次の ☐ に数字を入れよ。
(1) $\sqrt[3]{-27} = $ ☐
(2) $\sqrt[3]{81} + \sqrt[3]{-3} + \sqrt[3]{-24} = $ ☐
(3) $\sqrt[5]{\sqrt{32}} \times \sqrt{32} \div \sqrt[3]{-8} = $ ☐

▶[解答] は P.191

最後に，指数の常識について解説しておこう。

Point 4 〈a^x の符号について〉

x が実数のとき
$a > 0$ ならば $a^x > 0$ である。

この **Point** は理解できるかい？
イメージがつかめない人のために具体例を挙げて説明することにしよう。

$2^n \ (n=1, 2, \cdots\cdots)$ について

$n=1$ のとき　$2^n = 2$　◀ 2^1
$n=2$ のとき　$2^n = 4$　◀ 2^2
$n=3$ のとき　$2^n = 8$　◀ 2^3
$n=4$ のとき　$2^n = 16$　◀ 2^4

このように

2^n は 2（正の数!）を n 回掛け合わせることを意味している　ので

2^n は常に正の数だよね。

$\left(\frac{1}{2}\right)^n$ $(n=1, 2, \cdots\cdots)$ について

$n=1$ のとき $\left(\frac{1}{2}\right)^n = \frac{1}{2}$ ◀ $\left(\frac{1}{2}\right)^1$

$n=2$ のとき $\left(\frac{1}{2}\right)^n = \frac{1}{4}$ ◀ $\left(\frac{1}{2}\right)^2$

$n=3$ のとき $\left(\frac{1}{2}\right)^n = \frac{1}{8}$ ◀ $\left(\frac{1}{2}\right)^3$

$n=4$ のとき $\left(\frac{1}{2}\right)^n = \frac{1}{16}$ ◀ $\left(\frac{1}{2}\right)^4$

このように

$\left(\frac{1}{2}\right)^n$ は $\frac{1}{2}$（正の数！）を n 回掛け合わせることを意味している ので

$\left(\frac{1}{2}\right)^n$ は常に正の数だよね。 ◀ $\left(\frac{1}{2}\right)^n$ はどんどん小さくなっていくが、$\frac{1}{2}$［正の数］を掛けていくだけなので、絶対に負にはならない！

これらの例からも想像ができると思うが、
一般に $y=a^x$ $[a>0, a \neq 1]$ のグラフは次のようになっている。

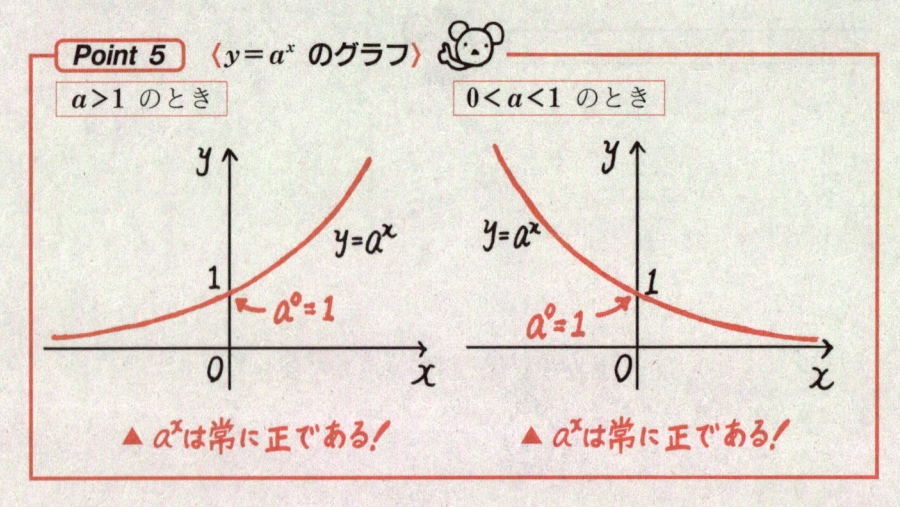

Point 5 〈$y=a^x$ のグラフ〉

$a>1$ のとき

$0<a<1$ のとき

▲ a^x は常に正である！   ▲ a^x は常に正である！

さらに，
Point 5 の 2 つのグラフから 次の公式が得られる。

Point 6　〈a^x に関する大小関係の公式〉

① $a>1$ のとき

　　$m<n$ ならば $a^m<a^n$ である。

② $0<a<1$ のとき

　　$m>n$ ならば $a^m<a^n$ である。

▶ $a>1$ のとき　◀ $y=a^x$ は増加関数である！

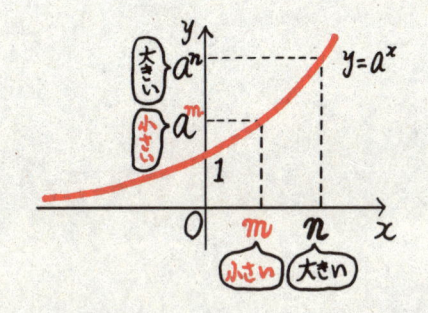

左図を見れば分かるように
$m<n$ ならば
$a^m<a^n$ がいえる。

$0<a<1$ のとき　◀ $y=a^x$ は減少関数である！

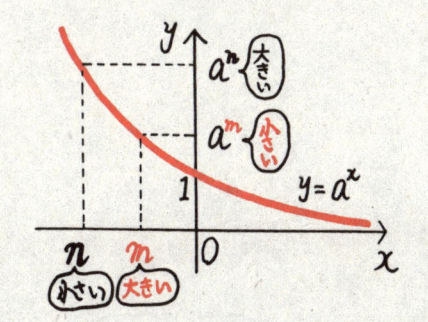

左図を見れば分かるように
$m>n$ ならば
$a^m<a^n$ がいえる。

この **Point 6** を踏まえて次の問題をやってごらん。

演習問題3

(1) $\sqrt{5}$, $\sqrt[3]{25}$, $\sqrt[4]{125}$ を小さい順に並べると，

　　□ < □ < □ となる。

(2) $\sqrt{0.5^3}$, $\sqrt[3]{0.5^4}$, $\sqrt[4]{0.5^5}$ を小さい順に並べると，

　　□ < □ < □ となる。

▶[解答] は P.192〜P.194

One Point Lesson
～対数の基本的な公式について～

対数関数とは？

$y=a^x$ $[a>0, a\neq 1, y>0]$ という指数関数を x について解くことは今までの知識では無理だよね。だけど，指数に関する問題では x について解くことができないと考えにくい問題も多いんだ。

そこで，$\log$ （「ログ」とよむ）という新しい記号を導入して 
$a^x=y$ を x について解くと $x=\log_a y$ になる
と決め，指数 x について解くことができるようにしたんだ。

Point 7 〈log の定義〉

$a>0, a\neq 1, b>0$ のとき，◀ $a>0, a\neq 1$ は $0<a<1, 1<a$ と書き直すこともできる
$a^x=b \Leftrightarrow x=\log_a b$ とし，
$\log_a b$ における a を **底** といい，b を **真数** という。
また，$a>0, a\neq 1, b>0$ より，
底の a は $0<a<1 \text{ or } 1<a$ を満たし，◀ $a>0, a\neq 1 \Leftrightarrow 0<a<1, 1<a$
真数の b は $b>0$ を満たしていなければならない。◀これを「真数条件」という

また，log についての関数の
$y=\log_a f(x)$ のことを **対数関数** というんだ。

この **Point 7** を踏まえて次の **問題4** をやってみよう。

― 問題 4 ―
(1) 『log の定義』(**Point 7**) に基づき, $a^0=1$ を使って $\log_a 1$ の値を求めよ。
(2) 『log の定義』(**Point 7**) に基づき, $a^1=a$ を使って $\log_a a$ の値を求めよ。

[解答]
(1) $a^0=1$ を 0 について解くと $0=\log_a 1$ になる ので, ◀ Point 7 [$x=0, b=1$]

$\underline{\log_a 1 = 0}$

(2) $a^1=a$ を 1 について解くと $1=\log_a a$ になる ので, ◀ Point 7 [$x=1, b=a$]

$\underline{\log_a a = 1}$

[結果]
(1) $\underline{\log_a 1 = 0}$
(2) $\underline{\log_a a = 1}$

この2つの結果は log の計算において頻繁(ひんぱん)に使われるものなので公式として覚えておくこと。

― **Point 8** 〈log の重要公式 I〉 ―
① $\log_a 1 = 0$
② $\log_a a = 1$

また, **Point 7** から次の公式も得られる。

~対数の基本的な公式について~ 163

Point 9 〈log の重要公式Ⅱ〉
① $\log_a AB = \log_a A + \log_a B$
② $\log_a \dfrac{A}{B} = \log_a A - \log_a B$
③ $\log_a b^n = n\log_a b$

Point 9 の証明（参考までに）

① $\log_a AB = \log_a A + \log_a B$ について

$x = \log_a A,\ y = \log_a B$ とおく と

『log の定義』（**Point 7**）より ◀ $x = \log_a b \Rightarrow a^x = b$
$a^x = A,\ a^y = B \cdots\cdots (\ast)$ がいえる。

また、$(\ast)$ から
$a^{x+y} = AB$ が得られるので、 ◀ $a^x \cdot a^y = A \cdot B \Rightarrow a^{x+y} = AB$

『log の定義』（**Point 7**）より ◀ $a^X = b \Rightarrow X = \log_a b$
$x + y = \log_a AB$ がいえる。 ◀ $X = x+y,\ b = AB$ の場合

よって、
$\log_a AB = \log_a A + \log_a B$ ◀ $\log_a AB = x+y = \log_a A + \log_a B$

② $\log_a \dfrac{A}{B} = \log_a A - \log_a B$ について

$a^x = A,\ a^y = B \cdots\cdots (\ast)$ から
$a^{x-y} = \dfrac{A}{B}$ が得られるので、 ◀ $a^x \cdot \dfrac{1}{a^y} = A \cdot \dfrac{1}{B} \Rightarrow a^{x-y} = \dfrac{A}{B}$

『log の定義』（**Point 7**）より ◀ $a^X = b \Rightarrow X = \log_a b$
$x - y = \log_a \dfrac{A}{B}$ がいえる。 ◀ $X = x-y,\ b = \dfrac{A}{B}$ の場合

よって、
$\log_a \dfrac{A}{B} = \log_a A - \log_a B$ ◀ $\log_a \dfrac{A}{B} = x-y = \log_a A - \log_a B$

③ $\log_a b^n = n\log_a b$ について

$x = \log_a b$ とおく と，**Point 7** より ◀ $x = \log_a b \Rightarrow a^x = b$

$a^x = b$ がいえるので，両辺を n 乗する ことにより ◀ b^n をつくる！

$a^{nx} = b^n$ が得られる。 ◀ $(a^x)^n = a^{nx}$

さらに，**Point 7** より， ◀ $a^X = B \Rightarrow X = \log_a B$

$a^{nx} = b^n$ から

$nx = \log_a b^n$ がいえる。 ◀ $X = nx, B = b^n$ の場合

よって，$x = \log_a b$ より

$\log_a b^n = n\log_a b$ が得られた。 ◀ $\log_a b^n = nx = n\log_a b$

さて，ここで，次の **問題5** を解くことにより
実際に **Point 8** と **Point 9** を使って log の計算をしてみよう。

── 問題5 ───────────────────

$\log_{10} 2 = x$，$\log_{10} 3 = y$ とおくとき，
(1) $\log_{10} 12$ を x と y を用いて表せ。
(2) $\log_{10} \sqrt{0.3}$ を y を用いて表せ。

[考え方]

(1) まず，$\log_{10} 12$ の形のままだとよく分からないので，
Point 9 ① ($\log_a AB = \log_a A + \log_a B$) が使えるようにするために
$12 = 2^2 \cdot 3$ を考え， ◀ 12を素因数分解した！

$\log_{10} 12 = \log_{10}(2^2 \cdot 3)$ ◀ $\log_{10} AB$ の形になったので 変形できる！
$\phantom{\log_{10} 12} = \log_{10} 2^2 + \log_{10} 3$ ◀ $\log_{10} AB = \log_{10} A + \log_{10} B$ [Point9①]
$\phantom{\log_{10} 12} = 2\log_{10} 2 + \log_{10} 3$ ◀ $\log_a b^2 = 2\log_a b$ [Point9③]
$\phantom{\log_{10} 12} = 2x + y$ ◀ $\log_{10} 2 = x$ と $\log_{10} 3 = y$ を代入した

(2) まず，$\log_{10}\sqrt{0.3}$ の形のままだとよく分からないので，
Point 9 ③ ($\log_a b^n = n\log_a b$) が使えるようにするために
$\boxed{\sqrt{0.3} = (0.3)^{\frac{1}{2}}}$ を考え，◀ $\sqrt{A} = A^{\frac{1}{2}}$

$\log_{10}\sqrt{0.3} = \log_{10}(0.3)^{\frac{1}{2}}$ ◀ $\log_a b^n$ の形になったので変形できる！
$\qquad = \frac{1}{2}\log_{10} 0.3$ ……ⓐ ◀ $\log_a b^{\frac{1}{2}} = \frac{1}{2}\log_a b$ [Point 9③]

さらに，$\log_{10} 0.3$ の形のままだとよく分からないので，
Point 9 ② $\left(\log_a \dfrac{A}{B} = \log_a A - \log_a B\right)$ が使えるようにするために
$\boxed{0.3 = \dfrac{3}{10}}$ を考え，◀ $0.3 = 3 \times 0.1 = 3 \times \dfrac{1}{10} = \dfrac{3}{10}$

$\log_{10}\sqrt{0.3} = \dfrac{1}{2}\log_{10} 0.3$ ……ⓐ
$\qquad = \dfrac{1}{2}\log_{10} \dfrac{3}{10}$ ◀ $\log_{10} \dfrac{A}{B}$ の形になった！
$\qquad = \dfrac{1}{2}(\log_{10} 3 - \log_{10} 10)$ ◀ $\log_{10} \dfrac{A}{B} = \log_{10} A - \log_{10} B$ [Point 9②]
$\qquad = \dfrac{1}{2}(y - 1)$ ◀ $\log_{10} 3 = y$ と $\log_{10} 10 = 1$ を代入した

[解答]
(1) $\log_{10} 12 = \log_{10}(2^2 \cdot 3)$ ◀ $\log_{10} AB$ の形に書き直した！
$\qquad = \log_{10} 2^2 + \log_{10} 3$ ◀ $\log_{10} AB = \log_{10} A + \log_{10} B$ [Point 9①]
$\qquad = 2\log_{10} 2 + \log_{10} 3$ ◀ $\log_a b^2 = 2\log_a b$ [Point 9③]
$\qquad = 2x + y$ ◀ $\log_{10} 2 = x$ と $\log_{10} 3 = y$ を代入した

(2) $\log_{10}\sqrt{0.3} = \log_{10}(0.3)^{\frac{1}{2}}$ ◀ $\log_a b^n$ の形に書き直した！
$\qquad = \dfrac{1}{2}\log_{10} 0.3$ ◀ $\log_a b^{\frac{1}{2}} = \dfrac{1}{2}\log_a b$ [Point 9③]
$\qquad = \dfrac{1}{2}\log_{10} \dfrac{3}{10}$ ◀ $\log_{10} \dfrac{A}{B}$ の形に書き直した！
$\qquad = \dfrac{1}{2}(\log_{10} 3 - \log_{10} 10)$ ◀ $\log_{10} \dfrac{A}{B} = \log_{10} A - \log_{10} B$
$\qquad = \dfrac{1}{2}(y - 1)$ ◀ $\log_{10} 3 = y$ と $\log_{10} 10 = 1$ を代入した

演習問題 4

$\log_{10}2 = x$, $\log_{10}3 = y$ とおくとき,

(1) $\log_{10}0.48$ を x と y を用いて表せ。
(2) $\log_{10}180$ を x と y を用いて表せ。
(3) $\log_{10}\dfrac{9}{\sqrt[3]{36}}$ を x と y を用いて表せ。

▶ [解答] は P.195〜P.197

▶ $\log_a AB = \log_a A + \log_a B$ (**Point 9** ①) から

$$\boxed{\log_a xyz = \log_a x + \log_a y + \log_a z} \quad \cdots\cdots (*)$$

がいえることは知っておくこと！

[(*)の証明]

$\log_a xyz = \log_a(x \cdot yz)$ ◀ $xyz = x \cdot yz$
$\quad\quad\quad = \log_a x + \log_a yz$ ◀ $A=x, B=yz$ の場合
$\quad\quad\quad = \log_a x + \log_a(y \cdot z)$ ◀ $yz = y \cdot z$
$\quad\quad\quad = \log_a x + \log_a y + \log_a z$ ◀ $A=y, B=z$ の場合

〜対数の基本的な公式について〜

問題 6

$\log_{10}2 = x$, $\log_{10}3 = y$ とおくとき，
$\log_3 8$ を x と y を用いて表せ。

[考え方]

まず，今までのように
$8 = 2^3$ を考え，$\log_3 8$ を変形してみると
$\log_3 8 = \log_3 2^3$　◀ $8=2^3$
　　　　$= 3\log_3 2$　のようになる。　◀ $\log_a b^n = n\log_a b$

だけど，この問題では
$\log_3 8$ (底が 3) を $\log_{10}2$ (底が 10) と $\log_{10}3$ (底が 10) を使って
表さなければならないのだが，

今までのように **Point 8** と **Point 9** を使って変形しても
$\log_3 8 = 3\log_3 2$ のようになるだけで，底は 3 のままで変わらないよね。

つまり，この問題は
$\log_3 8$ の底を 10 に変えることができなければ 解くことができない
ので，今までの公式だけでは 簡単に解くことができないんだ。

そこで，次の「底の変換公式」が必要になる。

Point 10　〈底の変換公式〉

$$\log_a b = \frac{\log_c b}{\log_c a}$$

◀ c は (1以外の正の数ならば) なんでもよい！

Point 10 を使って $\log_3 8$ の底を 10 にすると
$\log_3 8 = \dfrac{\log_{10} 8}{\log_{10} 3}$ のようになる ので， ◀ $a=3, b=8, c=10$ の場合

$\log_3 8 = \dfrac{\log_{10} 8}{\log_{10} 3}$

$= \dfrac{\log_{10} 2^3}{\log_{10} 3}$ ◀ $8 = 2^3$

$= \dfrac{3\log_{10} 2}{\log_{10} 3}$ ◀ $\log_a b^3 = 3\log_a b$

$= \dfrac{3x}{y}$ ◀ $\log_{10} 2 = x$ と $\log_{10} 3 = y$ を代入した

[解答]

$\log_3 8 = \dfrac{\log_{10} 8}{\log_{10} 3}$ ◀ 底を10に変換した！[Point 10]

$= \dfrac{\log_{10} 2^3}{\log_{10} 3}$ ◀ $8 = 2^3$

$= \dfrac{3\log_{10} 2}{\log_{10} 3}$ ◀ $\log_a b^3 = 3\log_a b$

$= \dfrac{3x}{y}$ ◀ $\log_{10} 2 = x$ と $\log_{10} 3 = y$ を代入した

演習問題 5

$\log_{10} 2 = x$，$\log_{10} 3 = y$ とおくとき，
$\log_6 72$ を x と y を用いて表せ。

▶[解答] は P.197

演習問題 6

a，b，c がそれぞれ 1 と異なる正の数であるとき，
$\log_a b \log_b c \log_c a$ の値を求めよ。

▶[解答] は P.198

One Point Lesson は ここまで。またね♪

One Point Lesson
〜組立除法と因数分解について〜

ここでは，数学がものすごく苦手な人のために
「3次方程式の解き方」と「組立除法」について解説することにします。

問題7

$x^3+2x^2-15x+14=0$ を解け。

[考え方]

まず，「3次方程式の解き方」を確認しておこう。

Point 11　〈3次方程式の解き方〉

Step 1　3次方程式の解を1つみつける。

Step 2　組立除法を使って，
　　　　　3次方程式を（1次式）・（2次式）=0 の形にする。

まず，**Step 1** について考えよう。

$x^3+2x^2-15x+14=0$ の解を1つみつけるために
$x^3+2x^2-15x+14=0$ に **$x=0$，±1，±2，……** のように
（絶対値が）**小さい整数から順に**代入してみよう。

$x^3+2x^2-15x+14=0$ に $x=0$ を代入すると，$14=0$ となり成立しない。
$x^3+2x^2-15x+14=0$ に $x=1$ を代入すると，$2=0$ となり成立しない。
$x^3+2x^2-15x+14=0$ に $x=-1$ を代入すると，$30=0$ となり成立しない。
$x^3+2x^2-15x+14=0$ に $x=2$ を代入すると，$0=0$ となり成立する。

よって，
$x=2$ が $x^3+2x^2-15x+14=0$ の解の1つである！

あとは **Step 2** に従って「組立除法」を使えば終わりである。
えっ,「組立除法」って何かって？
それではここで「組立除法」について解説しておこう。

| Intro | ～組立除法はどんな場合に必要になるのか～ |

まず,
$ax^3+bx^2+cx+d=0$ の1つの解が $x=\alpha$ だとしよう。

すると,
$a\alpha^3+b\alpha^2+c\alpha+d=0$ ……① がいえる。

また,
$ax^3+bx^2+cx+d=0$ の1つの解が $x=\alpha$ ならば
$ax^3+bx^2+cx+d=(x-\alpha)\cdot$ 2次式 ……(*) と書けるけれど,
2次式 が分からないよね。

そこで,
2次式 を求めるために,次の「組立除法」が必要になる！

▶実際に ax^3+bx^2+cx+d を $x-\alpha$ で割っても
　2次式 が求められるのだが,
　次のように 組立除法を使うのが一番はやい！

組立除法のやり方

以下の **Act 1〜Act 9** のように計算していくと、簡単に3次式を(1次式)・(2次式)の形に因数分解できる！

Act 1

$ax^3+bx^2+cx+d=0$ の1つの解 α

- a：x^3の係数
- b：x^2の係数
- c：xの係数
- d：定数項

◀ 係数と1つの解を左図のように並べる

▶ $x^3+2x^2-15x+14=0$ の場合

$x^3+2x^2-15x+14=0$ の1つの解

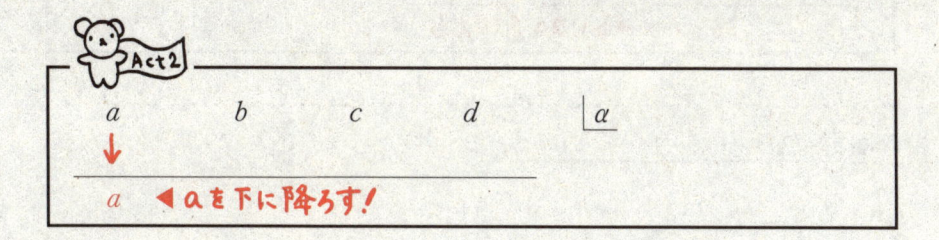

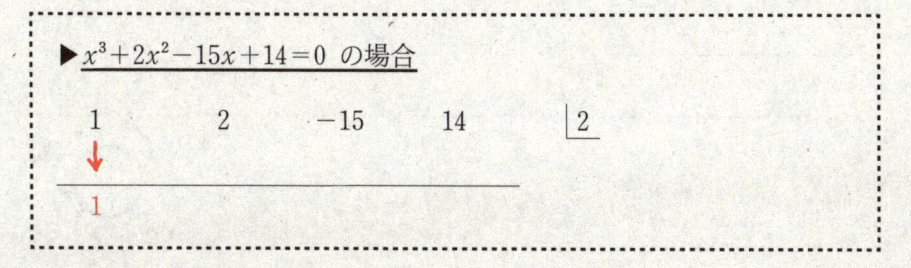

| 1 | 2 | -15 | 14 | $\lfloor 2$ |

- 1：x^3の係数
- 2：x^2の係数
- -15：xの係数
- 14：定数項

Act 2

a	b	c	d	$\lfloor \alpha$
$\downarrow$				
a				

◀ aを下に降ろす！

▶ $x^3+2x^2-15x+14=0$ の場合

1	2	-15	14	$\lfloor 2$
$\downarrow$				
1				

Act 3

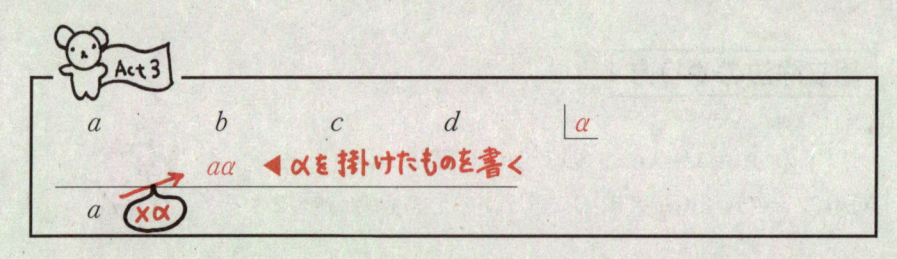

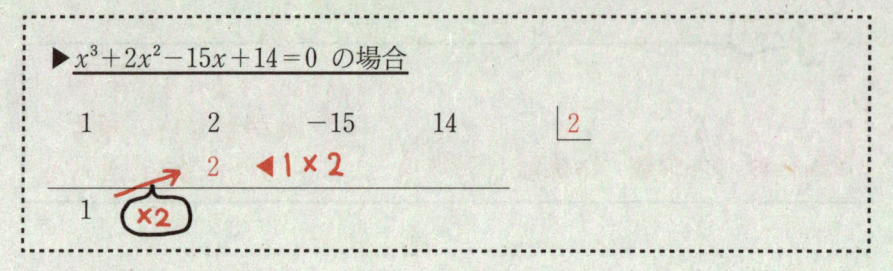

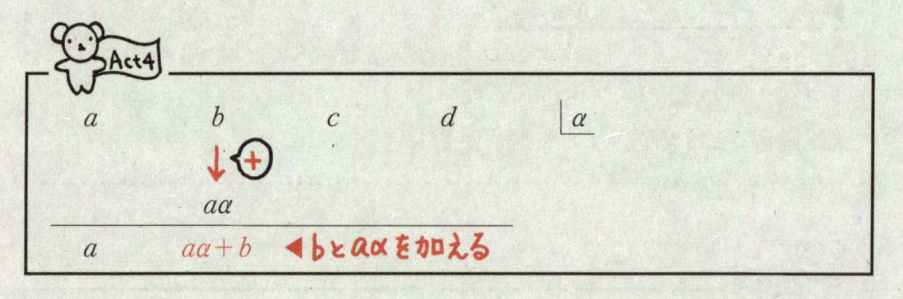

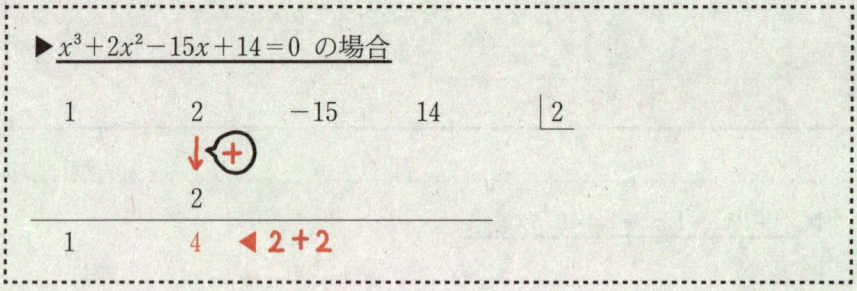

	a	b	c	d	$\underline{|\,\alpha}$
		$a\alpha$	◀ αを掛けたものを書く		
	a ×α ↗				

▶ $x^3 + 2x^2 - 15x + 14 = 0$ の場合

	1	2	-15	14	$\underline{|\,2}$
		2	◀ 1×2		
	1 ×2 ↗				

Act 4

	a	b	c	d	$\underline{|\,\alpha}$
		↓⊕			
		$a\alpha$			
	a	$a\alpha + b$	◀ bとaαを加える		

▶ $x^3 + 2x^2 - 15x + 14 = 0$ の場合

	1	2	-15	14	$\underline{|\,2}$
		↓⊕			
		2			
	1	4	◀ 2+2		

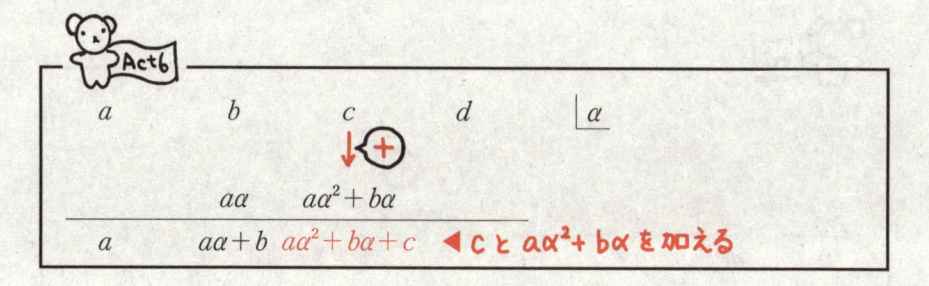

~組立除法と因数分解について~ 173

Act 5

a	b	c	d	$\lfloor \alpha$
	$a\alpha$	$a\alpha^2+b\alpha$		◀ αを掛けたものを書く
a	$a\alpha+b$			

×α

▶ $x^3+2x^2-15x+14=0$ の場合

1	2	-15	14	$\lfloor 2$
	2	8		◀ 4×2
1	4			

×2

Act 6

a	b	c	d	$\lfloor \alpha$
		↓ ⊕		
	$a\alpha$	$a\alpha^2+b\alpha$		
a	$a\alpha+b$	$a\alpha^2+b\alpha+c$		◀ c と $a\alpha^2+b\alpha$ を加える

▶ $x^3+2x^2-15x+14=0$ の場合

1	2	-15	14	$\lfloor 2$
		↓ ⊕		
	2	8		
1	4	-7		◀ $-15+8$

Act 7

a	b	c	d	$\lfloor \alpha$
	$a\alpha$	$a\alpha^2 + b\alpha$	$a\alpha^3 + b\alpha^2 + c\alpha$	◀ αを掛けたものを書く
a	$a\alpha + b$	$a\alpha^2 + b\alpha + c$	×α	

▶ $x^3 + 2x^2 - 15x + 14 = 0$ の場合

1	2	-15	14	$\lfloor 2$
	2	8	-14	◀ -7×2
1	4	-7	×2	

Act 8

a	b	c	d	$\lfloor \alpha$
			↓ ⊕	
	$a\alpha$	$a\alpha^2 + b\alpha$	$a\alpha^3 + b\alpha^2 + c\alpha$	
a	$a\alpha + b$	$a\alpha^2 + b\alpha + c$	0	◀ 《注》を見よ！

《注》 d と $a\alpha^3 + b\alpha^2 + c\alpha$ を加えると $a\alpha^3 + b\alpha^2 + c\alpha + d$ になるのだが $a\alpha^3 + b\alpha^2 + c\alpha + d = 0$ …… ① より ◀ P.170を見よ
$a\alpha^3 + b\alpha^2 + c\alpha + d$ は 0 になる！

▶ $x^3 + 2x^2 - 15x + 14 = 0$ の場合

1	2	-15	14	$\lfloor 2$
			↓ ⊕	
	2	8	-14	
1	4	-7	0	◀ $14 + (-14)$

~組立除法と因数分解について~ 175

Act9

	a	b	c	d	$\underline{\lvert\alpha}$
		$a\alpha$	$a\alpha^2+b\alpha$	$a\alpha^3+b\alpha^2+c\alpha$	
	a	$a\alpha+b$	$a\alpha^2+b\alpha+c$	0	

　　x^2の係数　　xの係数　　定数項

上図より，2次式 は
$ax^2+(a\alpha+b)x+(a\alpha^2+b\alpha+c)$ だと分かる！

以上より，
$ax^3+bx^2+cx+d=(x-\alpha)\cdot$ 2次式 ……(＊) を考え，
$ax^3+bx^2+cx+d=(x-\alpha)\{ax^2+(a\alpha+b)x+(a\alpha^2+b\alpha+c)\}$
が得られた！

▶ $x^3+2x^2-15x+14=0$ の場合

	1	2	-15	14	$\underline{\lvert 2}$
		2	8	-14	
	1	4	-7	0	

　　x^2の係数　　xの係数　　定数項

上図より，2次式 は
x^2+4x-7 だと分かる！

以上より，
$x^3+2x^2-15x+14=(x-2)\cdot$ 2次式 を考え，
$x^3+2x^2-15x+14=(x-2)(x^2+4x-7)$
が得られた！

[解答]

```
1   2   -15   14  | 2     ◀ x³+2x²-15x+14=0 の1つの解
        2     8   -14
1   4   -7    0
```

より，

$x^3+2x^2-15x+14=(x-2)(x^2+4x-7)$ がいえるので，

$x^3+2x^2-15x+14=0$
$\Leftrightarrow (x-2)(x^2+4x-7)=0$ がいえる。

$\therefore\ x=2,\ -2\pm\sqrt{11}$ ◀ $ax^2+2bx+c=0$ の解は $x=\dfrac{-b\pm\sqrt{b^2-ac}}{a}$

問題 8

$t^3+3t-6\sqrt{3}=0$ の実数解を求めよ。

[考え方]

まず，$t^3+3t-6\sqrt{3}=0$ は3次方程式なので **Point 11** の **Step 1** について考えよう。

普通は $t^3+3t-6\sqrt{3}=0$ に $t=0,\ \pm 1,\ \pm 2,\ ……$ のように(絶対値が)小さい整数を順に代入していけば方程式の解がみつかるのだが，今回は絶対に解はみつからないよ。なぜかって？

だって，$t^3+3t-6\sqrt{3}$ が0になるためには $t^3+3t=6\sqrt{3}$ にならなければならないよね。

だけど，t^3+3t に $t=0,\ \pm 1,\ \pm 2,\ ……$ のような整数を代入したって $6\sqrt{3}$ になるわけないよね。 ◀ t^3+3t から $\sqrt{3}$ が絶対に出てこないので！

～組立除法と因数分解について～　177

つまり，t^3+3t から $6\sqrt{3}$ が出てくるようにするためには
t に $k\sqrt{3}$ の形の値を代入しなければならないのである！

そこで，とりあえず $\sqrt{3}$ を代入してみよう。　◀ $\sqrt{3}, -\sqrt{3}, 2\sqrt{3}, -2\sqrt{3}, \cdots\cdots$
のように代入していけばよい

$t^3+3t-6\sqrt{3}=0$ に $t=\sqrt{3}$ を代入すると，
　　$(\sqrt{3})^3+3\sqrt{3}-6\sqrt{3}=0$
$\Leftrightarrow 3\sqrt{3}+3\sqrt{3}-6\sqrt{3}=0$
$\Leftrightarrow 0=0$ となり成立する！

よって，$t^3+3t-6\sqrt{3}=0$ の1つの解がみつかったね。

次に，**Step 2** に従って「組立除法」を用いて
$t^3+3t-6\sqrt{3}$ を (1次式)・(2次式) の形に変形しよう。

```
 t³の係数  t²の係数   tの係数   定数項
    ↓       ↓        ↓        ↓
    1       0        3      -6√3    | √3   ◀ t³+3t-6√3=0 の1つの解
                   √3       3       6√3
   ────────────────────────────────
    1      √3        6        0       より，
```

$t^3+3t-6\sqrt{3}=(t-\sqrt{3})(t^2+\sqrt{3}\,t+6)$ が得られた！

[解答]

```
    1       0        3      -6√3    | √3   ◀ t³+3t-6√3=0 の1つの解
                   √3       3       6√3
   ────────────────────────────────
    1      √3        6        0       より，
```

　$t^3+3t-6\sqrt{3}=(t-\sqrt{3})(t^2+\sqrt{3}\,t+6)$ がいえるので，

　$t^3+3t-6\sqrt{3}=0$
$\Leftrightarrow (t-\sqrt{3})(t^2+\sqrt{3}\,t+6)=0$ がいえる。

$\therefore\ t=\sqrt{3}$　◀ $t^2+\sqrt{3}\,t+6=0$ の解は $t=\dfrac{-\sqrt{3}\pm\sqrt{21}\,i}{2}$ のような
虚数なので不適！（問題文より，t は実数だから）

問題9

$x^3-6x^2-6x-7=0$ の実数解を求めよ。

[考え方]

問題7のように $x^3-6x^2-6x-7=0$ に
$x=0$, ±1, ±2, ±3, ±4, ±5 を代入しても成立しないので、たいていの人は解をみつけるのをあきらめてしまうだろう。

しかし、次の **Point 12** を知っていれば、
$x=0$, ±1, ±2, ±3, ±4, ±5, …… を代入していくようなムダな労力はいらない！

Point 12 〈整数係数の方程式の整数解について〉

整数を係数にもつ方程式 $x^n+a_{n-1}x^{n-1}\cdots+a_1x+a_0=0$ $(a_0\neq0)$ が整数を解にもつならば、その整数解は
a_0(定数項)の約数である。

▶この **Point 12** の応用形の証明は入試で出題される(ただし、ちょっと難しい)ものなので、余力のある人は必ず証明までできるようにしておくこと！
(その証明問題は『数と式［整数問題］が本当によくわかる本』で詳しく解説します)

この **Point 12** より、$x^3-6x^2-6x-7=0$ が整数の解をもつならば
$x=1$ or -1 or 7 or -7 しかありえないので、 ◀ -7の約数は $\pm1, \pm7$
この4つだけを調べればよいことが分かる！

$x^3-6x^2-6x-7=0$ に $x=1$ を代入すると、$-18=0$ となり成立しない。
$x^3-6x^2-6x-7=0$ に $x=-1$ を代入すると、$-8=0$ となり成立しない。
$x^3-6x^2-6x-7=0$ に $x=7$ を代入すると、$0=0$ となり成立する。

よって、
$x=7$ が $x^3-6x^2-6x-7=0$ の解の1つである！

~組立除法と因数分解について~ 179

そこで、組立除法を用いて
x^3-6x^2-6x-7 を (1次式)・(2次式) の形に変形しよう。

<u>x^3の係数 x^2の係数 xの係数 定数項</u>

```
  1    −6    −6    −7  | 7    ◀ $x^3-6x^2-6x-7=0$ の1つの解
              7     7     7
  ─────────────────────
  1     1     1     0      より,
```

$x^3-6x^2-6x-7=(x-7)(x^2+x+1)$ が得られた！

[解答]

```
  1    −6    −6    −7  | 7    ◀ $x^3-6x^2-6x-7=0$ の1つの解
              7     7     7
  ─────────────────────
  1     1     1     0      より,
```

$x^3-6x^2-6x-7=(x-7)(x^2+x+1)$ がいえるので,

$x^3-6x^2-6x-7=0$
$\Leftrightarrow (x-7)(x^2+x+1)=0$ がいえる。

∴ $x=7$ ◀ $x^2+x+1=0$ の解は $x=\dfrac{-1\pm\sqrt{3}i}{2}$ のような虚数なので不適！(問題文よりxは実数だから)

[補足] 問題7の $x^3+2x^2-15x+14=0$ の整数解について

14 (定数項) の約数は ±1, ±2, ±7, ±14 なので, Point 12 より $x^3+2x^2-15x+14=0$ が整数解をもつならば, その整数解は
$x=1$ or $x=-1$ or $x=2$ or $x=-2$
or $x=7$ or $x=-7$ or $x=14$ or $x=-14$
のどれかである。

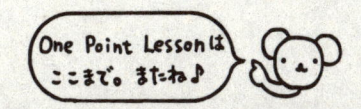

One Point Lesson は ここまで。またね♪

One Point Lesson
〜 $X+\dfrac{1}{X}$ と $X-\dfrac{1}{X}$ のとり得る範囲について 〜

Point 13 〈 $X+\dfrac{1}{X}$ のとり得る範囲について〉

$X>0$ のとき，

$X+\dfrac{1}{X} \geqq 2$ ［等号成立は $X=1$ のとき］

がいえる。

▶ **Point 13** の証明

$X>0$ を考え，相加相乗平均より ◀ Point 2, 3

$X+\dfrac{1}{X} \geqq 2\sqrt{X\cdot\dfrac{1}{X}}$ ◀ $A+B \geqq 2\sqrt{AB}$

$\Leftrightarrow X+\dfrac{1}{X} \geqq 2$ …… ① がいえる。 ◀ $\sqrt{X\cdot\dfrac{1}{X}}=\sqrt{1}=1$

また， 等号が成立するための条件は

$X=\dfrac{1}{X}$ ◀ $A+B \geqq 2\sqrt{AB}$ の等号が成立するための条件は $A=B$

$\Leftrightarrow X^2=1$ ◀ 両辺に $X(\neq 0)$ を掛けて分母を払った

$\therefore X=1$ …… ② ◀ $X>0$ より $X \neq -1$

Point 14 〈$X-\frac{1}{X}$ のとり得る範囲について〉

$X>0$ のとき，
$X-\frac{1}{X}$ は どんな値でもとり得る。

▶ **Point 14 の証明**　◀ "参考程度" に読んでおいて下さい

$y=X\ (X>0)$ と $y=-\frac{1}{X}\ (X>0)$
のグラフは
[図1]，[図2] のようになる。

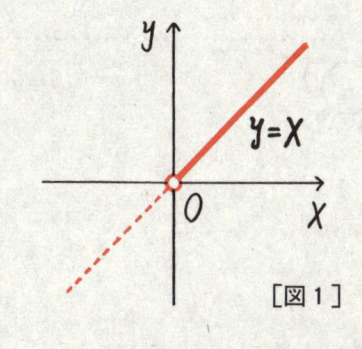

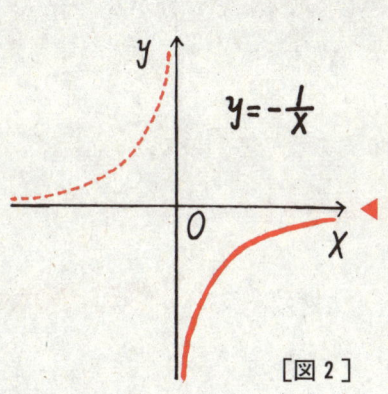

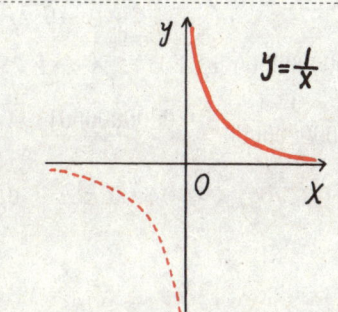

[図1]

[図2]

上の $y=\frac{1}{X}$ のグラフを X 軸に
関してひっくり返しただけ。

$\left[\begin{array}{l}▶y=\frac{1}{X}\text{ のグラフは数Ⅲの}\\ \text{範囲であるが，}\\ \text{知っておいて損はない。}\end{array}\right]$

さらに，
[図1] と [図2] を合成することにより
次の [図3] が得られる。　◀ これは なんとなく分かる
　　　　　　　　　　　　　　程度で十分です

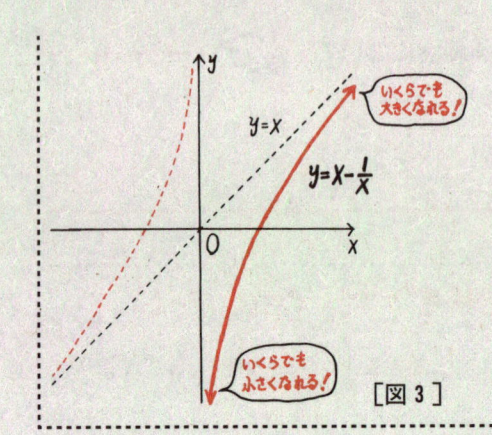

[図3] より,

$$y = X - \frac{1}{X}$$ は
いくらでも大きくなれるし
いくらでも小さくなれる

ことが分かる。
よって,
$X - \dfrac{1}{X}$ はどんな値でもとり得る。

[図3]（グラフ： $y=x$ の漸近線とともに $y=X-\dfrac{1}{X}$ のグラフ。「いくらでも大きくなれる！」「いくらでも小さくなれる！」）

[Point 14 の直感的な意味について]

例えば $X = 10$ のとき $\dfrac{1}{X} = \dfrac{1}{10} = 0.1$ となるが,

$X = 10000000000$ のように X がものすごく大きくなると

$\dfrac{1}{X} = \dfrac{1}{10000000000} = 0.0000000001$ のように

$\dfrac{1}{X}$ はさらに小さくなり, ほとんど0に等しくなることが分かる。

つまり,

X がものすごく大きいときには $\dfrac{1}{X}$ は0とみなせる ので,

X が大きくなればなるほど $X - \dfrac{1}{X}$ （←無視できる）も

いくらでも大きくなっていく ……(＊) ことが分かる。◀[図3]で確認せよ

また,

例えば $X = 0.1$ のとき $-\dfrac{1}{X} = -\dfrac{1}{0.1} = -10$ となるが, ◀分母分子に10を掛けた

$X = 0.0000000001$ のように X が0に近づいていくと

$-\dfrac{1}{X} = -\dfrac{1}{0.0000000001} = -10000000000$ のように ◀分母分子に10000000000を掛けた

$-\dfrac{1}{X}$ はどんどん小さくなっていくことが分かる。

つまり,

X が 0 に近づいていけばいくほど $X-\dfrac{1}{X}$ は

↓無視できる

いくらでも小さくなっていく ……(**) ことが分かる。◀[図3]で確認せよ

よって,(*) と (**) より,

$X-\dfrac{1}{X}$ はどんな値でもとり得ることが分かる。◀[図3]でも確認せよ

[参考] $y=x+\dfrac{1}{x}$ のグラフについて ◀数Ⅲの範囲

$y=x+\dfrac{1}{x}$ は $y=x$ と $y=\dfrac{1}{x}$ を加えたもの だから

[図A] と [図B] を合成することにより [図C] が得られる。

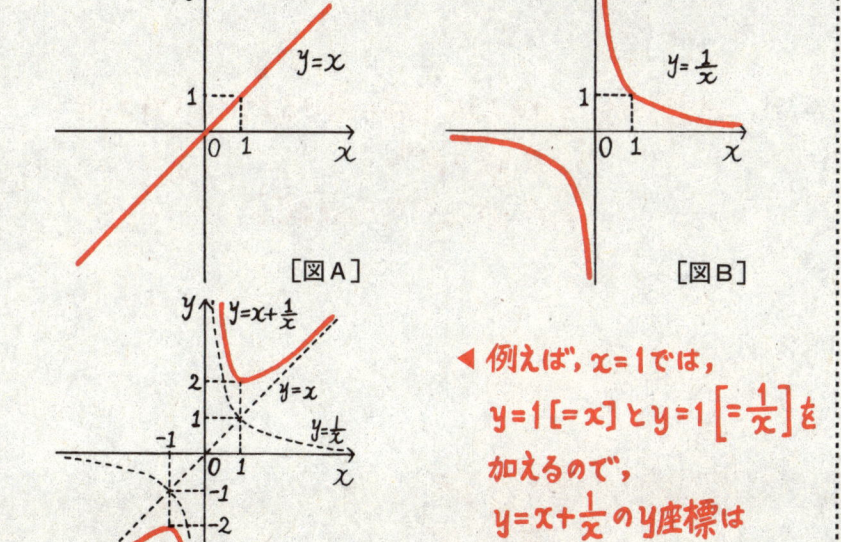

[図A]

[図B]

[図C]

◀例えば, $x=1$ では, $y=1\,[=x]$ と $y=1\,\left[=\dfrac{1}{x}\right]$ を加えるので, $y=x+\dfrac{1}{x}$ の y 座標は 2 になる！

One Point Lesson の演習問題の解答

演習問題 1

🐨 [考え方]

(1) $\dfrac{a^{2n+1}}{a^n} = \dfrac{\overbrace{a\cdot a\cdots\cdots a\cdot a\cdot a\cdots\cdots a\cdot a}^{(2n+1)\text{個}}}{\underbrace{a\cdot a\cdots\cdots a}_{n\text{個}}}$

$= \dfrac{\overbrace{a\cdot a\cdots\cdots a}^{n\text{個}}\cdot\overbrace{a\cdot a\cdots\cdots a\cdot a}^{(n+1)\text{個}}}{\underbrace{a\cdot a\cdots\cdots a}_{n\text{個}}}$ ◀ $2n+1 = n+(n+1)$

$= \dfrac{a\cdot a\cdots\cdots a\cdot \overbrace{a\cdot a\cdots\cdots a\cdot a}^{(n+1)\text{個}}}{a\cdot a\cdots\cdots a}$

$= \overbrace{a\cdot a\cdots\cdots a\cdot a}^{(n+1)\text{個}}$

$= \underline{\underline{a^{n+1}}}$

🐨 [解答] ◀ 最終的には次のように簡単に解けるようにしておこう！

(1) $\dfrac{a^{2n+1}}{a^n} = a^{2n+1} \times a^{-n}$ ◀ $\dfrac{1}{a^n} = a^{-n}$

$= a^{2n+1-n}$ ◀ $a^x \cdot a^y = a^{x+y}$ [Point 2 ①]

$= \underline{\underline{a^{n+1}}}\!/\!/$

🐨 [考え方]

(2) $a^{-m} = \dfrac{1}{a^m}$ より,

$(a^{-m})^n = \left(\dfrac{1}{a^m}\right)^n$ ◀ $a^{-m} = \dfrac{1}{a^m}$

$= \dfrac{1^n}{(a^m)^n}$ ◀ $\left(\dfrac{\alpha}{\beta}\right)^n = \dfrac{\alpha^n}{\beta^n}$

$= \underline{\dfrac{1}{a^{mn}}}$ ◀ $1^n = 1$
◀ Point 2 ②

[解答] ◀次のように解いてもよい

(2) $(a^{-m})^n = a^{-mn}$ ◀ $(a^x)^y = a^{xy}$ [Point 2 ②]
$= \dfrac{1}{a^{mn}}$ ◀ $a^{-x} = \dfrac{1}{a^x}$

[考え方]

(3) $\begin{cases} a^{-n} = \dfrac{1}{a^n} \quad \cdots\cdots ① \\ (a^{2m+n})^2 = a^{(2m+n)2} = a^{4m+2n} \quad \cdots\cdots ② \end{cases}$ を考え， ◀[Point 2 ②]

$\dfrac{a^{3m} \cdot a^{-n}}{(a^{2m+n})^2} = \dfrac{a^{3m}}{(a^{2m+n})^2} \cdot a^{-n}$ ◀ $\dfrac{A \cdot B}{C} = \dfrac{A}{C} \cdot B$

$= \dfrac{a^{3m}}{a^{4m+2n}} \cdot \dfrac{1}{a^n}$ ◀ ①と②を代入した

$= \dfrac{a^{3m}}{a^{4m+3n}}$ ◀ $a^{4m+2n} \cdot a^n = a^{4m+2n+n} = a^{4m+3n}$ [Point 2 ①]

$= \dfrac{\overbrace{a \cdot a \cdots\cdots a}^{3m\,個}}{\underbrace{a \cdot a \cdots\cdots a}_{3m\,個} \cdot \underbrace{a \cdot a \cdots\cdots a}_{(m+3n)\,個}}$ ◀ $4m+3n = 3m+(m+3n)$

$= \dfrac{1}{\underbrace{a \cdot a \cdots\cdots a}_{(m+3n)\,個}}$

$= \dfrac{1}{a^{m+3n}}$

$= a^{-(m+3n)}$ ◀ $\dfrac{1}{a^x} = a^{-x}$

[解答] ◀ 最終的には次のように簡単に解けるようにしておこう！

(3) $\dfrac{a^{3m}\cdot a^{-n}}{(a^{2m+n})^2} = \dfrac{a^{3m}\cdot a^{-n}}{a^{4m+2n}}$ ◀ $(a^x)^y = a^{xy}$ [Point 2②]

$= a^{3m}\cdot a^{-n}\cdot a^{-(4m+2n)}$ ◀ $\dfrac{1}{a^x} = a^{-x}$

$= a^{3m-n-(4m+2n)}$ ◀ $a^x \cdot a^y = a^{x+y}$ [Point 2①]

$= a^{-m-3n}$ ◀ $3m-n-(4m+2n) = \underline{-m-3n}$

$= \underline{\underline{a^{-(m+3n)}}}$ // ◀ $-$ でくくった

[考え方]

(4) $\begin{cases} 42 = 2\cdot 21 = 2\cdot 3\cdot 7 & \blacktriangleleft \text{素因数分解した} \\ 4^6 = (2^2)^6 = 2^{12} & \blacktriangleleft 4 = 2^2 \\ \boxed{1024 = 2^{10}} & \blacktriangleleft \text{これは必ず覚えておくこと！} \\ 2^{\frac{3}{2}} = 2\cdot 2^{\frac{1}{2}} & \blacktriangleleft 2^{\frac{3}{2}} = 2^{1+\frac{1}{2}} = 2^1\cdot 2^{\frac{1}{2}} \end{cases}$

を考え、

$\dfrac{42\cdot 4^6}{1024\cdot 2^{\frac{3}{2}}} = \dfrac{2\cdot 3\cdot 7\cdot 2^{12}}{2^{10}\cdot 2\cdot 2^{\frac{1}{2}}}$

$= \dfrac{3\cdot 7\cdot 2^{13}}{2^{11}\cdot 2^{\frac{1}{2}}}$ ◀ $2\cdot 2^{12} = 2^{13}$
◀ $2^{10}\cdot 2 = 2^{11}$

$= 3\cdot 7\cdot \dfrac{2^{13}}{2^{11}}\cdot \dfrac{1}{\sqrt{2}}$ ◀ $2^{\frac{1}{2}} = \sqrt{2}$

$= 3\cdot 7\cdot 2^2\cdot \dfrac{1}{\sqrt{2}}$ ◀ $\dfrac{2^{13}}{2^{11}} = 2^2$

$= 3\cdot 7\cdot 4\cdot \dfrac{\sqrt{2}}{2}$ ◀ $\dfrac{1}{\sqrt{2}} = \dfrac{1}{\sqrt{2}}\cdot \dfrac{\sqrt{2}}{\sqrt{2}} = \dfrac{\sqrt{2}}{2}$ [有理化]

$= \underline{\underline{42\sqrt{2}}}$

[解答] ◀ 最終的には次のように簡単に解けるようにしておこう！

(4) $\dfrac{42 \cdot 4^6}{1024 \cdot 2^{\frac{3}{2}}} = \dfrac{2 \cdot 3 \cdot 7 \cdot 2^{12}}{2^{10} \cdot 2^{\frac{3}{2}}}$

$= 2 \cdot 3 \cdot 7 \cdot 2^{12} \cdot 2^{-10} \cdot 2^{-\frac{3}{2}}$ ◀ $\dfrac{1}{2^m} = 2^{-n}$

$= 2^{1+12-10-\frac{3}{2}} \cdot 3 \cdot 7$ ◀ $2^a \cdot 2^b \cdot 2^c \cdot 2^d = 2^{a+b+c+d}$

$= 2^{\frac{3}{2}} \cdot 3 \cdot 7$ ◀ $1+12-10-\dfrac{3}{2} = 3-\dfrac{3}{2} = \dfrac{3}{2}$

$= 2\sqrt{2} \cdot 3 \cdot 7$ ◀ $2^{\frac{3}{2}} = 2^{1+\frac{1}{2}} = 2 \cdot 2^{\frac{1}{2}} = 2 \cdot \sqrt{2}$

$= \mathbf{42\sqrt{2}}$

[考え方]

(5) $\sqrt[n]{A}$ のままだと **Point 2** の①の公式 ($a^m \cdot a^n = a^{m+n}$) が使えないので，**Point 2** の①が使えるようにするために $\boxed{\sqrt[n]{A} = A^{\frac{1}{n}}}$ を考え，$\sqrt[n]{A}$ を $A^{\frac{1}{n}}$ と書き直そう！

[解答]

(5) $\sqrt[5]{a} \div \sqrt[15]{a^8} \times \sqrt[15]{a^2}$

$= a^{\frac{1}{5}} \div (a^8)^{\frac{1}{15}} \times (a^2)^{\frac{1}{15}}$ ◀ $\sqrt[n]{A} = A^{\frac{1}{n}}$ [定義！]

$= a^{\frac{1}{5}} \div a^{\frac{8}{15}} \times a^{\frac{2}{15}}$ ◀ $(a^m)^n = a^{mn}$

$= a^{\frac{1}{5}} \times a^{-\frac{8}{15}} \times a^{\frac{2}{15}}$ ◀ $A \div B = A \times \dfrac{1}{B} = A \times B^{-1}$

$= a^{\frac{1}{5} - \frac{8}{15} + \frac{2}{15}}$ ◀ $a^m \times a^n \times a^\ell = a^{m+n+\ell}$

$= a^{-\frac{1}{5}}$ ◀ $\dfrac{1}{5} - \dfrac{8}{15} + \dfrac{2}{15} = \dfrac{1}{5} - \dfrac{6}{15} = \dfrac{1}{5} - \dfrac{2}{5} = -\dfrac{1}{5}$

$= \dfrac{1}{\sqrt[5]{a}}$ ◀ $a^{-\frac{1}{5}} = \dfrac{1}{a^{\frac{1}{5}}} = \dfrac{1}{\sqrt[5]{a}}$

[考え方]

(6) $\sqrt[n]{A}$ という形がたくさんあって 分かりにくいよね。
そこで，(5)と同様に $\sqrt[n]{A} = A^{\frac{1}{n}}$ を使って
1つ1つを見やすくしていこう！

[解答]

(6) $\sqrt{a^2 \sqrt{a^3 \sqrt[3]{a^2}}}$

$= \sqrt{a^2 \sqrt{a^3 (a^2)^{\frac{1}{3}}}}$ ◀ $\sqrt[3]{A} = A^{\frac{1}{3}}$

$= \sqrt{a^2 \sqrt{a^3 \cdot a^{\frac{2}{3}}}}$ ◀ $(a^m)^n = a^{mn}$ [Point 2②]

$= \sqrt{a^2 \sqrt{a^{\frac{11}{3}}}}$ ◀ $a^3 \cdot a^{\frac{2}{3}} = a^{3+\frac{2}{3}} = a^{\frac{11}{3}}$

$= \sqrt{a^2 (a^{\frac{11}{3}})^{\frac{1}{2}}}$ ◀ $\sqrt{A} = A^{\frac{1}{2}}$ [定義！]

$= \sqrt{a^2 \cdot a^{\frac{11}{6}}}$ ◀ $(a^m)^n = a^{mn}$ [Point 2②]

$= \sqrt{a^{\frac{23}{6}}}$ ◀ $a^2 \cdot a^{\frac{11}{6}} = a^{2+\frac{11}{6}} = a^{\frac{23}{6}}$

$= (a^{\frac{23}{6}})^{\frac{1}{2}}$ ◀ $\sqrt{A} = A^{\frac{1}{2}}$

$= a^{\frac{23}{12}}$ ◀ $(a^m)^n = a^{mn}$ [Point 2②]

[解答]

(7) $\sqrt[3]{24} \times \sqrt[3]{6} \times \sqrt[3]{12}$

$= (24)^{\frac{1}{3}} \times (6)^{\frac{1}{3}} \times (12)^{\frac{1}{3}}$ ◀ $\sqrt[3]{A} = A^{\frac{1}{3}}$

[考え方]

$(24)^{\frac{1}{3}} \times (6)^{\frac{1}{3}} \times (12)^{\frac{1}{3}}$ の形のままだとよく分からないので，
24 と 6 と 12 はそれぞれ $2^3 \cdot 3$, $2 \cdot 3$, $2^2 \cdot 3$ と書き直せることを考え，
$(2^3 \cdot 3)^{\frac{1}{3}} \times (2 \cdot 3)^{\frac{1}{3}} \times (2^2 \cdot 3)^{\frac{1}{3}}$ と書き直してみよう。

$= (2^3 \cdot 3)^{\frac{1}{3}} \times (2 \cdot 3)^{\frac{1}{3}} \times (2^2 \cdot 3)^{\frac{1}{3}}$ ◀ $24 = 2^3 \cdot 3,\ 6 = 2 \cdot 3,\ 12 = 2^2 \cdot 3$

$= 2^1 \cdot 3^{\frac{1}{3}} \times 2^{\frac{1}{3}} \cdot 3^{\frac{1}{3}} \times 2^{\frac{2}{3}} \cdot 3^{\frac{1}{3}}$ ◀ $(a \cdot b)^n = a^n \cdot b^n$

$= 2^{1+\frac{1}{3}+\frac{2}{3}} \cdot 3^{\frac{1}{3}+\frac{1}{3}+\frac{1}{3}}$ ◀ $a^m \times a^n \times a^\ell = a^{m+n+\ell}$

$= 2^2 \cdot 3$ ◀ $2^{1+\frac{1}{3}+\frac{2}{3}} = 2^{1+1} = 2^2,\ 3^{\frac{1}{3}+\frac{1}{3}+\frac{1}{3}} = 3^1$

$= \underline{12}$ //

[解答]

(8) $(\sqrt[3]{2} \times 2 \div \sqrt{2^3})^{-3}$

$= \{2^{\frac{1}{3}} \times 2 \div (2^3)^{\frac{1}{2}}\}^{-3}$ ◀ $\sqrt[n]{A} = A^{\frac{1}{n}}$

$= (2^{\frac{1}{3}} \times 2 \div 2^{\frac{3}{2}})^{-3}$ ◀ $(2^a)^b = 2^{ab}$ [Point 2②]

$= (2^{\frac{1}{3}} \times 2 \times 2^{-\frac{3}{2}})^{-3}$ ◀ $A \div B = A \times \frac{1}{B} = A \times B^{-1}$

$= (2^{\frac{1}{3}+1-\frac{3}{2}})^{-3}$ ◀ $2^a \times 2^b \times 2^c = 2^{a+b+c}$

$= (2^{-\frac{1}{6}})^{-3}$ ◀ $\frac{1}{3} + 1 - \frac{3}{2} = \frac{2+6-9}{6} = -\frac{1}{6}$

$= \underline{2^{\frac{1}{2}}}$ // ◀ $(2^a)^b = 2^{ab}$ [Point 2②]

[解答]

(9) $\sqrt[3]{a\sqrt{a}} \times \sqrt[4]{a} \div \sqrt{a\sqrt{a}}$

$= \sqrt[3]{a \cdot a^{\frac{1}{2}}} \times a^{\frac{1}{4}} \div \sqrt{a \cdot a^{\frac{1}{2}}}$ ◀ $\sqrt[n]{A} = A^{\frac{1}{n}}$

$= \sqrt[3]{a^{\frac{3}{2}}} \times a^{\frac{1}{4}} \div \sqrt{a^{\frac{3}{2}}}$ ◀ $a \cdot a^{\frac{1}{2}} = a^{\frac{3}{2}}$

$= (a^{\frac{3}{2}})^{\frac{1}{3}} \times a^{\frac{1}{4}} \div (a^{\frac{3}{2}})^{\frac{1}{2}}$ ◀ $\sqrt[n]{A} = A^{\frac{1}{n}}$

$= a^{\frac{1}{2}} \times a^{\frac{1}{4}} \div a^{\frac{3}{4}}$ ◀ $(a^m)^n = a^{mn}$ [Point 2②]

$= a^{\frac{1}{2}} \times a^{\frac{1}{4}} \times a^{-\frac{3}{4}}$ ◀ $A \div B = A \times \frac{1}{B} = A \times B^{-1}$

$= a^{\frac{1}{2}+\frac{1}{4}-\frac{3}{4}}$ ◀ $a^m \times a^n \times a^\ell = a^{m+n+\ell}$

$= a^0$ ◀ $\frac{1}{2} + \frac{1}{4} - \frac{3}{4} = \frac{1}{2} - \frac{2}{4} = \frac{1}{2} - \frac{1}{2} = \underline{0}$

$= \underline{1}$ //

[解答]

(10) $(a^{\frac{1}{4}}-b^{-\frac{1}{4}})(a^{\frac{1}{4}}+b^{-\frac{1}{4}})(a^{\frac{1}{2}}+b^{-\frac{1}{2}})$

[考え方]

$a^{\frac{1}{4}}=A,\ b^{-\frac{1}{4}}=B$ とおくと

$(a^{\frac{1}{4}}-b^{-\frac{1}{4}})(a^{\frac{1}{4}}+b^{-\frac{1}{4}})$ は $(A-B)(A+B)$ と書けるので

$\boxed{(A-B)(A+B)=A^2-B^2}$ の公式が使える！

$(a^{\frac{1}{4}}-b^{-\frac{1}{4}})(a^{\frac{1}{4}}+b^{-\frac{1}{4}})(a^{\frac{1}{2}}+b^{-\frac{1}{2}})$
$=\{(a^{\frac{1}{4}})^2-(b^{-\frac{1}{4}})^2\}(a^{\frac{1}{2}}+b^{-\frac{1}{2}})$ ◀ $(A-B)(A+B)=A^2-B^2$
$=(a^{\frac{1}{2}}-b^{-\frac{1}{2}})(a^{\frac{1}{2}}+b^{-\frac{1}{2}})$ ◀ $(A^m)^n=A^{mn}$

[考え方]

$a^{\frac{1}{2}}=A,\ b^{-\frac{1}{2}}=B$ とおくと

$(a^{\frac{1}{2}}-b^{-\frac{1}{2}})(a^{\frac{1}{2}}+b^{-\frac{1}{2}})$ は $(A-B)(A+B)$ と書けるので

$\boxed{(A-B)(A+B)=A^2-B^2}$ の公式が使える！

$=(a^{\frac{1}{2}})^2-(b^{-\frac{1}{2}})^2$ ◀ $(A-B)(A+B)=A^2-B^2$
$=\underline{a-b^{-1}}$ ◀ $(A^m)^n=A^{mn}$

演習問題 2

[解答]

(1) $\sqrt[3]{-27} = \boxed{(-27)^{\frac{1}{3}}}$ ◀ $\sqrt[n]{A} = A^{\frac{1}{n}}$
$\phantom{\sqrt[3]{-27}} = \boxed{-(27)^{\frac{1}{3}}}$ ◀ Point 3
$\phantom{\sqrt[3]{-27}} = -(3^3)^{\frac{1}{3}}$ ◀ $27 = 3^3$
$\phantom{\sqrt[3]{-27}} = \underline{\underline{-3}}\!/\!/$ ◀ $(3^a)^b = 3^{ab}$

(2) $\sqrt[3]{81} + \sqrt[3]{-3} + \sqrt[3]{-24}$
$= (81)^{\frac{1}{3}} + (-3)^{\frac{1}{3}} + (-24)^{\frac{1}{3}}$ ◀ $\sqrt[n]{A} = A^{\frac{1}{n}}$
$= (3^4)^{\frac{1}{3}} - 3^{\frac{1}{3}} - (24)^{\frac{1}{3}}$ ◀ $81 = 3^4$, Point 3
$= 3^{\frac{4}{3}} - 3^{\frac{1}{3}} - (2^3 \cdot 3)^{\frac{1}{3}}$ ◀ $(3^a)^b = 3^{ab}$, $24 = 2^3 \cdot 3$
$= 3 \cdot 3^{\frac{1}{3}} - 3^{\frac{1}{3}} - 2 \cdot 3^{\frac{1}{3}}$ ◀ $3^{\frac{4}{3}} = 3^{1+\frac{1}{3}} = 3^1 \cdot 3^{\frac{1}{3}}$, $(a \cdot b)^n = a^n \cdot b^n$
$= \underline{\underline{0}}\!/\!/$ ◀ $3 \cdot 3^{\frac{1}{3}} - 3^{\frac{1}{3}} - 2 \cdot 3^{\frac{1}{3}} = (3-1-2) \cdot 3^{\frac{1}{3}} = 0 \cdot 3^{\frac{1}{3}} = \underline{0}$

(3) $\sqrt[5]{\sqrt{32}} \times \sqrt{32} \div \sqrt[3]{-8}$
$= \sqrt[5]{(32)^{\frac{1}{2}}} \times (32)^{\frac{1}{2}} \div (-8)^{\frac{1}{3}}$ ◀ $\sqrt{A} = A^{\frac{1}{2}}$
$= \sqrt[5]{(2^5)^{\frac{1}{2}}} \times (2^5)^{\frac{1}{2}} \div (-8^{\frac{1}{3}})$ ◀ $32 = 2^5$, $(-8)^{\frac{1}{3}} = -8^{\frac{1}{3}}$ [Point 3]
$= -\sqrt[5]{(2^5)^{\frac{1}{2}}} \times (2^5)^{\frac{1}{2}} \div 8^{\frac{1}{3}}$ ◀ $-8^{\frac{1}{3}} = -1 \cdot 8^{\frac{1}{3}}$
$= -\sqrt[5]{2^{\frac{5}{2}}} \times 2^{\frac{5}{2}} \div (2^3)^{\frac{1}{3}}$ ◀ $(2^m)^n = 2^{mn}$, $8 = 2^3$
$= -(2^{\frac{5}{2}})^{\frac{1}{5}} \times 2^{\frac{5}{2}} \div 2$ ◀ $\sqrt[5]{A} = A^{\frac{1}{5}}$, $(2^m)^n = 2^{mn}$
$= -2^{\frac{1}{2}} \times 2^{\frac{5}{2}} \times 2^{-1}$ ◀ $(2^m)^n = 2^{mn}$, $A \div B = A \times \frac{1}{B} = A \times B^{-1}$
$= -2^{\frac{1}{2} + \frac{5}{2} - 1}$ ◀ $2^a \times 2^b \times 2^c = 2^{a+b+c}$
$= -2^2$ ◀ $\frac{1}{2} + \frac{5}{2} - 1 = 3 - 1 = \underline{\underline{2}}$
$= \underline{\underline{-4}}\!/\!/$

演習問題 3

[考え方]

(1) とりあえず，$\sqrt{5}$, $\sqrt[3]{25}$, $\sqrt[4]{125}$ のままだとよく分からないので，**Point 6** が使えるようにするために，$\boxed{\sqrt[n]{A} = A^{\frac{1}{n}}}$ を考え $\sqrt{5}$, $\sqrt[3]{25}$, $\sqrt[4]{125}$ を $5^{\frac{1}{2}}$, $25^{\frac{1}{3}}$, $125^{\frac{1}{4}}$ と書き直してみよう。

さらに，
$$\begin{cases} 25 = 5^2 \\ 125 = 5^3 \end{cases}$$ を考え， ◀ 25と125は5だけを使って表せる！

$25^{\frac{1}{3}}$ と $125^{\frac{1}{4}}$ は
$$\begin{cases} 25^{\frac{1}{3}} = (5^2)^{\frac{1}{3}} = 5^{\frac{2}{3}} \\ 125^{\frac{1}{4}} = (5^3)^{\frac{1}{4}} = 5^{\frac{3}{4}} \end{cases}$$
◀ $(5^a)^b = 5^{ab}$
◀ $(5^a)^b = 5^{ab}$

と書き直せるので，

$5^{\frac{1}{2}}$, $5^{\frac{2}{3}}$, $5^{\frac{3}{4}}$ の大小関係を調べればよい， ◀ すべてが 5^x の形！
ということが分かった。

$5^{\frac{1}{2}}$, $5^{\frac{2}{3}}$, $5^{\frac{3}{4}}$ の大小関係だったらすぐ分かるよね。

$$\boxed{\begin{cases} \dfrac{1}{2} = \dfrac{6}{12} \\ \dfrac{2}{3} = \dfrac{8}{12} \\ \dfrac{3}{4} = \dfrac{9}{12} \end{cases}}$$ より ◀ 分母をそろえて大小関係が一瞬で分かるようにした！

$\dfrac{1}{2} < \dfrac{2}{3} < \dfrac{3}{4}$ がいえるので，**Point 6** ① を考え

$5^{\frac{1}{2}} < 5^{\frac{2}{3}} < 5^{\frac{3}{4}}$ がいえるよね。 ◀ $m < n$ のとき $5^m < 5^n$

よって，

$\sqrt{5} < \sqrt[3]{25} < \sqrt[4]{125}$ が得られた。 ◀ $5^{\frac{1}{2}} < 5^{\frac{2}{3}} < 5^{\frac{3}{4}}$

(2) とりあえず，$\sqrt{0.5^3}, \sqrt[3]{0.5^4}, \sqrt[4]{0.5^5}$ の形のままだとよく分からないので，**Point 6** が使えるようにするために，$\boxed{\sqrt[n]{A} = A^{\frac{1}{n}}}$ を考え $\sqrt{0.5^3}, \sqrt[3]{0.5^4}, \sqrt[4]{0.5^5}$ を

$$\begin{cases} \sqrt{0.5^3} = (0.5^3)^{\frac{1}{2}} = 0.5^{\frac{3}{2}} & \blacktriangleleft (a^m)^n = a^{mn} \\ \sqrt[3]{0.5^4} = (0.5^4)^{\frac{1}{3}} = 0.5^{\frac{4}{3}} & \blacktriangleleft (a^m)^n = a^{mn} \\ \sqrt[4]{0.5^5} = (0.5^5)^{\frac{1}{4}} = 0.5^{\frac{5}{4}} & \blacktriangleleft (a^m)^n = a^{mn} \end{cases}$$

と書き直そう。

$0.5^{\frac{3}{2}}, \ 0.5^{\frac{4}{3}}, \ 0.5^{\frac{5}{4}}$ の大小関係だったらすぐ分かるよね。 ◀ すべてが 0.5^x の形だから！

$$\boxed{\begin{cases} \dfrac{3}{2} = \dfrac{18}{12} \\ \dfrac{4}{3} = \dfrac{16}{12} \\ \dfrac{5}{4} = \dfrac{15}{12} \end{cases}}$$ より ◀ 分母をそろえて大小関係が一瞬で分かるようにした！

$\dfrac{3}{2} > \dfrac{4}{3} > \dfrac{5}{4}$ がいえるので，**Point 6** ② を考え ◀ $0 < 0.5 < 1$

$0.5^{\frac{3}{2}} < 0.5^{\frac{4}{3}} < 0.5^{\frac{5}{4}}$ がいえるよね。 ◀ $m > n$ のとき $0.5^m < 0.5^n$

よって，

$\sqrt{0.5^3} < \sqrt[3]{0.5^4} < \sqrt[4]{0.5^5}$ が得られた。 ◀ $0.5^{\frac{3}{2}} < 0.5^{\frac{4}{3}} < 0.5^{\frac{5}{4}}$

[解答]

(1) $\begin{cases} \sqrt{5} = 5^{\frac{1}{2}} = 5^{\frac{6}{12}} \\ \sqrt[3]{25} = (25)^{\frac{1}{3}} = (5^2)^{\frac{1}{3}} = 5^{\frac{2}{3}} = 5^{\frac{8}{12}} \\ \sqrt[4]{125} = (125)^{\frac{1}{4}} = (5^3)^{\frac{1}{4}} = 5^{\frac{3}{4}} = 5^{\frac{9}{12}} \end{cases}$

を考え， ◀ [考え方] 参照

$\sqrt{5} < \sqrt[3]{25} < \sqrt[4]{125}$ ◀ **Point 6** ① より

(2) $\begin{cases} \sqrt{0.5^3} = (0.5^3)^{\frac{1}{2}} = 0.5^{\frac{3}{2}} = 0.5^{\frac{18}{12}} \\ \sqrt[3]{0.5^4} = (0.5^4)^{\frac{1}{3}} = 0.5^{\frac{4}{3}} = 0.5^{\frac{16}{12}} \\ \sqrt[4]{0.5^5} = (0.5^5)^{\frac{1}{4}} = 0.5^{\frac{5}{4}} = 0.5^{\frac{15}{12}} \end{cases}$

を考え，　◀ [考え方] 参照

$\sqrt{0.5^3} < \sqrt[3]{0.5^4} < \sqrt[4]{0.5^5}$ //　◀ Point 6 ② より

演習問題 4

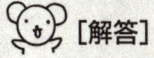

[解答]

(1) $\log_{10} 0.48$

$= \log_{10} \dfrac{48}{100}$ ◀ $0.48 = \dfrac{48}{100}$ を考え, $\log_{10} \dfrac{A}{B}$ の形に書き直した!

$= \log_{10} 48 - \log_{10} 100$ ◀ $\log_a \dfrac{A}{B} = \log_a A - \log_a B$ [Point 9②]

[考え方]

$\boxed{\log_{10} 48 \text{ について}}$

48 を素因数分解すると

$\boxed{48 = 2^4 \cdot 3 \text{ のように 2 と 3 だけで表せる}}$ ので,

$\log_{10} 48 = \log_{10}(2^4 \cdot 3)$ ◀ $48 = 2^4 \cdot 3$

$\phantom{\log_{10} 48} = \log_{10} 2^4 + \log_{10} 3$ ◀ $\log_{10} AB = \log_{10} A + \log_{10} B$

$\phantom{\log_{10} 48} = 4\log_{10} 2 + \log_{10} 3$ のように ◀ $\log_a b^4 = 4\log_a b$

簡単に **$\log_{10} 2$** と **$\log_{10} 3$** だけで表せる。

$\boxed{\log_{10} 100 \text{ について}}$

$\boxed{100 \text{ は } 10^2 \text{ のように底の 10 だけを使って表せる}}$ ので,

$\log_{10} 100 = \log_{10} 10^2$ ◀ $100 = 10^2$

$\phantom{\log_{10} 100} = 2\log_{10} 10$ ◀ $\log_a b^2 = 2\log_a b$

$\phantom{\log_{10} 100} = 2 \cdot 1$ のように ◀ $\log_{10} 10 = 1$

$\log_a a = 1$ (**Point 8** ②) を使って求めることができる。

$= \log_{10}(2^4 \cdot 3) - \log_{10} 10^2$ ◀ $48 = 2^4 \cdot 3, \ 100 = 10^2$

$= \log_{10} 2^4 + \log_{10} 3 - 2\log_{10} 10$ ◀ Point 9 ①, ③

$= 4\log_{10} 2 + \log_{10} 3 - 2 \cdot 1$ ◀ Point 8②, Point 9③

$= \underline{4x + y - 2}$ ◀ $\log_{10} 2 = x$ と $\log_{10} 3 = y$ を代入した

[考え方]

(2) まず，180 を素因数分解すると
$180 = 2^2 \cdot 3^2 \cdot 5$ のように 5 が出てきてしまう。

(1)の [考え方] からも分かるように，この問題では
$\log_{10} 2 [=x]$ と $\log_{10} 3 [=y]$ と $\log_{10} 10 [=1]$ 以外のものが出てきたら困るので， ◀ (注)を見よ

$\boxed{2 \cdot 5 = 10}$ を考え ◀ 5は2を掛けると10になってくれる！

180 を $2 \cdot 3^2 \cdot 10$ と書き直そう。 ◀ $2^2 \cdot 3^2 \cdot 5 = 2 \cdot 3^2 \cdot 10$

[解答]

(2) $\log_{10} 180 = \log_{10}(2 \cdot 3^2 \cdot 10)$ ◀ $180 = 2 \cdot 3^2 \cdot 10$
$= \log_{10} 2 + \log_{10} 3^2 + \log_{10} 10$ ◀ $\log_{10} xyz = \log_{10} x + \log_{10} y + \log_{10} z$
$= \log_{10} 2 + 2\log_{10} 3 + \log_{10} 10$ ◀ $\log_{10} 3^2 = 2\log_{10} 3$
$= x + 2y + 1$ ◀ $\log_{10} 2 = x$ と $\log_{10} 3 = y$ と $\log_{10} 10 = 1$ を代入した

(注)

$180 = 2^2 \cdot 3^2 \cdot 5$ に着目して計算してみると，

$\log_{10} 180 = \log_{10}(2^2 \cdot 3^2 \cdot 5)$
$= \log_{10} 2^2 + \log_{10} 3^2 + \log_{10} 5$ ◀ $\log_{10} xyz = \log_{10} x + \log_{10} y + \log_{10} z$
$= 2\log_{10} 2 + 2\log_{10} 3 + \log_{10} 5$ ◀ $\log_a b^n = n\log_a b$
$= 2x + 2y + \log_{10} 5$ のように ◀ $\log_{10} 2 = x$ と $\log_{10} 3 = y$ を代入した

よく分からない $\log_{10} 5$ が残ってしまう。

▶ 実は $\log_{10} 5$ は **Point 9** (P.163) を使えば求められるのだが，解法として 少しまわりくどくなってしまう。

[解答]

(3) $\log_{10}\dfrac{9}{\sqrt[3]{36}}$ ◀ $\log_{10}\dfrac{A}{B}$ の形！

$= \log_{10}9 - \log_{10}\sqrt[3]{36}$ ◀ $\log_a\dfrac{A}{B} = \log_a A - \log_a B$ [Point 9②]

$= \log_{10}9 - \log_{10}(36)^{\frac{1}{3}}$ ◀ $\sqrt[3]{A} = A^{\frac{1}{3}}$ を使って $\log_a b^n$ の形にした！

$= \log_{10}9 - \dfrac{1}{3}\log_{10}36$ ◀ $\log_a b^{\frac{1}{3}} = \dfrac{1}{3}\log_a b$ [Point 9③]

$= \log_{10}3^2 - \dfrac{1}{3}\log_{10}6^2$ ◀ $9 = 3^2,\ 36 = 6^2$

$= 2\log_{10}3 - \dfrac{2}{3}\log_{10}6$ ◀ $\log_a b^n = n\log_a b$ [Point 9③]

$= 2\log_{10}3 - \dfrac{2}{3}\log_{10}(2\cdot 3)$ ◀ $6 = 2\cdot 3$

$= 2\log_{10}3 - \dfrac{2}{3}(\log_{10}2 + \log_{10}3)$ ◀ $\log_{10}AB = \log_{10}A + \log_{10}B$

$= -\dfrac{2}{3}\log_{10}2 + \dfrac{4}{3}\log_{10}3$ ◀ 展開して整理した

$= \underline{\underline{-\dfrac{2}{3}x + \dfrac{4}{3}y}}$ ◀ $\log_{10}2 = x$ と $\log_{10}3 = y$ を代入した

演習問題 5

[解答]

$\log_6 72 = \dfrac{\log_{10}72}{\log_{10}6}$ ◀ 底を10に変換した！[Point 10]

$= \dfrac{\log_{10}(2^3 \cdot 3^2)}{\log_{10}(2\cdot 3)}$ ◀ $72 = 2^3 \cdot 3^2$ ◀ $6 = 2\cdot 3$

$= \dfrac{\log_{10}2^3 + \log_{10}3^2}{\log_{10}2 + \log_{10}3}$ ◀ $\log_{10}AB = \log_{10}A + \log_{10}B$

$= \dfrac{3\log_{10}2 + 2\log_{10}3}{\log_{10}2 + \log_{10}3}$ ◀ $\log_a b^n = n\log_a b$ [Point 9③]

$= \underline{\underline{\dfrac{3x+2y}{x+y}}}$ ◀ $\log_{10}2 = x$ と $\log_{10}3 = y$ を代入した

演習問題 6

[考え方]

まず，$\log_a b$ と $\log_b c$ と $\log_c a$ は底が1つもそろっていないのでよく分からないよね。

そこで，考えやすくするために，とりあえず Point 10 を使って，底をすべて a にそろえてみよう。

[解答]

$$\begin{cases} \log_b c = \dfrac{\log_a c}{\log_a b} \\ \log_c a = \dfrac{\log_a a}{\log_a c} \end{cases}$$ ◀ 底を a に変換した！[Point 10]

を考え，

$\log_a b \log_b c \log_c a = \log_a b \cdot \dfrac{\log_a c}{\log_a b} \cdot \dfrac{\log_a a}{\log_a c}$ ◀ すべての底が a になった！

$= \log_a a$ ◀ 分母分子の $\log_a b$ と $\log_a c$ を約分した！

$= 1$ ◀ $\log_a a = 1$ [Point 8②]

(注)

底は b にそろえてもいいし，c にそろえてもいい。

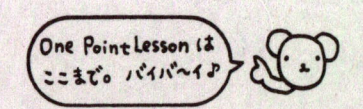

Point 一覧表　〜索引にかえて〜

Point 1.1 〈2次関数の最大・最小問題〉──────(P.2)
2次関数の最大・最小問題では，
平方完成してグラフをかいて考えよ！

Point 1.2 〈文字を消去するときの注意事項〉──────(P.10)
文字を消去するときには必ず，残った文字の範囲について考えよ！

Point 2.1 〈指数関数の問題の原則〉──────(P.24)
指数関数の問題では，共通な指数の変数をみつけ出して
その指数の変数を X とおき 式を見やすくせよ！

Point 2.2 〈文字の置き換えに関する注意事項〉──────(P.26)
文字の置き換えをするときには，必ず
置き換えた文字の範囲について考えよ！

Point 2.3 〈相加相乗平均〉──────(P.37)
$a>0$, $b>0$ のとき，
$a+b \geq 2\sqrt{ab}$ が成立する。
また，等号が成立するのは，$a=b$ のときである。

Point 2.4 〈相加相乗平均の使い方〉──────(P.39)
$A+B$ において，◀AとBは共に正の変数とする
$AB=$定数 になる場合に ◀変数のAと変数のBを掛けると定数になる場合！
相加相乗平均を使え！ ◀$A+B \geq 2\sqrt{AB}$ (定数)のとき，
　　　　　　　　　　　　$A+B$の最小値は $2\sqrt{AB}$ になる！

Point 2.5 〈最大・最小問題の求め方〉 (P.42)

グラフがかける関数の最大・最小問題では，実際にグラフをかいて考えよ！

Point 2.6 〈2次方程式の解と係数の関係〉 (P.48)

2次方程式 $ax^2+bx+c=0$ の2解を $\alpha,\ \beta$ とすると

$$\begin{cases} \alpha+\beta=-\dfrac{b}{a} \\ \alpha\beta=\dfrac{c}{a} \end{cases}$$

がいえる。

Point 2.7 〈log の重要な公式Ⅰ〉 (P.51)

① $\log_a b^n = n\log_a b$
② $\log_a a = 1$

Point 2.8 〈log の重要な公式Ⅱ（log の定義）〉 (P.53)

$\log_a b = c$
$\Leftrightarrow b = a^c$

Point 2.9 〈log の方程式の解き方〉 (P.55)

Step 1
真数条件を考える。

Step 2
底をそろえて，$\log_a A = \log_a B$ の形にする。

▶ $\log_a A = \log_a B$ から $A = B$ がいえる！

Point 2.10 〈底の変換公式〉 (P.55)

$\log_a b = \dfrac{\log_c b}{\log_c a}$ ◀ c は (1 以外の正の数ならば) なんでもよい！

Point 2.11 〈log の重要な公式Ⅲ〉 ——————— (P.56)

① $\log_a AB = \log_a A + \log_a B$

② $\log_a \dfrac{A}{B} = \log_a A - \log_a B$

Point 2.12 〈log の不等式の解き方〉 ——————— (P.60)

Step 1
真数条件を考える。

Step 2
底をそろえて，$\log_a A \leqq \log_a B$ の形にする。

Step 3

(I) $a > 1$ のとき
$\log_a A \leqq \log_a B \ \Rightarrow\ A \leqq B$

(II) $0 < a < 1$ のとき
$\log_a A \leqq \log_a B \ \Rightarrow\ A \geqq B$

Point 2.13 〈指数の入った関係式〉 ——————— (P.65)

指数の入った関係式は 両辺に log をとれ！

Point 2.14 〈$\log_{10} 5$ の式変形について〉 ——————— (P.66)

$5 = \dfrac{10}{2}$ より，

$\log_{10} 5 = \log_{10} \dfrac{10}{2}$

$\qquad = \log_{10} 10 - \log_{10} 2$ ◀ $\log_a \dfrac{A}{B} = \log_a A - \log_a B$

$\qquad = 1 - \log_{10} 2$ ◀ $\log_a a = 1$

Point 2.15 〈$axy+bx+cy$ から積をつくる方法について〉 —— (P. 68)

Step 1

x or y でくくる！

$axy+bx+cy$
$=x(\underline{ay+b})+cy$ ◀ **xでくくった！**

Step 2

cy から $(\underline{ay+b})$ をつくる！

$\dfrac{c}{a}(\underline{ay+b})$ ◀ **(ay+b)のyの係数をcにするために，(ay+b)に$\dfrac{c}{a}$を掛けた！**

$=cy+\dfrac{bc}{a}$ を考え ◀ **展開した**

$cy=\dfrac{c}{a}(\underline{ay+b})-\dfrac{bc}{a}$ が得られる。 ◀ **cyについて解いた**

Step 3

$(\underline{ay+b})$ でくくる！

Step 1 と Step 2 より，

$axy+bx+cy$
$=x(\underline{ay+b})+cy$ ◀ **Step 1**
$=x(\underline{ay+b})+\dfrac{c}{a}(\underline{ay+b})-\dfrac{bc}{a}$ ◀ **Step 2**
$=(\underline{ay+b})\left(x+\dfrac{c}{a}\right)-\dfrac{bc}{a}$ ◀ **(ay+b)でくくった！**

Point 3.1 〈a^n と b^n に関する大小関係の公式〉 —— (P. 90)

正の数 a, b について ◀ **nも正とする**

$a<b$ のとき $\underline{a^n<b^n}$ がいえる。 ◀ **$a<b$の両辺をn乗すると $a^n<b^n$になる！**

また，

$a^n<b^n$ のとき $\underline{a<b}$ がいえる。 ◀ **$a^n<b^n$の両辺を$\dfrac{1}{n}$乗すると $a<b$になる！**

つまり，

$\underline{a^n<b^n} \Leftrightarrow \underline{a<b}$ ◀ **「a^n, b^nとa, bの大小関係は等しい」**

がいえる。

Point 3.2 〈指数に関する大小関係を調べる問題の解法〉 (P.94)

- **Pattern 1**
  a^m, a^n の形に変形することができたら ◀ 例えば, $2^5, 2^8$
  Point 6 (P.159) を使うことにより大小関係を調べる。

▶ **Pattern 1** の a^m, a^n の形に変形することができなかったら次の **Pattern 2** を使う！

- **Pattern 2**
  a^n, b^n の形に変形し, ◀ 例えば, $2^8, 3^8$
  Point 3.1 ◀「a^n, b^n と a, b の大小関係は等しい」
  を使うことにより大小関係を調べる。

Point 3.3 〈log に関する大小関係を調べる問題の解法 I〉(P.98)

- **Step 1**
  log の底をそろえる！

- **Step 2**
  - (I) $a>1$ のとき
    $\log_a A < \log_a B \Rightarrow A < B$ を使う！
  - (II) $0<a<1$ のとき
    $\log_a A < \log_a B \Rightarrow A > B$ を使う！

▶ **Point 2.12** の **Step 3** の [解説] (P.61) を見よ

Point 3.4 〈logに関する大小関係を調べる問題の解法Ⅱ〉 — (P.100)

Step 1

A, B を変形してみて ◀A,Bは大小関係を調べる2つの数

Point 3.3（logに関する大小関係を調べる問題の解法Ⅰ）が使えるのかどうかをCheckする。

[▶つまり，A, B が $\log_a \bigcirc$，$\log_a \square$ の形に変形できるのかをCheckする！]

▶もしも **Point 3.3** が使えるのなら **Point 3.3** を使って解き，**Point 3.3** が使えないのなら，次の **Step 2** を使う。

Step 2

Pattern 1

A, B の範囲を調べることによって A, B の大小関係を調べる。

▶**Pattern 1** を使っても A, B の大小関係が分からなかったら **Pattern 2** を使う。

Pattern 2

$A-B$ の符号を調べることによって A, B の大小関係を調べる。

▶$A-B$ の符号が正になったら $A>B$ がいえ，　◀A-B>0 ➡ A>B
$A-B$ の符号が負になったら $A<B$ がいえる。◀A-B<0 ➡ A<B

Point 4.1 〈一般論の問題の考え方〉 — (P.122)

一般論の問題では，まず（具体的な数を使って）実験をして規則性をつかめ！

Point 4.2 〈桁数に関する公式〉 ——————————— (P.125)

n 桁の自然数 x は $10^{n-1} \leq x < 10^n$ を満たしている。

ただし，n は自然数とする。

Point 4.3 〈最高位の数字に関する不等式について〉 —— (P.129)

n 桁で 最高位の数字が m の自然数 x は

$m \times 10^{n-1} \leq x < (m+1) \times 10^{n-1}$ を満たしている。

ただし，n は自然数で $m = 1, 2, \cdots, 9$ とする。

Point 4.4 〈小数第 n 位に初めて 0 でない数字が現れる条件〉 — (P.136)

小数第 n 位に初めて 0 でない数字が現れる正の数 x は

$10^{-n} \leq x < 10^{-n+1}$ を満たしている。

ただし，n は自然数とする。

Point 4.5 〈a^n の一の位の数字の求め方〉 ——————— (P.138)

a^n の 一の位の数字を求める場合は 実験して求めよ！

Point 1 〈平方完成のやり方〉 ―――――――――――― (P. 151)

ax^2+bx+c $[a \ne 0]$ の平方完成のやり方

Step 1
ax^2+bx を x^2 の係数の a でくくる！

▶ $ax^2+bx = a\left(x^2 + \dfrac{b}{a}x\right)$

Step 2
$x^2 + \dfrac{b}{a}x$ から $(x+A)^2$ の形をつくる！

▶ $\left(x+\dfrac{b}{2a}\right)^2$ を展開すると ◀ $\left(x+\dfrac{b}{2a}\right)^2 = x^2 + 2\cdot\dfrac{b}{2a}x + \left(\dfrac{b}{2a}\right)^2 = x^2 + \dfrac{b}{a}x + \left(\dfrac{b}{2a}\right)^2$

$x^2 + \dfrac{b}{a}x + \left(\dfrac{b}{2a}\right)^2$ のように ◀ $x^2 + \dfrac{b}{a}x$ が出てきた！

$x^2 + \dfrac{b}{a}x$ と不要な $+\left(\dfrac{b}{2a}\right)^2$ が出てくるので，

「$x^2 + \dfrac{b}{a}x$ は $\left(x+\dfrac{b}{2a}\right)^2$ から $\left(\dfrac{b}{2a}\right)^2$ を引いたもの」

であることが分かる。

よって，

$x^2 + \dfrac{b}{a}x = \left(x+\dfrac{b}{2a}\right)^2 - \left(\dfrac{b}{2a}\right)^2$ ◀ $x^2 + \dfrac{b}{a}x$ から $(x+A)^2$ の形がつくれた！

Step 3
Step 1 と Step 2 の結果を使って
ax^2+bx+c を $a(x+A)^2+B$ の形にする！

▶ $ax^2+bx+c = a\left(x^2+\dfrac{b}{a}x\right)+c$ ◀ **Step1**

$= a\left\{\left(x+\dfrac{b}{2a}\right)^2-\left(\dfrac{b}{2a}\right)^2\right\}+c$ ◀ **Step2**

$= a\left(x+\dfrac{b}{2a}\right)^2 - a\left(\dfrac{b}{2a}\right)^2+c$ ◀ 展開した

$= \underline{a\left(x+\dfrac{b}{2a}\right)^2 - \dfrac{b^2}{4a}+c}$ ◀ $a\left(\dfrac{b}{2a}\right)^2 = a\cdot\dfrac{b^2}{4a^2} = \underline{\dfrac{b^2}{4a}}$

Point 2 〈指数の基本公式〉 ──────────── (P.153)

① $a^m \cdot a^n = a^{m+n}$ ② $(a^m)^n = a^{mn}$

Point 3 〈指数の公式〉 ──────────── (P.155)

$\underline{(-a)^{\frac{1}{m}} = -a^{\frac{1}{m}}}$ （ただし，$m = 3, 5, 7, \cdots\cdots$）

Point 4 〈a^x の符号について〉 ──────────── (P.157)

x が実数のとき

$a>0$ ならば $\underline{a^x>0}$ である。

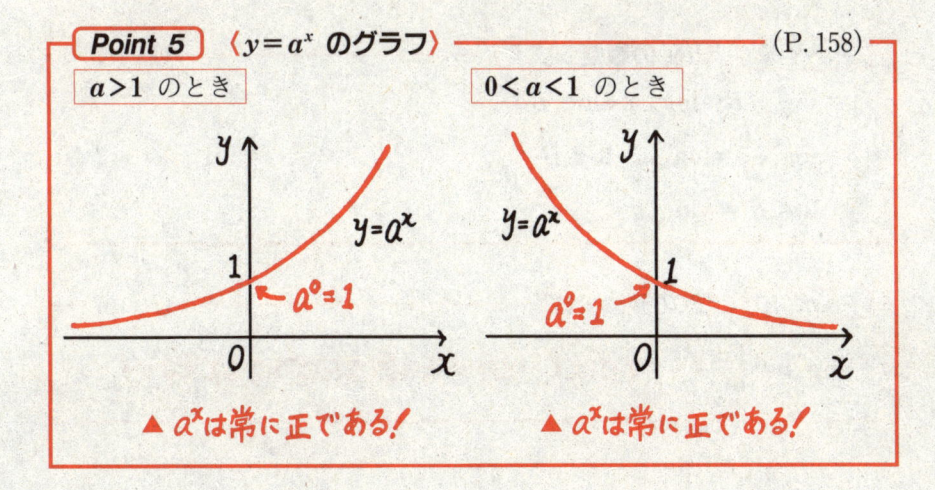

Point 5 〈$y=a^x$ のグラフ〉 ──────────── (P.158)

| $a>1$ のとき | $0<a<1$ のとき |

▲ a^x は常に正である！　　▲ a^x は常に正である！

Point 6 〈a^x に関する大小関係の公式〉 ——— (P.159)

① $a>1$ のとき

　$m<n$ ならば $a^m<a^n$ である。

② $0<a<1$ のとき

　$m>n$ ならば $a^m<a^n$ である。

Point 7 〈log の定義〉 ——— (P.161)

　$a>0$, $a\neq1$, $b>0$ のとき, ◀ $a>0, a\neq1$ は $0<a<1, 1<a$ と書き直すこともできる

$a^x=b \Leftrightarrow x=\log_a b$ とし,

$\log_a b$ における a を 底 といい, b を 真数 という。

また, $a>0$, $a\neq1$, $b>0$ より,

底の a は $0<a<1$ or $1<a$ を満たし, ◀ $a>0, a\neq1 \Leftrightarrow 0<a<1, 1<a$

真数の b は $b>0$ を満たしていなければならない。◀これを「真数条件」という

Point 8 〈log の重要公式Ⅰ〉 ——— (P.162)

① $\log_a 1 = 0$

② $\log_a a = 1$

Point 9 〈log の重要公式Ⅱ〉 ——— (P.163)

① $\log_a AB = \log_a A + \log_a B$

② $\log_a \dfrac{A}{B} = \log_a A - \log_a B$

③ $\log_a b^n = n\log_a b$

Point 10 〈底の変換公式〉 ——— (P.167)

$\log_a b = \dfrac{\log_c b}{\log_c a}$ ◀ cは (1以外の正の数ならば) なんでもよい！

Point 11 〈3次方程式の解き方〉 ────── (P.169)

<u>Step 1</u>　3次方程式の解を1つみつける。
<u>Step 2</u>　組立除法を使って，
　　　　　3次方程式を（1次式)・(2次式)＝0 の形にする。

Point 12 〈整数係数の方程式の整数解について〉 ────── (P.178)

　整数を係数にもつ方程式 $x^n + a_{n-1}x^{n-1} \cdots + a_1 x + a_0 = 0 \ (a_0 \neq 0)$ が整数を解にもつならば，その整数解は
a_0（定数項）の約数である。

Point 13 〈$X + \dfrac{1}{X}$ のとり得る範囲について〉 ────── (P.180)

　$X > 0$ のとき，
$X + \dfrac{1}{X} \geq 2$　［等号成立は $X = 1$ のとき］
がいえる。

Point 14 〈$X - \dfrac{1}{X}$ のとり得る範囲について〉 ────── (P.181)

　$X > 0$ のとき，
$X - \dfrac{1}{X}$ は どんな値でもとり得る。

<メモ>

<メモ>

<メモ>

〈メモ〉

<メモ>

<メモ>

<メモ>

細野真宏の
2次関数と指数・対数関数が
本当によくわかる本

解答&解説編

「別冊解答・解説編」は本体にこの表紙を残したまま、ていねいに抜き取ってください。
なお、「別冊解答・解説編」抜き取りの際の損傷についてのお取り替えはご遠慮願います。

1週間集中講義シリーズ

偏差値を30UPから70に上げる数学

細野真宏の
2次関数と指数・対数関数が
本当によくわかる本

解答&解説

小学館

Section 1　2次関数の最大・最小問題

1

[考え方]

　$f(x)=x^4+2tx^2+2t^2+t$ は x の 4 次関数なので よく分からないよね。
だけど 式をよく見てみると
$x^4+2tx^2+2t^2+t\ [=(x^2)^2+2tx^2+2t^2+t]$ は　◀ $x^4=(x^2)^2$
x^2 の塊でできているよね。

そこで，式を見やすくするために
$\boxed{x^2=X\ とおく}$ と，
$$\begin{aligned}f(x)&=(x^2)^2+2tx^2+2t^2+t\\&=X^2+2tX+2t^2+t\quad ◀ X の2次式になった！\\&=(X+t)^2+t^2+t\quad のように\quad ◀ 平方完成した！\end{aligned}$$
考えやすい X の 2 次関数が得られた！

また，
$\boxed{\begin{array}{l}x^2\geqq 0\ より\\ X\geqq 0\ \cdots\cdots ①\ がいえる\end{array}}$ よね。　◀ Point 1.2 or Point 2.2
　　　　　　　　　　　　　　　　　◀ $X=x^2\geqq 0$

よって，問題文は次のように書き直すことができる。

> **練習問題 1′**
> 　$X\geqq 0$ のとき，
> 　X の関数 $f(X)=(X+t)^2+t^2+t$ の最小値を $m(t)$ とする。
> 　このとき，$m(t)$ の最小値は $\boxed{}$ である。

これだったら解けるよね？

まず，$f(X)=(X+t)^2+t^2+t$ の頂点の X 座標の $X=-t$ と
$X\geqq 0$ の位置関係は次の 2 通りが考えらえるよね。

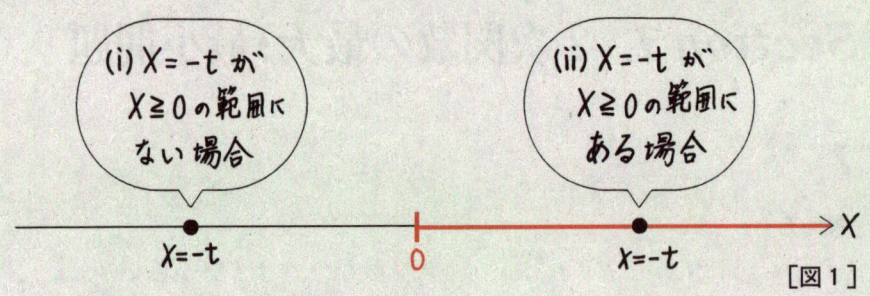

(i) X=-t が X≧0 の範囲に ない場合

(ii) X=-t が X≧0 の範囲に ある場合

[図1]

そこでまず，(i)について考えよう。

| $X=-t$ が $X≧0$ の範囲にない条件は $-t<0$ | だよね。 ◀[図1]を見よ!

よって，(i)は
| $t>0$ のとき | である。 ◀$-t<0$ に -1 を掛けて t について解いた

$t>0$ のとき， ◀頂点のX座標が X≧0 の範囲にない場合
$f(X)=(X+t)^2+t^2+t$ のグラフは次のようになるよね。

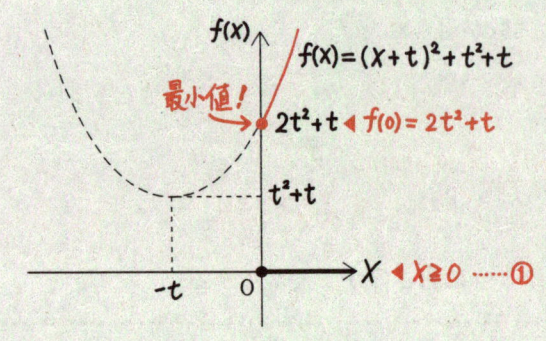

$f(X)=(X+t)^2+t^2+t$

最小値!
$2t^2+t$ ◀$f(0)=2t^2+t$
t^2+t

◀$X≧0$ ……①

上図より，
$t>0$ のときの $f(X)$ の最小値は $2t^2+t$ であることが分かるので
$t>0$ のとき，$m(t)=2t^2+t$ ……②

次に，(ii)について考えよう。

| $X=-t$ が $X≧0$ の範囲にある条件は $-t≧0$ | だよね。 ◀[図1]を見よ!

よって，(ii)は
$\boxed{t \leqq 0 \text{ のとき}}$ である。 ◀ $-t \geqq 0$ に -1 を掛けて t について解いた

$t \leqq 0$ のとき， ◀ 頂点の X 座標が $X \geqq 0$ の範囲にある場合
$f(X) = (X+t)^2 + t^2 + t$ のグラフは次のようになるよね。

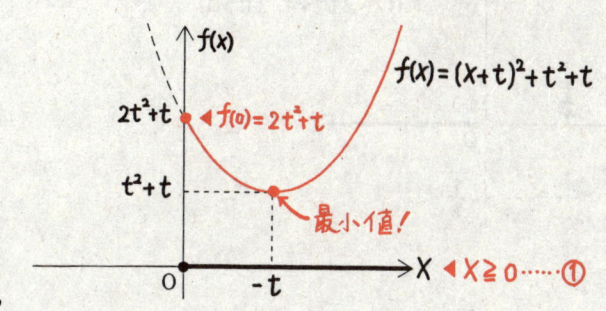

（グラフ：$f(X) = (X+t)^2 + t^2 + t$，$f(0) = 2t^2+t$，頂点 $(-t, t^2+t)$ が最小値，$X \geqq 0$ ……①）

上図より，
$t \leqq 0$ のときの $f(X)$ の最小値は t^2+t であることが分かるので
$t \leqq 0$ のとき，$\underwave{m(t) = t^2 + t}$ ……③

以上より
$\begin{cases} m(t) = 2t^2 + t & (t > 0) \cdots\cdots ② \\ m(t) = t^2 + t & (t \leqq 0) \cdots\cdots ③ \end{cases}$ が得られたので，
あとは，②と③を使って
$\boxed{\begin{array}{l} m(t) \text{ のグラフをかけば} \\ m(t) \text{ の最小値が求められる} \end{array}}$ よね。 ◀ $m(t)$ のグラフを見れば $m(t)$ の最小値が分かるから！

そこで，②と③のグラフについて考えよう。

$\boxed{m(t) = 2t^2 + t \ (t > 0) \cdots\cdots ② \text{ のグラフについて}}$

$m(t) = 2t^2 + t$
$ = 2\left(t^2 + \dfrac{t}{2}\right)$ ◀ 2 でくくった
$ = 2\left(t + \dfrac{1}{4}\right)^2 - 2 \cdot \left(\dfrac{1}{4}\right)^2$ ◀ 平方完成した！
$ = 2\left(t + \dfrac{1}{4}\right)^2 - \dfrac{1}{8}$

よって,
$m(t)=2t^2+t\ (t>0)\ \cdots\cdots$ ② のグラフは 次のようになる。

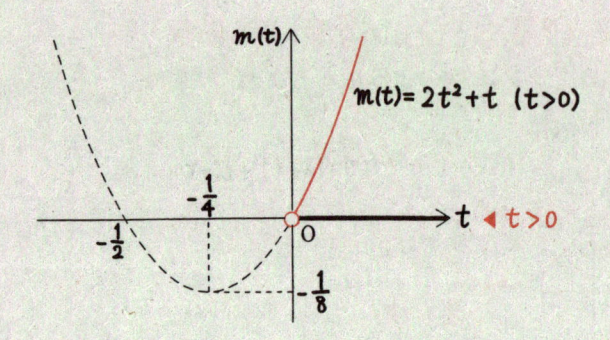

[グラフ: $m(t)=2t^2+t\ (t>0)$ ◀ t>0]

$\boxed{m(t)=t^2+t\ (t\leqq 0)\ \cdots\cdots ③\ のグラフについて}$

$m(t)=t^2+t$
$\qquad =\left(t+\dfrac{1}{2}\right)^2-\dfrac{1}{4}$ ◀ 平方完成した！

よって,
$m(t)=t^2+t\ (t\leqq 0)\ \cdots\cdots$ ③ のグラフは 次のようになる。

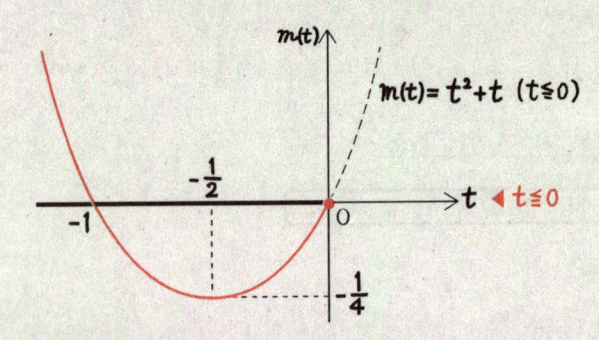

[グラフ: $m(t)=t^2+t\ (t\leqq 0)$ ◀ t≦0]

以上より,
$\begin{cases} m(t)=2t^2+t\ (t>0)\ \cdots\cdots ② \\ m(t)=t^2+t\ \ (t\leqq 0)\ \cdots\cdots ③ \end{cases}$ のグラフは 次のようになる。

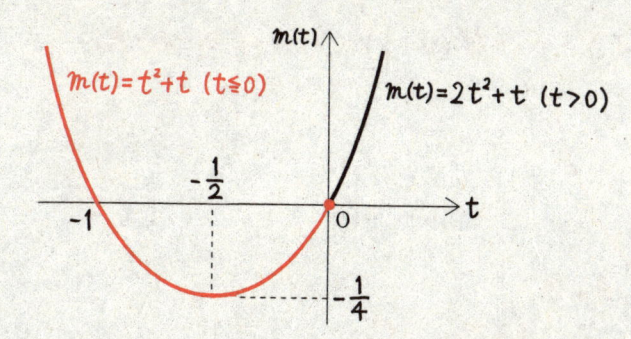

よって，グラフより

$m(t)$ の最小値は $-\dfrac{1}{4}$ であることが分かった！

[解答]
$f(x) = x^4 + 2t\,x^2 + 2t^2 + t$

$\boxed{x^2 = X \text{ とおく}}$ と

$f(x) = X^2 + 2tX + 2t^2 + t$ ◀ $f(x) = (x^2)^2 + 2t\,x^2 + 2t^2 + t$
$\quad\ = (X+t)^2 + t^2 + t$ ◀ 平方完成した！

また，$\boxed{x^2 \geqq 0\ \text{より}\ \underline{X \geqq 0}}$ …… ① が得られる。 ◀ Point 1.2 or Point 2.2
◀ $X = x^2 \geqq 0$

$\boxed{\text{(i)}\ \ t > 0\ \text{のとき}}$ ◀ 頂点の X 座標 ($X = -t$) が $X \geqq 0$ の範囲にない場合

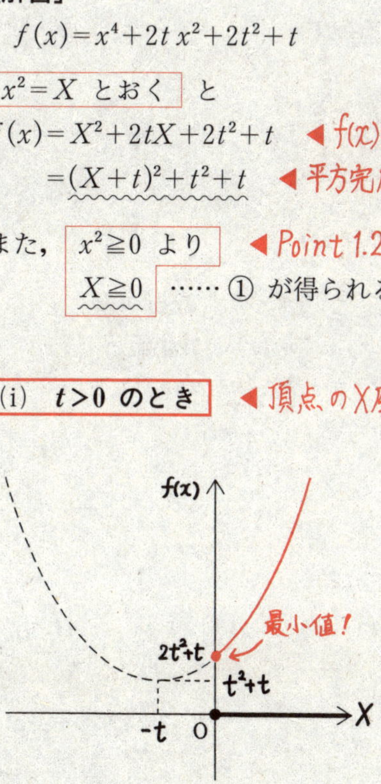

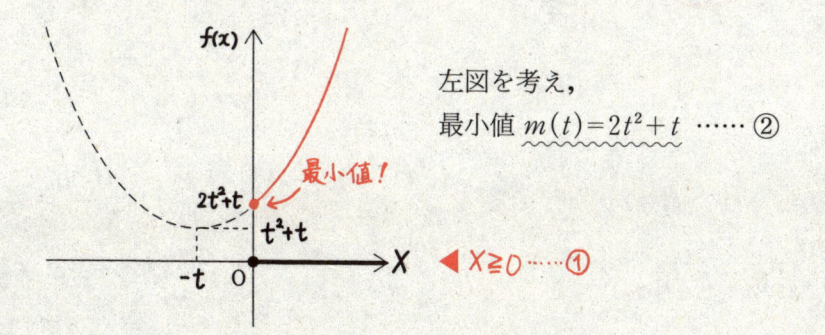

左図を考え，
最小値 $m(t) = 2t^2 + t$ …… ②

◀ $X \geqq 0$ …… ①

最小値！

(ii) $t \leq 0$ のとき ◀ 頂点のX座標$(X=-t)$が$X \geq 0$の範囲にある場合

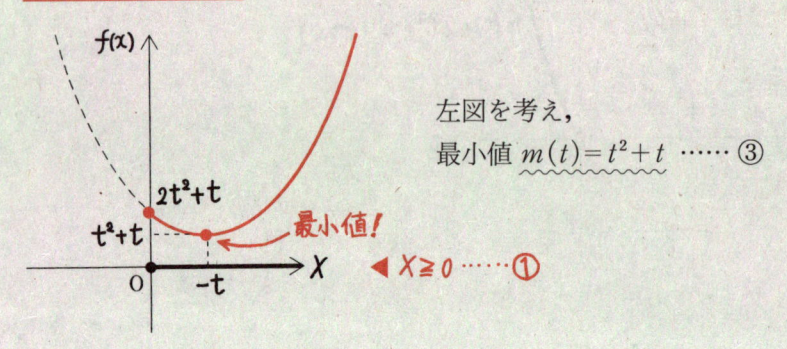

左図を考え，
最小値 $m(t) = t^2 + t$ ……③

◀ $X \geq 0$ ……①

(i), (ii)より
$\begin{cases} m(t) = 2t^2 + t \quad (t > 0) \ \cdots\cdots ② \\ m(t) = t^2 + t \quad (t \leq 0) \ \cdots\cdots ③ \end{cases}$ がいえるので，

②と③を図示すると下図が得られる。 ◀ [考え方]参照．

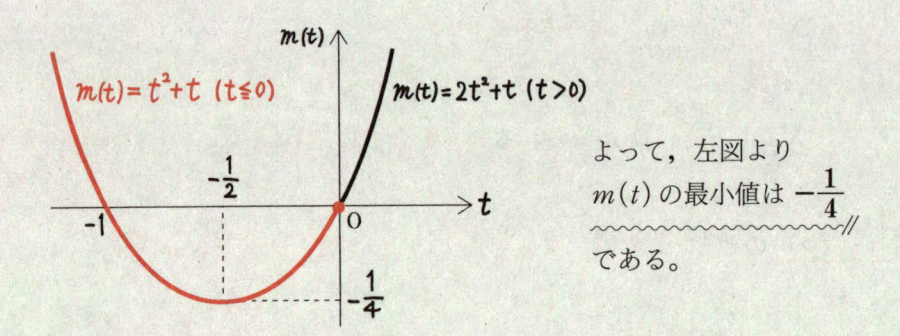

よって，左図より
$m(t)$ の最小値は $-\dfrac{1}{4}$
である。

2

[解答]

$f(x) = x^2 - 10x + a$
$ = (x-5)^2 + a - 25$ ◀ 平方完成した！

[考え方]

　頂点の x 座標の $x=5$ と $a \leq x \leq a+1$ の位置関係は次の3通りが考えられるよね。

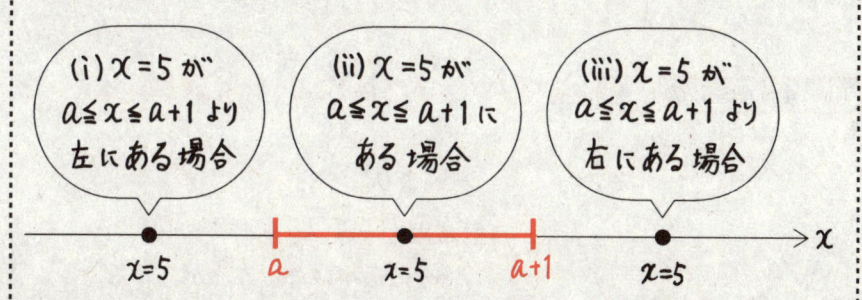

(i) $x=5$ が $a \leq x \leq a+1$ より左にある場合

(ii) $x=5$ が $a \leq x \leq a+1$ にある場合

(iii) $x=5$ が $a \leq x \leq a+1$ より右にある場合

そこで，上図を見ながら
(i), (ii), (iii) の条件を a を使って表そう！

(i) $\boxed{5 < a \text{ のとき}}$ ◀ $x=5$ が $a \leq x \leq a+1$ より左にあるとき

(ii) $a \leq 5 \leq a+1$ ◀ $x=5$ が $a \leq x \leq a+1$ にあるとき

$\Leftrightarrow \begin{cases} a \leq 5 \\ 5 \leq a+1 \end{cases}$ ◀ 考えやすいように $a \leq 5 \leq a+1$ を2つにわけた！

$\Leftrightarrow \begin{cases} a \leq 5 \\ 4 \leq a \end{cases}$

$\Leftrightarrow \boxed{4 \leq a \leq 5 \text{ のとき}}$ ◀ a について解いた

(iii) $a+1 < 5$ ◀ $x=5$ が $a \leq x \leq a+1$ より右にあるとき

$\Leftrightarrow \boxed{a < 4 \text{ のとき}}$ ◀ a について解いた

(i) $5 < a$ のとき ◀ 頂点が $a \leq x \leq a+1$ より左にあるとき（[考え方]参照）

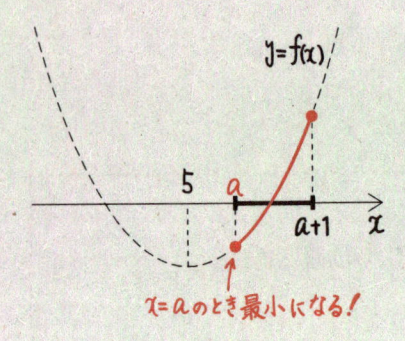

左図より，
$x = a$ のとき
$f(x)$ は最小になることが分かる。
よって，
最小値 $g(a) = f(a)$ ◀ $f(x) = x^2 - 10x + a$
$= a^2 - 9a$

(ii) $4 \leq a \leq 5$ のとき ◀ 頂点が $a \leq x \leq a+1$ にあるとき（[考え方]参照）

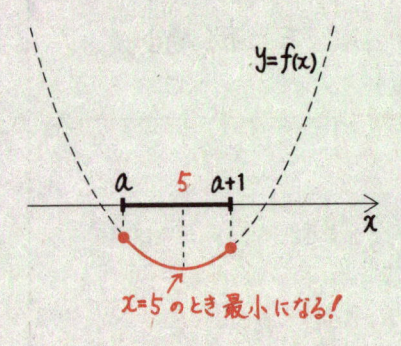

左図より，
$x = 5$ のとき
$f(x)$ は最小になることが分かる。
よって，
最小値 $g(a) = f(5)$ ◀ $f(x) = (x-5)^2 + a - 25$
$= a - 25$

(iii) $a < 4$ のとき ◀ 頂点が $a \leq x \leq a+1$ より右にあるとき（[考え方]参照）

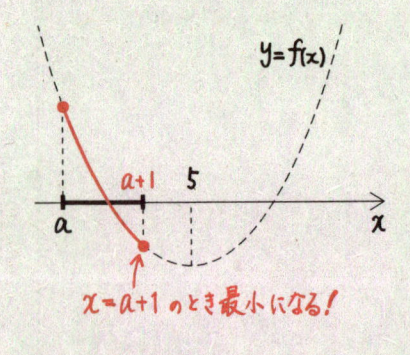

左図より，
$x = a+1$ のとき
$f(x)$ は最小になることが分かる。
よって，
最小値 $g(a) = f(a+1)$ ◀ $f(x) = x^2 - 10x + a$
$= (a+1)^2 - 10(a+1) + a$
$= a^2 - 7a - 9$

(i), (ii), (iii)より

$$\begin{cases} g(a)=a^2-9a & (5<a \text{ のとき}) \\ g(a)=a-25 & (4\leqq a\leqq 5 \text{ のとき}) \\ g(a)=a^2-7a-9 & (a<4 \text{ のとき}) \end{cases}$$

がいえるので，$y=g(a)$ のグラフは次のようになる。 ◀[補題]参照。

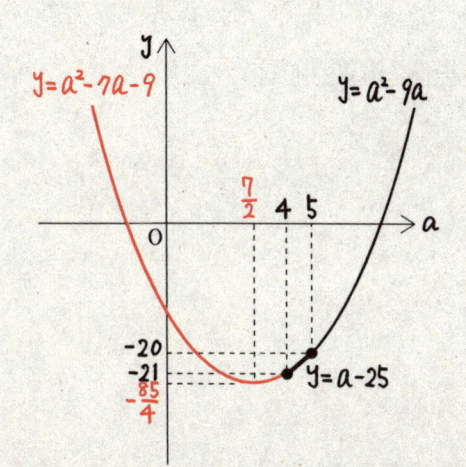

よって，左図より，

$g(a)$ は $a=\dfrac{7}{2}$ のとき

最小値 $-\dfrac{85}{4}$ をとる。

Section 2　指数・対数関数の頻出問題の考え方について

3

[考え方]

　まず，**Point 2.1** に従って
$2^{x+5}-2^{-x}+4=0$ ……(∗) における共通な指数の変数をみつけよう。

$$\begin{cases} 2^{x+5}=2^5 \cdot 2^x & \blacktriangleleft 2^{a+b}=2^a \cdot 2^b \\ \phantom{2^{x+5}}=32 \cdot 2^x & \blacktriangleleft 2^5=32 \\ 2^{-x}=\dfrac{1}{2^x} & \blacktriangleleft a^{-n}=\dfrac{1}{a^n} \end{cases}$$

より，
$\quad 2^{x+5}-2^{-x}+4=0$ ……(∗)

$\Leftrightarrow 32\cdot 2^x - \dfrac{1}{2^x}+4=0$ ……(∗)′ がいえるので，

(∗) は "2^x という変数に関する方程式" であることが分かるよね。◀ **Point 2.1**

そこで，
　式を見やすくするために $2^x=X$ とおく　と，　◀ **Point 2.1**

$\quad 32\cdot 2^x - \dfrac{1}{2^x}+4=0$ ……(∗)′

$\Leftrightarrow 32X - \dfrac{1}{X}+4=0$ ……(∗)″ が得られる。

また，$2^x>0$ より　◀ **Point 4**
$X>0$ ……① がいえる　よね。◀ **Point 2.2**

よって，
$$32X - \frac{1}{X} + 4 = 0 \quad \cdots\cdots (*)''$$
$\Leftrightarrow 32X^2 - 1 + 4X = 0$ ◀両辺に $X(\neq 0)$ を掛けて分母を払った
$\Leftrightarrow 32X^2 + 4X - 1 = 0$ ◀整理した
$\Leftrightarrow (4X+1)(8X-1) = 0$ ◀たすき掛け
$\Leftrightarrow X = -\dfrac{1}{4}, \dfrac{1}{8}$ が得られるが，$X > 0 \cdots\cdots ①$ より

$X = \dfrac{1}{8}$ であることが分かる。◀ $X = -\dfrac{1}{4}$ は不適である

よって，
$$X = \frac{1}{8}$$
$\Leftrightarrow 2^x = \dfrac{1}{8}$ ◀ $X = 2^x$ を代入した
$\Leftrightarrow 2^x = 2^{-3}$ ◀ $\dfrac{1}{8} = \dfrac{1}{2^3} = 2^{-3}$
$\therefore \underline{x = -3}$ が得られる。◀ $2^a = 2^b \Rightarrow \underline{a = b}$

[解答]
$$2^{x+5} - 2^{-x} + 4 = 0$$
$\Leftrightarrow 32 \cdot 2^x - \dfrac{1}{2^x} + 4 = 0$ より ◀ $2^{x+5} = 2^5 \cdot 2^x = 32 \cdot 2^x$, $2^{-x} = \dfrac{1}{2^x}$

$\boxed{2^x = X \text{ とおく}}$ と ◀式を見やすくする！ [Point 2.1]

$32X - \dfrac{1}{X} + 4 = 0 \cdots\cdots (*)$ が得られる。

また，$\boxed{2^x > 0}$ より ◀ Point 4
$\boxed{X > 0 \cdots\cdots ①}$ がいえる。 ◀ Point 2.2

よって，
$$32X - \frac{1}{X} + 4 = 0 \quad \cdots\cdots (*)$$
$\Leftrightarrow 32X^2 + 4X - 1 = 0$ ◀両辺に $X(\neq 0)$ を掛けて分母を払った

$\Leftrightarrow (4X+1)(8X-1)=0$ ◀たすき掛け

$\Leftrightarrow X=\dfrac{1}{8}$ ◀ $X>0$ ……① より $X \neq -\dfrac{1}{4}$ がいえる

$\Leftrightarrow 2^x=\dfrac{1}{8}$ ◀ $X=2^x$ を代入した

∴ $x=-3$ が得られる。 ◀ $2^x=2^{-3}$ ➡ $x=-3$

4

[考え方]

まず, **Point 2.1** に従って
$2^{2x+3}-2^{x+1}<2^{x+2}-1$ ……(∗) における共通な指数の変数をみつけよう。

$\begin{cases} 2^{2x+3}=2^3\cdot 2^{2x} & \blacktriangleleft 2^{a+b}=2^a\cdot 2^b \\ \qquad\quad =8(2^x)^2 & \blacktriangleleft 2^3=8,\ 2^{ab}=(2^b)^a \\ 2^{x+1}=2\cdot 2^x & \blacktriangleleft 2^{a+b}=2^a\cdot 2^b \\ 2^{x+2}=2^2\cdot 2^x & \blacktriangleleft 2^{a+b}=2^a\cdot 2^b \\ \qquad\quad =4\cdot 2^x & \blacktriangleleft 2^2=4 \end{cases}$

より,
　　$2^{2x+3}-2^{x+1}<2^{x+2}-1$ ……(∗)

$\Leftrightarrow 8(2^x)^2-2\cdot 2^x<4\cdot 2^x-1$ ……(∗)′ がいえるので,

(∗) は "2^x という変数に関する不等式" であることが分かるよね。 ◀ Point 2.1

そこで,

式を見やすくするために $2^x=X$ とおく と, ◀ Point 2.1

　　$8(2^x)^2-2\cdot 2^x<4\cdot 2^x-1$ ……(∗)′

$\Leftrightarrow 8X^2-2X<4X-1$ ◀ X の2次不等式になった

$\Leftrightarrow 8X^2-6X+1<0$ ◀ 整理した

$\Leftrightarrow (4X-1)(2X-1)<0$ ◀ たすき掛け

$\Leftrightarrow \dfrac{1}{4} < X < \dfrac{1}{2}$ ……$(*)''$ ◀ $(4X-1)(2X-1)<0$
$\Leftrightarrow 8\left(X-\dfrac{1}{4}\right)\left(X-\dfrac{1}{2}\right)<0$
$\Leftrightarrow \dfrac{1}{4} < X < \dfrac{1}{2}$

が得られる。

ここで、$\boxed{2^x > 0}$ より ◀ Point 4
$\boxed{X > 0 \ \cdots\cdots ①}$ がいえる けれど、◀ Point 2.2
$(*)''$ は $X > 0$ ……① を満たしているので特に問題はないよね。

よって、

$\dfrac{1}{4} < X < \dfrac{1}{2}$ ……$(*)''$

$\Leftrightarrow \dfrac{1}{4} < 2^x < \dfrac{1}{2}$ ◀ $X = 2^x$ を代入した
$\Leftrightarrow 2^{-2} < 2^x < 2^{-1}$ ◀ $\dfrac{1}{4} = \dfrac{1}{2^2} = 2^{-2}, \dfrac{1}{2} = 2^{-1}$
∴ $\underline{-2 < x < -1}$ が得られる。 ◀ Point 6

[解答]

$2^{2x+3} - 2^{x+1} < 2^{x+2} - 1$
$\Leftrightarrow 8(2^x)^2 - 2\cdot 2^x < 4\cdot 2^x - 1$ ◀ $2^{2x+3} = 2^3\cdot 2^{2x} = 8(2^x)^2$, $2^{x+1} = 2\cdot 2^x$, $2^{x+2} = 2^2\cdot 2^x = 4\cdot 2^x$
$\Leftrightarrow 8(2^x)^2 - 6\cdot 2^x + 1 < 0$ より ◀ 整理した
$\boxed{2^x = X \text{ とおく}}$ と ◀ 式を見やすくする！[Point 2.1]
$8X^2 - 6X + 1 < 0$ ……$(*)$ が得られる。 ◀ X の2次不等式が得られた

また、$\boxed{2^x > 0}$ より ◀ Point 4
$\boxed{X > 0 \ \cdots\cdots ①}$ がいえる。 ◀ Point 2.2

よって、

$8X^2 - 6X + 1 < 0$ ……$(*)$
$\Leftrightarrow (4X-1)(2X-1)<0$ ◀ たすき掛け
$\Leftrightarrow \dfrac{1}{4} < X < \dfrac{1}{2}$ ◀ $X > 0$ ……①を満たしているので特に問題はない

$\Leftrightarrow \dfrac{1}{4} < 2^x < \dfrac{1}{2}$ ◀ $X=2^x$ を代入した

∴ $-2 < x < -1$ が得られる。 ◀ $2^{-2} < 2^x < 2^{-1} \Rightarrow -2 < x < -1$ [Point 6]

5

[考え方]

まず，**Point 2.1** に従って共通な指数の変数をみつけ出そう。

$\begin{cases} x^{-\frac{1}{2}} = \dfrac{1}{x^{\frac{1}{2}}} & ◀ x^{-n} = \dfrac{1}{x^n} \\[6pt] x^{\frac{3}{2}} = (x^{\frac{1}{2}})^3 & ◀ x^{\frac{3}{2}} = x^{\frac{1}{2}\cdot 3} = (x^{\frac{1}{2}})^3 \\[6pt] x^{-\frac{3}{2}} = \dfrac{1}{x^{\frac{3}{2}}} & ◀ x^{-n} = \dfrac{1}{x^n} \\[6pt] \quad = \dfrac{1}{(x^{\frac{1}{2}})^3} & ◀ x^{\frac{3}{2}} = x^{\frac{1}{2}\cdot 3} = (x^{\frac{1}{2}})^3 \\[6pt] x^2 = (x^{\frac{1}{2}})^4 & ◀ x^2 = x^{\frac{1}{2}\cdot 4} = (x^{\frac{1}{2}})^4 \\[6pt] x^{-2} = \dfrac{1}{x^2} & ◀ x^{-n} = \dfrac{1}{x^n} \\[6pt] \quad = \dfrac{1}{(x^{\frac{1}{2}})^4} & ◀ x^2 = x^{\frac{1}{2}\cdot 4} = (x^{\frac{1}{2}})^4 \end{cases}$

より，

問題文の式はすべて $x^{\frac{1}{2}}$ という変数でできていることが分かるので

$\boxed{x^{\frac{1}{2}} = X \ (X>0) \text{ とおく}}$ と， ◀ **Point 2.1, Point 2.2**

練習問題 5 は次のように書き直せるよね。

---- 練習問題 5′ ----------------------------
$X + \dfrac{1}{X} = 3 \ (X > 0)$ のとき

(1) $X^3 + \dfrac{1}{X^3} = \boxed{}$ である。

(2) $X^4 + \dfrac{1}{X^4} = \boxed{}$ である。

これだったら 簡単だよね。
練習問題 5 と **練習問題 5′** は同じ問題なので，
以下，<u>考えにくい **練習問題 5** のかわりに **練習問題 5′** について考えよう。</u>

(1) まず，使える式は $X + \dfrac{1}{X} = 3$ しかないので

　$X + \dfrac{1}{X}$ と $X^3 + \dfrac{1}{X^3}$ の関係について考えよう。

$\boxed{X^3 + \dfrac{1}{X^3} \text{ は } a^3 + b^3 \text{ の形だから} \quad \blacktriangleleft X^3 + \dfrac{1}{X^3} = X^3 + \left(\dfrac{1}{X}\right)^3 \\ a^3 + b^3 = (a+b)(a^2 - ab + b^2) \text{ が使える}}$ ので，

$X^3 + \dfrac{1}{X^3} = \left(X + \dfrac{1}{X}\right)\left(X^2 - 1 + \dfrac{1}{X^2}\right) \quad \blacktriangleleft a = X,\ b = \dfrac{1}{X} \text{ の場合}$

$\phantom{X^3 + \dfrac{1}{X^3}} = \left(X + \dfrac{1}{X}\right)\left(X^2 + \dfrac{1}{X^2} - 1\right) \cdots\cdots (*)$ のように

$X^3 + \dfrac{1}{X^3}$ から $X + \dfrac{1}{X}$ をつくることができるよね。

よって，$X + \dfrac{1}{X} = 3$ より

$X^3 + \dfrac{1}{X^3} = \left(X + \dfrac{1}{X}\right)\left(X^2 + \dfrac{1}{X^2} - 1\right) \cdots\cdots (*)$

$\phantom{X^3 + \dfrac{1}{X^3}} = 3\left(X^2 + \dfrac{1}{X^2} - 1\right) \cdots\cdots (*)' \quad \blacktriangleleft X + \dfrac{1}{X} = 3 \text{ を代入した}$

がいえる。

だけど，$(*)'$ にはまだ $X^2+\dfrac{1}{X^2}$ が残っているので

$X^3+\dfrac{1}{X^3}$ の値を求めるためには $X^2+\dfrac{1}{X^2}$ の値も求めなければならないよね。

そこで，

$X^2+\dfrac{1}{X^2}$ の値を求めるために

$X+\dfrac{1}{X}$ と $X^2+\dfrac{1}{X^2}$ の関係について考えよう。　◀ 使える式は $X+\dfrac{1}{X}=3$ だけ！

とりあえず，

$\boxed{X+\dfrac{1}{X} \text{を2乗すると } X^2+\dfrac{1}{X^2} \text{が出てくる}}$ 　◀ $\left(X+\dfrac{1}{X}\right)^2 = X^2+2X\cdot\dfrac{1}{X}+\left(\dfrac{1}{X}\right)^2$
$= X^2+\dfrac{1}{X^2}+2$

ことを考え，

$\boxed{X+\dfrac{1}{X} \text{を2乗してみる}}$ と，

$\left(X+\dfrac{1}{X}\right)^2 = X^2+\dfrac{1}{X^2}+2$ 　◀ $\left(X+\dfrac{1}{X}\right)^2$ を展開した

$\Leftrightarrow X^2+\dfrac{1}{X^2} = \left(X+\dfrac{1}{X}\right)^2 - 2$ ……① のように　◀ $X^2+\dfrac{1}{X^2}$ について解いた

$X^2+\dfrac{1}{X^2}$ を $X+\dfrac{1}{X}$ を使って表すことができた。

よって，$X+\dfrac{1}{X}=3$ より

$X^2+\dfrac{1}{X^2} = \left(X+\dfrac{1}{X}\right)^2 - 2$ ……①

　　　　$= 3^2 - 2$ 　◀ $X+\dfrac{1}{X}=3$ を代入した

　　　　$= 7$ ……①′ 　◀ $9-2=7$

がいえるので，$(*)'$ より　◀ $X^2+\dfrac{1}{X^2}$ の値を求めることができた！

$X^3+\dfrac{1}{X^3} = 3\left(X^2+\dfrac{1}{X^2}-1\right)$ ……$(*)'$

　　　　$= 3(7-1)$ 　◀ $X^2+\dfrac{1}{X^2}=7$ ……①′ を代入した

　　　　$= 18$ を求めることができた！　◀ $3\cdot 6=18$

(2) まず，これまでに

$$\begin{cases} X+\dfrac{1}{X}=3 & \cdots\cdots ⓐ \\ X^2+\dfrac{1}{X^2}=7 & \cdots\cdots ⓑ \\ X^3+\dfrac{1}{X^3}=18 & \cdots\cdots ⓒ \end{cases}$$

◀問題文の条件
◀$X^2+\dfrac{1}{X^2}=7$ ……①′
◀(1)の結果

の値が分かっているので，

$X^4+\dfrac{1}{X^4}$ の値を求めるためには
$X^4+\dfrac{1}{X^4}$ を $X+\dfrac{1}{X}$ or $X^2+\dfrac{1}{X^2}$ or $X^3+\dfrac{1}{X^3}$ で表せばいい

よね。

とりあえず，

$X^2+\dfrac{1}{X^2}$ を2乗すると $X^4+\dfrac{1}{X^4}$ が出てくる

◀$\left(X^2+\dfrac{1}{X^2}\right)^2=(X^2)^2+2X^2\cdot\dfrac{1}{X^2}+\left(\dfrac{1}{X^2}\right)^2$
$=X^4+\dfrac{1}{X^4}+2$

ことを考え，

$X^2+\dfrac{1}{X^2}=7$ ……ⓑ の両辺を2乗してみる と，

$\left(X^2+\dfrac{1}{X^2}\right)^2=7^2$ ◀ⓑの両辺を2乗した

⇔ $X^4+\dfrac{1}{X^4}+2=49$ ◀展開した

⇔ $X^4+\dfrac{1}{X^4}=47$ のように ◀$X^4+\dfrac{1}{X^4}$ について解いた

$X^4+\dfrac{1}{X^4}$ の値を求めることができた！

[解答]

(1) $x^{\frac{1}{2}}=X\ (>0)$ とおく と， ◀Point 2.1, Point 2.2

$$\begin{cases} x^{\frac{1}{2}}+x^{-\frac{1}{2}}=3 \Leftrightarrow X+\dfrac{1}{X}=3 \cdots\cdots (*) \\ x^{\frac{3}{2}}+x^{-\frac{3}{2}}=X^3+\dfrac{1}{X^3} \cdots\cdots ① \\ x^2+x^{-2}=X^4+\dfrac{1}{X^4} \cdots\cdots ② \end{cases}$ がいえる。 ◀ [考え方] 参照

$\boxed{X^3+\dfrac{1}{X^3}=\left(X+\dfrac{1}{X}\right)\left(X^2-1+\dfrac{1}{X^2}\right)}$ ◀ $a^3+b^3=(a+b)(a^2-ab+b^2)$ の $a=X, b=\dfrac{1}{X}$ の場合

$\qquad = \left(X+\dfrac{1}{X}\right)\left(X^2+\dfrac{1}{X^2}-1\right)$

$\qquad = \left(X+\dfrac{1}{X}\right)\left\{\left(X+\dfrac{1}{X}\right)^2-3\right\}$ ◀ $X^2+\dfrac{1}{X^2}=\left(X+\dfrac{1}{X}\right)^2-2$

$\qquad = 3\cdot\{(3)^2-3\}$ ◀ $X+\dfrac{1}{X}=3 \cdots\cdots (*)$ を代入した

$\qquad = \underline{18}$ を考え，①より ◀ $3(9-3)=3\cdot6=\underline{18}$

$\underline{x^{\frac{3}{2}}+x^{-\frac{3}{2}}=18}$ が得られる。 ◀ ①を使った

(2) $\boxed{X^2+\dfrac{1}{X^2}=\left(X+\dfrac{1}{X}\right)^2-2}$ ◀ $\left(X+\dfrac{1}{X}\right)^2=X^2+\dfrac{1}{X^2}+2$

$\qquad = (3)^2-2$ ◀ $X+\dfrac{1}{X}=3 \cdots\cdots (*)$ を代入した

$\qquad = \underline{7}$ より ◀ $9-2=\underline{7}$

$\underline{X^2+\dfrac{1}{X^2}=7 \cdots\cdots (**)}$ がいえるので，

$\boxed{X^2+\dfrac{1}{X^2}=7 \cdots\cdots (**) \text{ の両辺を2乗する}}$ と， ◀ $X^4+\dfrac{1}{X^4}$ をつくる！

$\qquad \left(X^2+\dfrac{1}{X^2}\right)^2=7^2$ ◀ (**)の両辺を2乗した

$\Leftrightarrow X^4+\dfrac{1}{X^4}+2=49$ ◀ 展開した

$\Leftrightarrow X^4+\dfrac{1}{X^4}=47$ が得られる。 ◀ $X^4+\dfrac{1}{X^4}$ について解いた

よって，②より
$\underline{x^2+x^{-2}=47}$ がいえる。 ◀ ②を使った

6

[考え方]

　まず，**Point 2.1** に従って
共通な指数の変数をみつけ出そう。

$$\begin{cases} 9^x = (3^x)^2 & \blacktriangleleft 9^x = (3^2)^x = 3^{2x} = (3^x)^2 \\ 9^{-x} = \dfrac{1}{9^x} & \blacktriangleleft 9^{-x} = \dfrac{1}{9^x} \\ \phantom{9^{-x}} = \dfrac{1}{(3^x)^2} & \blacktriangleleft 9^x = (3^x)^2 \\ 3^{-x} = \dfrac{1}{3^x} & \blacktriangleleft 3^{-x} = \dfrac{1}{3^x} \end{cases}$$

より，
問題文の式は すべて 3^x という変数でできていることが分かるので
$\boxed{3^x = X \ (X>0) \ とおく}$ と， ◀ **Point 2.1, Point 2.2**
$3(9^x + 9^{-x}) - 7(3^x + 3^{-x}) - 4 = 0$ ……(*) は

$3\left(X^2 + \dfrac{1}{X^2}\right) - 7\left(X + \dfrac{1}{X}\right) - 4 = 0$ ……(*)′ と書き直せるよね。

さらに，**練習問題 5(1)** や **例題 8** でもやったように

$\boxed{X^2 + \dfrac{1}{X^2} \ は \ X + \dfrac{1}{X} \ を使って書き直すことができる}$ ◀ $\left(X + \dfrac{1}{X}\right)^2 = X^2 + \dfrac{1}{X^2} + 2$
$\Leftrightarrow X^2 + \dfrac{1}{X^2} = \left(X + \dfrac{1}{X}\right)^2 - 2$

ので，

$\boxed{X + \dfrac{1}{X} = t \ とおけば \ (*)′ \ は \ t \ の2次方程式になる}$ よね。

$\left[\begin{array}{l} \blacktriangleright 3\left(X^2 + \dfrac{1}{X^2}\right) - 7\left(X + \dfrac{1}{X}\right) - 4 = 0 \ ……(*)′ \\ \Leftrightarrow \ 3(t^2 - 2) - 7t - 4 = 0 \quad \blacktriangleleft X + \dfrac{1}{X} = t \ と \ X^2 + \dfrac{1}{X^2} = t^2 - 2 \ を代入した \\ \Leftrightarrow \ 3t^2 - 7t - 10 = 0 \quad \blacktriangleleft 展開して整理した \end{array}\right.$

2次方程式だったら簡単に解けることを考え，とりあえず

$\boxed{X+\dfrac{1}{X}=t}$ ……① とおこう。

> ▶ $3\left(X^2+\dfrac{1}{X^2}\right)-7\left(X+\dfrac{1}{X}\right)-4=0$ ……(*)′ の両辺に X^2 を掛けて分母を払うと
> $3X^4-7X^3-4X^2-7X+3=0$ ……(★) が得られるが，
> (★)は4次方程式なので解くのが面倒くさいし，解がうまく
> 求められる保障もない。◀ **4次方程式の解の公式は存在しない！**
> しかし，2次方程式だったら 解の公式が存在するので，確実に，
> しかも簡単に解を求めることができるのである！

すると，$X+\dfrac{1}{X}=t$ ……① から

$X^2+\dfrac{1}{X^2}=t^2-2$ ……② も得られるので，◀ ①の両辺を2乗して $X^2+\dfrac{1}{X^2}$ について解いた

　　$3\left(X^2+\dfrac{1}{X^2}\right)-7\left(X+\dfrac{1}{X}\right)-4=0$ ……(*)′

$\Leftrightarrow 3(t^2-2)-7t-4=0$ ◀ (*)′に①と②を代入した

$\Leftrightarrow 3t^2-7t-10=0$ ◀ 展開して整理した

$\Leftrightarrow (3t-10)(t+1)=0$ ◀ たすき掛け

$\Leftrightarrow t=\dfrac{10}{3},\ -1$ ……(*)″ が得られる。

ここで **Point 2.2** に従って，◀ $t=X+\dfrac{1}{X}$ という置き換えをしたのにまだtの範囲について考えていない！

$t=X+\dfrac{1}{X}$ $(X>0)$ の範囲について考えよう。

例題8と同様に，**Point 2.3** から

　　$X+\dfrac{1}{X}\geq 2\sqrt{X\cdot\dfrac{1}{X}}$ ◀ $a+b\geq 2\sqrt{ab}$ の $a=X,\ b=\dfrac{1}{X}$ の場合

$\Leftrightarrow X+\dfrac{1}{X}\geq 2$ がいえるので，$t=X+\dfrac{1}{X}$ より，◀ $2\sqrt{X\cdot\dfrac{1}{X}}=2\sqrt{1}=2$

$t≧2$ のように t の範囲が分かるよね。

よって，$t≧2$ を考え，$t=\dfrac{10}{3}$, -1 ……（＊）″ から
$t=\dfrac{10}{3}$ であることが分かった。 ◀ t=-1は不適である

さらに，$X+\dfrac{1}{X}=t$ …… ① より

　　$t=\dfrac{10}{3}$

⇔ $X+\dfrac{1}{X}=\dfrac{10}{3}$　◀ t=X+$\dfrac{1}{X}$……①を代入した

⇔ $3X^2+3=10X$　◀両辺に3X(≠0)を掛けて分母を払った

⇔ $3X^2-10X+3=0$

⇔ $(3X-1)(X-3)=0$　◀たすき掛け

⇔ $X=\dfrac{1}{3}$, 3　◀共にX>0を満たしている

⇔ $3^x=\dfrac{1}{3}$, 3 が得られる。 ◀X=3ˣを代入した

よって，

　　$3^x=\dfrac{1}{3}$, 3

⇔ $3^x=3^{-1}$, 3^1 を考え ◀ $\dfrac{1}{3}$=3⁻¹

$x=-1$, 1 が分かった。 ◀3ᵃ=3ᵇ ➡ a=b

［解答］

$\boxed{3^x=X\ (>0)\ とおく}$　と， ◀Point 2.1, Point 2.2

$\begin{cases} 3^x+3^{-x}=X+\dfrac{1}{X} \cdots\cdots ① \\ 9^x+9^{-x}=X^2+\dfrac{1}{X^2} \cdots\cdots ② \end{cases}$ がいえ， ◀［考え方］参照

さらに，

$\boxed{X+\dfrac{1}{X}=t \cdots\cdots ③ \text{ とおく}}$ と ◀式を見やすくする！

$X^2+\dfrac{1}{X^2}=t^2-2 \cdots\cdots ④$ がいえるので， ◀③の両辺を2乗して $X^2+\dfrac{1}{X^2}$ について解いた

$\quad 3(9^x+9^{-x})-7(3^x+3^{-x})-4=0$

$\Leftrightarrow 3(t^2-2)-7t-4=0$ ◀①，②を考え③，④を代入した

$\Leftrightarrow 3t^2-7t-10=0$ ◀展開して整理した

$\Leftrightarrow (3t-10)(t+1)=0$ ◀たすき掛け

$\Leftrightarrow t=\dfrac{10}{3},\ -1 \cdots\cdots (*)$ が得られる。

ここで，$\boxed{\begin{array}{l} X>0 \text{ より} \\ ③\text{の相加相乗平均を考え} \\ t\geqq 2 \text{ (等号成立は } X=1 \text{ のとき) がいえる。} \end{array}}$ ◀Point 2.3
◀$t=X+\dfrac{1}{X}\geqq 2\sqrt{X\cdot\dfrac{1}{X}}=2$

よって，$t=\dfrac{10}{3},\ -1 \cdots\cdots (*)$ から

$t=\dfrac{10}{3}$ であることが分かるので， ◀$t\geqq 2$ より $t=-1$ は不適である

$\quad t=\dfrac{10}{3}$

$\Leftrightarrow X+\dfrac{1}{X}=\dfrac{10}{3}$ ◀$t=X+\dfrac{1}{X} \cdots\cdots ③$ を代入した

$\Leftrightarrow 3X^2-10X+3=0$ ◀両辺に $3X(\neq 0)$ を掛けて分母を払って整理した

$\Leftrightarrow (3X-1)(X-3)=0$ ◀たすき掛け

$\Leftrightarrow X=\dfrac{1}{3},\ 3$ ◀共に $X>0$ を満たしている

$\Leftrightarrow 3^x=3^{-1},\ 3^1$ ◀$X=3^x$ を代入した

$\therefore\ x=-1,\ 1$ // ◀$3^a=3^b \Rightarrow a=b$

7

[考え方]

まず，**Point 2.1** に従って
共通な指数の変数をみつけ出そう。

$$\begin{cases} 9^x = 3^{2x} \quad \blacktriangleleft 9=3^2 \\ \quad = (3^x)^2 \quad \blacktriangleleft 3^{ab}=(3^b)^a \\ 3^{x-1} = 3^x \cdot 3^{-1} \quad \blacktriangleleft 3^{a+b}=3^a \cdot 3^b \\ \quad = \dfrac{1}{3} \cdot 3^x \quad \blacktriangleleft 3^{-1}=\dfrac{1}{3} \end{cases}$$

より，
問題文の式は 3^x という変数でできていることが分かるので
$\boxed{3^x = X \ (X>0) \ とおく}$ と， ◀ **Point 2.1, Point 2.2**
練習問題 7 は次のように書き直せるよね。

- - - 練習問題 7′ -
$f(x) = X^2 - 2X - 1 \ (X>0)$ は $x = \boxed{}$ で最小値 $\boxed{}$ をとる。
- -

これだったら簡単だよね。

練習問題 7 と 練習問題 7′ は同じ問題なので，
以下，考えにくい 練習問題 7 のかわりに 練習問題 7′ について考えよう。

まず，**Point 2.5** に従って
$\boxed{f(x) = X^2 - 2X - 1 \ を平方完成する}$ と，

$f(x) = X^2 - 2X - 1$
$\quad = (X-1)^2 - 2$ となる。 ◀ $X^2 - 2X = (X-1)^2 - 1$

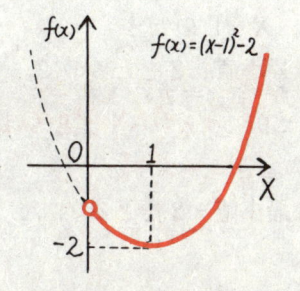

そこで，
$\boxed{X>0}$ を考え ◀ **Point 2.2**
$f(x) = (X-1)^2 - 2$ を図示すると
左図のようになる。

よって，図から
$X=1$ のときに $f(x)$ は最小値 -2 をとる，ということが分かるよね。

だけど，この問題で求めなければならないものは
X の値ではなくて x の値なので，ここで
$X=1$ のときの x の値を求めよう。

まず，$3^x = X$ より
$3^x = 1$ がいえるよね。 ◀$3^x = X$ に $X=1$ を代入した

よって，$3^0 = 1$ を考え
$3^x = 1$ から $x=0$ がいえる。

以上より，
$x=0$ のときに $f(x)$ は最小値 -2 をとることが分かった！

[解答]

$\boxed{3^x = X \ (>0) \text{ とおく}}$ と， ◀Point 2.1, Point 2.2

$f(x) = 9^x - 6 \cdot 3^{x-1} - 1$

$\quad = (3^x)^2 - 6 \cdot \dfrac{1}{3} \cdot 3^x - 1$ ◀$9^x = (3^x)^2$, $3^{x-1} = \dfrac{1}{3} \cdot 3^x$

$\quad = X^2 - 2X - 1$ ◀3^x に X を代入した

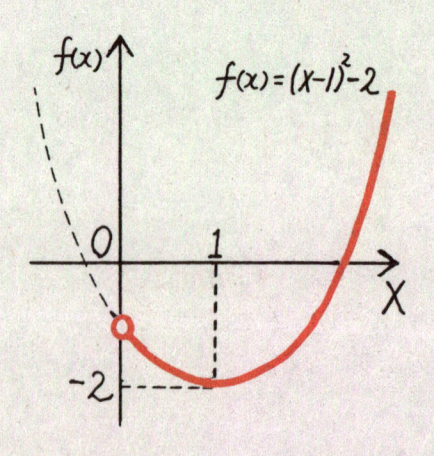

$\quad = (X-1)^2 - 2$ ◀Point 2.5 に従って平方完成した！

ここで，
$\boxed{X > 0}$ を考え ◀Point 2.2
$f(x) = (X-1)^2 - 2$ を図示すると
左図のようになる。

よって，$X=1$ のとき
$f(x)$ は最小値 -2 をとるので，
$3^x = 1$ より ◀$X=1$ に $X=3^x$ を代入した
$x=0$ のとき ◀$3^0 = 1$
$f(x)$ は最小値 -2 をとる。∥

8

[考え方]
(1) まず，**Point 2.1** に従って
共通な指数の変数をみつけ出そう。

$$\begin{cases} 2^{x-1} = 2^{-1} \cdot 2^x & \blacktriangleleft 2^{a+b} = 2^a \cdot 2^b \\ \phantom{2^{x-1}} = \dfrac{1}{2} \cdot 2^x & \blacktriangleleft 2^{-1} = \dfrac{1}{2} \\ 2^{-x} = \dfrac{1}{2^x} & \blacktriangleleft 2^{-n} = \dfrac{1}{2^n} \\ 2^{2x} = (2^x)^2 & \blacktriangleleft 2^{ab} = (2^b)^a \\ 2^{-2x} = \dfrac{1}{2^{2x}} & \blacktriangleleft 2^{-n} = \dfrac{1}{2^n} \\ \phantom{2^{-2x}} = \dfrac{1}{(2^x)^2} & \blacktriangleleft 2^{ab} = (2^b)^a \end{cases}$$

より，
問題文の式は 2^x という変数でできていることが分かるので
$\boxed{2^x = a\ (a>0)\ とおく}$ と，　◀ **Point 2.1，Point 2.2**
練習問題 8 は次のように書き直せるよね。

練習問題 8′

(1) $\dfrac{1}{2}a + \dfrac{1}{a} = X\ (a>0)$ のとき，

　$y = \dfrac{1}{4}a^2 + \dfrac{1}{a^2}$ を X を用いて表すと，$y = \boxed{}$ となる。

(2) $\dfrac{1}{2}a + \dfrac{1}{a} \leqq 2$ のとき，

　y の最大値は $\boxed{}$，最小値は $\boxed{}$ である。

$\begin{cases} X = \dfrac{1}{2}a + \dfrac{1}{a} \ \cdots\cdots ① \\ y = \dfrac{1}{4}a^2 + \dfrac{1}{a^2} \ \cdots\cdots ② \end{cases}$　①や②の形だったら，
y を X を用いて表すのは簡単だよね。

えっ，なぜかって？

だって，①の両辺を2乗すれば

$X^2 = \left(\dfrac{1}{2}a + \dfrac{1}{a}\right)^2$ ◀ ①の両辺を2乗した

$\Leftrightarrow X^2 = \left(\dfrac{1}{2}a\right)^2 + \left(\dfrac{1}{a}\right)^2 + 2\cdot\dfrac{1}{2}a\cdot\dfrac{1}{a}$ ◀ $(A+B)^2 = A^2 + B^2 + 2AB$

$\Leftrightarrow X^2 = \dfrac{1}{4}a^2 + \dfrac{1}{a^2} + 1$ ……(＊) のように

$y\left[=\dfrac{1}{4}a^2 + \dfrac{1}{a^2}\right]$ が出てくる でしょ！

よって，$X^2 = \dfrac{1}{4}a^2 + \dfrac{1}{a^2} + 1$ ……(＊) より

$X^2 = y + 1$ ◀ (＊)に $y = \dfrac{1}{4}a^2 + \dfrac{1}{a^2}$ ……②を代入した

$\Leftrightarrow \underline{y = X^2 - 1}$ が得られた！ ◀ yをXを用いて表すことができた

(2) まず，問題文の $\dfrac{1}{2}a + \dfrac{1}{a} \leqq 2$ について考えよう。

$X = \dfrac{1}{2}a + \dfrac{1}{a}$ ……① より $\dfrac{1}{2}a + \dfrac{1}{a} \leqq 2$ は

$\underline{X \leqq 2}$ ……③ と書き直すことができるよね。 ◀ $\dfrac{1}{2}a + \dfrac{1}{a}$ を消去した

そこで，多くの人は問題文を次のように書き直せると思うだろう。

```
練習問題 8″
(2) 1/2 a + 1/a ≦ 2 のとき，y = X² − 1 の最大値と最小値を求めよ。
```

⬇

```
(2) X ≦ 2 のとき，y = X² − 1 の最大値と最小値を求めよ。
```

しかし，これは間違いである！
どこがいけないのか分かるかい？

この書き直しは，
「文字の置き換えをするときには，
　必ず置き換えた文字の範囲について考えよ！」（**Point 2.2**）を
考えていないよね。
つまり，この問題では，
$\frac{1}{2}a+\frac{1}{a}$ を X と置いているので　◀ $\frac{1}{2}a+\frac{1}{a}$ の置き換えをしている！

$X=\frac{1}{2}a+\frac{1}{a}$ の範囲について考えなければならないのである！

そこで，$X=\frac{1}{2}a+\frac{1}{a}$ の範囲について考えよう。

まず，問題文の $\frac{1}{2}a+\frac{1}{a} \leqq 2$ より

$\frac{1}{2}a+\frac{1}{a}$ の最大値は 2 である，ということが分かるが，

$\boxed{\frac{1}{2}a+\frac{1}{a} \text{ は式の形から最小値も存在する}}$ ということは分かるかい？

だって，$\frac{1}{2}a+\frac{1}{a}$ は

$\boxed{\frac{1}{2}a \cdot \frac{1}{a} = \frac{1}{2}\text{（定数！）}}$ より　◀ $\frac{1}{2}a$［変数］と $\frac{1}{a}$［変数］を掛けたら定数になった！

相加相乗平均を使う典型的な形でしょ！　◀ **Point 2.4**

そこで，相加相乗平均を使うと，　◀ $A+B \geqq 2\sqrt{AB}$

$\quad \frac{1}{2}a+\frac{1}{a} \geqq 2\sqrt{\frac{1}{2}}$　◀ $\frac{1}{2}a+\frac{1}{a} \geqq 2\sqrt{\frac{1}{2} \cdot \frac{1}{a}}$

$\Leftrightarrow \frac{1}{2}a+\frac{1}{a} \geqq \sqrt{2}$　◀ $2\sqrt{\frac{1}{2}} = \sqrt{4 \cdot \frac{1}{2}} = \sqrt{2}$

がいえるので　◀ $\frac{1}{2}a+\frac{1}{a}$ の最小値は $\sqrt{2}$ である！

$X \geqq \sqrt{2}$ が得られる。　◀ $\frac{1}{2}a+\frac{1}{a}$ に X を代入した

よって，$X \leq 2$ ……③ を考え ◀問題文の条件
$\sqrt{2} \leq X \leq 2$ が得られた！

以上より，
問題文は次のように書き直すことができるよね。

------練習問題 8''''-----------------------------
　(2) $\sqrt{2} \leq X \leq 2$ のとき，$y = X^2 - 1$ の最大値と最小値を求めよ。

これだったら簡単だよね。

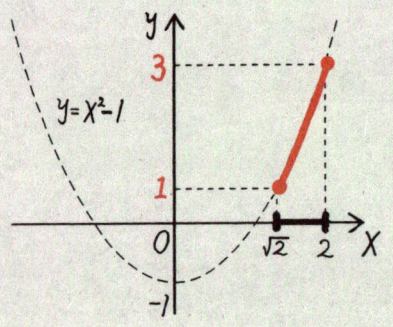

$y = X^2 - 1$ ($\sqrt{2} \leq X \leq 2$) を図示すると
左図のようになるので
y の最大値は **3** で最小値は **1**
であることが分かった。

[解答]

$2^x = a \ (>0)$ とおく と， ◀Point 2.1, Point 2.2

$\begin{cases} X = 2^{x-1} + 2^{-x} \\ y = \dfrac{1}{4} \cdot 2^{2x} + 2^{-2x} \end{cases}$

$\Leftrightarrow \begin{cases} X = \dfrac{1}{2}a + \dfrac{1}{a} \quad \text{……①} \\ y = \dfrac{1}{4}a^2 + \dfrac{1}{a^2} \quad \text{……②} \end{cases}$ が得られる。 ◀[考え方]参照

また,

> ①の両辺を2乗すると
> $X^2 = \dfrac{1}{4}a^2 + \dfrac{1}{a^2} + 1$ が得られる

ので ◀ $(A+B)^2 = A^2 + B^2 + 2AB$

$y = \dfrac{1}{4}a^2 + \dfrac{1}{a^2}$ ……② より

$y = X^2 - 1$ が得られた。 ◀ ②を $X^2 = \dfrac{1}{4}a^2 + \dfrac{1}{a^2} + 1$ に代入した

ここで,

> $a > 0$ より,①の相加相乗平均を考え
> $\dfrac{1}{2}a + \dfrac{1}{a} \geqq \sqrt{2}$

◀ Point 2.4

◀ $\dfrac{1}{2}a + \dfrac{1}{a} \geqq 2\sqrt{\dfrac{1}{2}a \cdot \dfrac{1}{a}} = 2\sqrt{\dfrac{1}{2}} = \sqrt{2}$

$\Leftrightarrow X \geqq \sqrt{2}$ がいえるので, ◀ $\dfrac{1}{2}a + \dfrac{1}{a} = X$ ……①を代入した

問題文の $X \leqq 2$ を考え

$\sqrt{2} \leqq X \leqq 2$ ……③ が得られる。

③を考え $y = X^2 - 1$ を図示すると
右図のようになるので,

y の最大値は **3**,最小値は **1** をとる。

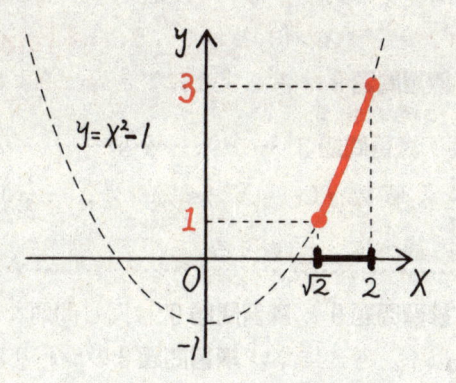

9

[考え方]

まず，**Point 2.1** に従って
共通な指数の変数をみつけ出そう。

$$\begin{cases} 4^x = 2^{2x} & \blacktriangleleft 4=2^2 \\ \quad = (2^x)^2 & \blacktriangleleft 2^{ab}=(2^b)^a \\ 4^{-x} = \dfrac{1}{4^x} & \blacktriangleleft 4^{-n}=\dfrac{1}{4^n} \\ \quad = \dfrac{1}{(2^x)^2} & \blacktriangleleft 4^x=(2^x)^2 \\ 2^{-x} = \dfrac{1}{2^x} & \blacktriangleleft 2^{-n}=\dfrac{1}{2^n} \end{cases}$$

より，
問題文の式は 2^x という変数でできていることが分かるので
$\boxed{2^x = X \ (X>0) \ \text{とおく}}$ と， ◀ **Point 2.1**, **Point 2.2**
練習問題 9 は次のように書き直せるよね。

> **練習問題 9′**
> 関数 $f(x) = X^2 + \dfrac{1}{X^2} + 3\left(X - \dfrac{1}{X}\right) - \dfrac{7}{4}$ $(X>0)$ は $x = \boxed{}$ のとき
> 最小値 $\boxed{}$ をとる。

練習問題 9 と **練習問題 9′** は同じ問題なので，
以下，考えにくい **練習問題 9** のかわりに **練習問題 9′** について考えよう。

まず，
$\boxed{X^2 + \dfrac{1}{X^2} \ \text{は} \ X - \dfrac{1}{X} \ \text{を使って書き直すことができる}}$ ◀ $\left(X-\dfrac{1}{X}\right)^2 = X^2 + \dfrac{1}{X^2} - 2$
ので， $\Leftrightarrow X^2 + \dfrac{1}{X^2} = \left(X-\dfrac{1}{X}\right)^2 + 2$

$\boxed{X - \dfrac{1}{X} = t \ \text{とおけば} \ X^2 + \dfrac{1}{X^2} + 3\left(X-\dfrac{1}{X}\right) - \dfrac{7}{4} \ \text{は} \ t \ \text{の2次式になる}}$ よね。

▶理由は次のページ！

$$\left[\begin{array}{l}\blacktriangleright f(x)=X^2+\dfrac{1}{X^2}+3\left(X-\dfrac{1}{X}\right)-\dfrac{7}{4}\\ \qquad =(t^2+2)+3t-\dfrac{7}{4}\quad\blacktriangleleft X-\dfrac{1}{X}=t \text{ と } X^2+\dfrac{1}{X^2}=t^2+2 \text{ を代入した}\\ \qquad =t^2+3t+\dfrac{1}{4}\ \cdots\cdots(*)\quad\blacktriangleleft \text{展開して整理した}\end{array}\right]$$

2次式の最大・最小問題だったら簡単に解けることを考え，とりあえず

$\boxed{X-\dfrac{1}{X}=t\ \cdots\cdots ①}$ とおこう。

すると，
$$\begin{aligned}f(x)&=X^2+\dfrac{1}{X^2}+3\left(X-\dfrac{1}{X}\right)-\dfrac{7}{4}\\ &=(t^2+2)+3t-\dfrac{7}{4}\quad\blacktriangleleft X^2+\dfrac{1}{X^2}=t^2+2 \text{ と } X-\dfrac{1}{X}=t \text{ を代入した}\\ &=t^2+3t+\dfrac{1}{4}\quad\blacktriangleleft \text{展開して整理した}\\ &=\left(t+\dfrac{3}{2}\right)^2-\left(\dfrac{3}{2}\right)^2+\dfrac{1}{4}\quad\blacktriangleleft \text{Point 2.5に従って平方完成した！}\\ &=\left(t+\dfrac{3}{2}\right)^2-2\ \cdots\cdots(*)'\quad\blacktriangleleft -\left(\dfrac{3}{2}\right)^2+\dfrac{1}{4}=-\dfrac{9}{4}+\dfrac{1}{4}=-2\end{aligned}$$

が得られる。よって，あとは

$t=X-\dfrac{1}{X}\ (X>0)$ の範囲について考えればいいよね。◀ Point 2.2

ところが，今までの $X+\dfrac{1}{X}\ (X>0)$ とは違って

$\left[\blacktriangleright X+\dfrac{1}{X}\ (X>0)\ \text{については}\ X+\dfrac{1}{X}\geqq 2\ \text{という範囲があった！}\right]$

$\boxed{X-\dfrac{1}{X}\ (X>0)\ \text{はすべての値をとり得る}}$ ◀ One Point Lesson (P.181)を見よ

ので，$X-\dfrac{1}{X}$ の置き換えについては例外的に

範囲は考えなくてもいいんだ。

つまり，この問題では，単に

$f(x)=\left(t+\dfrac{3}{2}\right)^2-2\ \cdots\cdots(*)'$ のグラフをかけばそれで終わりなんだよ。

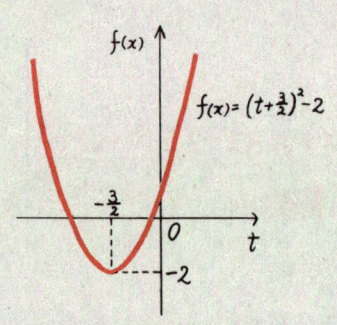

そこで，
$$f(x) = \left(t + \frac{3}{2}\right)^2 - 2 \cdots\cdots(*)'$$
のグラフをかくと
左図のようになる。

$f(x) = (t+\frac{3}{2})^2 - 2$

よって，上図から
$t = -\frac{3}{2}$ のときに $f(x)$ は最小値 -2 をとる ……(★)
ということが分かるよね。
だけど，この問題で求めなければならないものは
t の値ではなくて x の値なので，ここで
$t = -\frac{3}{2}$ のときの x の値を求めよう。

まず，$X - \frac{1}{X} = t$ ……① より， ◀まず①から X の値を求める
$\quad X - \frac{1}{X} = -\frac{3}{2}$ ◀①に $t=-\frac{3}{2}$ を代入した
$\Leftrightarrow 2X^2 - 2 = -3X$ ◀両辺に $2X$ [≠0] を掛けて分母を払った
$\Leftrightarrow 2X^2 + 3X - 2 = 0$ ◀整理した
$\Leftrightarrow (2X - 1)(X + 2) = 0$ ◀たすき掛け
$\Leftrightarrow X = \frac{1}{2}$ が得られる。 ◀ X>0 より X=-2 は不適である！

さらに，$2^x = X$ より， ◀ $2^x = X$ から x の値を求める
$\quad 2^x = \frac{1}{2}$ ◀ $2^x = X$ に $X = \frac{1}{2}$ を代入した
$\Leftrightarrow 2^x = 2^{-1}$ ◀ $\frac{1}{2} = 2^{-1}$
$\therefore \ x = -1$ が分かる。 ◀ $2^a = 2^b \Rightarrow a = b$

以上より，(★) を考え ◀ $t=-\frac{3}{2}$ のときに $f(x)$ は最小値 -2 をとる……(★)
$x = -1$ のときに $f(x)$ は最小値 -2 をとることが分かった。

[解答]

$\boxed{2^x = X \ (>0) \ \text{とおく}}$ と， ◀ Point 2.1, Point 2.2

$f(x) = 4^x + 4^{-x} + 3(2^x - 2^{-x}) - \dfrac{7}{4}$

$\quad = X^2 + \dfrac{1}{X^2} + 3\left(X - \dfrac{1}{X}\right) - \dfrac{7}{4} \ \cdots\cdots (*)$ がいえる。 ◀ [考え方] 参照

さらに，

$\boxed{X - \dfrac{1}{X} = t \ \cdots\cdots ① \ \text{とおく}}$ と， ◀ 式を見やすくする！

$X^2 + \dfrac{1}{X^2} = t^2 + 2 \ \cdots\cdots ②$ がいえるので， ◀ ①の両辺を2乗して $X^2 + \dfrac{1}{X^2}$ について解いた

$f(x) = X^2 + \dfrac{1}{X^2} + 3\left(X - \dfrac{1}{X}\right) - \dfrac{7}{4} \ \cdots\cdots (*)$

$\quad = t^2 + 2 + 3t - \dfrac{7}{4}$ ◀ ①と②を代入した

$\quad = t^2 + 3t + \dfrac{1}{4}$ ◀ 整理した

$\quad = \left(t + \dfrac{3}{2}\right)^2 - 2 \ \cdots\cdots (*)'$ ◀ Point 2.5 に従って平方完成した！

が得られる。

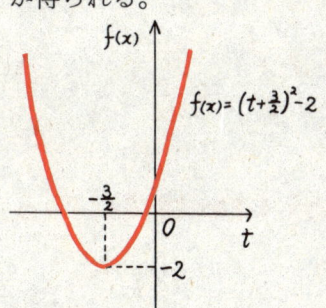

$f(x) = \left(t + \dfrac{3}{2}\right)^2 - 2 \ \cdots\cdots (*)'$

を図示すると 左図のようになるので，

$t = -\dfrac{3}{2}$ のとき

$f(x)$ は最小値 -2 をとることが分かる。

さらに，

$t = -\dfrac{3}{2}$

$\Leftrightarrow X - \dfrac{1}{X} = -\dfrac{3}{2}$ ◀ $t = X - \dfrac{1}{X} \cdots\cdots ①$ を代入した

$\Leftrightarrow 2X^2 + 3X - 2 = 0$ ◀ 両辺に $2X (\neq 0)$ を掛けて分母を払って整理した

$\Leftrightarrow (2X - 1)(X + 2) = 0$ ◀ たすき掛け

$\Leftrightarrow X = \dfrac{1}{2}$　◀ X>0より X=-2は不適である！

$\Leftrightarrow 2^x = 2^{-1}$　◀ X=2ˣを代入した

$\Leftrightarrow \underline{x = -1}$ を考え，　◀ $2^a=2^b$ ➡ <u>a=b</u>

<u>$x=-1$ のとき，$f(x)$ は最小値 -2 をとる</u>ことが分かった。

10

[考え方]

まず，$\dfrac{3}{7}\log_x 128$ について考えよう。

0.125 は $0.125 = \dfrac{125}{1000}$

$= \dfrac{5^3}{10^3}$

$= \left(\dfrac{5}{10}\right)^3$　◀ $\dfrac{a^n}{b^n} = \left(\dfrac{a}{b}\right)^n$

$= \dfrac{1}{8}$ と書き直せるので，　◀ $\left(\dfrac{5}{10}\right)^3 = \left(\dfrac{1}{2}\right)^3 = \dfrac{1}{8}$

$x = 0.125$

$\Leftrightarrow \underline{x = \dfrac{1}{8}}$ がいえるよね。　◀ xが考えやすくなった！

そこで，

$\boxed{x = \dfrac{1}{8} \text{ を } \dfrac{3}{7}\log_x 128 \text{ に代入する}}$ と　◀ とりあえず未知数を減らしてみる

$\dfrac{3}{7}\log_x 128 = \dfrac{3}{7}\log_{\frac{1}{8}} 128$ が得られる。

また，

128 は 2^7 と書き直すことができるので，

$\dfrac{3}{7}\log_{\frac{1}{8}} 128 = \dfrac{3}{7}\log_{\frac{1}{8}} 2^7$ がいえる。　◀ $128 = 2^7$

あとは log の公式を使って $\dfrac{3}{7}\log_{\frac{1}{8}} 2^7$ をキレイにすれば終わりである。

まず，
$\log_a b^n = n\log_a b$ より ◀**Point 2.7 ①**

$\dfrac{3}{7}\log_{\frac{1}{8}}2^7 = \dfrac{3}{7}\cdot 7\log_{\frac{1}{8}}2$ ◀ $a=\dfrac{1}{8}, b=2, n=7$ の場合

$\qquad = 3\log_{\frac{1}{8}}2$ がいえるよね。 ◀分母分子の7を約分した

とりあえず分母が消えてキレイになったけれど，まだ $3\log_{\frac{1}{8}}2$ の形のままではよく分からないよね。

そこで，さっきの公式（**Point 2.7 ①**）の逆の
$n\log_a b = \log_a b^n$ を使ってみると， ◀**Point 2.7 ①**
$3\log_{\frac{1}{8}}2 = \log_{\frac{1}{8}}2^3$ ◀ $n=3, a=\dfrac{1}{8}, b=2$ の場合
$\qquad = \log_{\frac{1}{8}}8$ が得られる。 ◀ $2^3=8$

$\log_{\frac{1}{8}}8$ だったら簡単に値を求めることができるよね。
えっ，なぜかって？
だって，

$\boxed{8\text{は}\left(\dfrac{1}{8}\right)^{-1}\text{と書き直すことができる}}$ ◀ $a=(a^{-1})^{-1}=\left(\dfrac{1}{a}\right)^{-1}$

ので， ◀8は底の$\dfrac{1}{8}$を使って書き直すことができる！
$\log_{\frac{1}{8}}8 = \log_{\frac{1}{8}}\left(\dfrac{1}{8}\right)^{-1}$ [P.67の重要事項を見よ]

$\qquad = -1\cdot\log_{\frac{1}{8}}\dfrac{1}{8}$ より ◀ $\log_a b^n = n\log_a b$ [**Point 2.7 ①**]

$\log_a a = 1$（**Point 2.7 ②**）が使える形になるでしょ！
よって，
$\log_{\frac{1}{8}}\dfrac{1}{8} = 1$ より ◀ $\log_a a = 1$ [**Point 2.7 ②**]

$\dfrac{3}{7}\log_x 128 = -1$ が得られる。 ◀ $\dfrac{3}{7}\log_x 128 = -1\cdot\log_{\frac{1}{8}}\dfrac{1}{8} = -1\cdot 1 = \underline{-1}$

次に，$(0.8)^y$ について考えよう。

これは簡単だよね。
だって，**Point 2.8** を使えば ◀ $\log_a b = c \Leftrightarrow b = a^c$
$(0.8)^y$ の値は $\log_{0.8} 7 = y$ から簡単に求めることができるでしょ。

つまり，
$\log_a b = c \Leftrightarrow b = a^c$ から ◀ **Point 2.8**
$\log_{0.8} 7 = y \Leftrightarrow 7 = (0.8)^y$ がいえるので， ◀ $a = 0.8, b = 7, c = y$ の場合
$(0.8)^y = 7$ が得られる。

以上より，
$\frac{3}{7} \log_x 128 + (0.8)^y = -1 + 7$
$\qquad\qquad\qquad = 6$ が得られた。

[解答]

$\boxed{\dfrac{3}{7} \log_x 128 \text{ について}}$

$\begin{cases} x = 0.125 = \dfrac{1}{8} \\ 128 = 2^7 \end{cases}$ ◀ $0.125 \times 8 = 1 \Rightarrow 0.125 = \dfrac{1}{8}$

より，

$\dfrac{3}{7} \log_x 128 = \dfrac{3}{7} \log_{\frac{1}{8}} 2^7$ ……ⓐ ◀ $x = \dfrac{1}{8}$ と $128 = 2^7$ を代入した

$\qquad = \dfrac{3}{7} \cdot 7 \log_{\frac{1}{8}} 2$ ◀ $\log_a b^7 = 7 \log_a b$ [Point 2.7①]

$\qquad = 3 \log_{\frac{1}{8}} 2$ ◀ 分母分子の7を約分した

$\qquad = \log_{\frac{1}{8}} 2^3$ ……ⓑ ◀ $3 \log_a b = \log_a b^3$ [Point 2.7①]

$\qquad = \log_{\frac{1}{8}} 8$ ◀ $2^3 = 8$

$\qquad = \log_{\frac{1}{8}} \left(\dfrac{1}{8}\right)^{-1}$ ◀ $a = \left(\dfrac{1}{a}\right)^{-1}$ [《注2》のように求めてもよい]

$\qquad = -1 \cdot \log_{\frac{1}{8}} \dfrac{1}{8}$ ◀ $\log_a b^{-1} = -1 \cdot \log_a b$ [Point 2.7①]

$\qquad = -1$ ……① ◀ $\log_a a = 1$ [Point 2.7②]

指数・対数関数の頻出問題の考え方について　37

$\boxed{(0.8)^y について}$

$\boxed{\log_{0.8} 7 = y \Leftrightarrow 7 = (0.8)^y}$ を考え　◀ $\log_a b = c \Leftrightarrow b = a^c$ [Point 2.8]

$(0.8)^y = 7$ ……② が分かる。

①, ②より,

$\dfrac{3}{7}\log_x 128 + (0.8)^y = -1 + 7$　◀ ①と②を代入した

$\phantom{\dfrac{3}{7}\log_x 128 + (0.8)^y} = \underline{6}$ //

(注1)

　[解答] の $\dfrac{3}{7}\log_{\frac{1}{8}} 2^7$ ……ⓐ から $\log_{\frac{1}{8}} 2^3$ ……ⓑ への変形は

$\dfrac{3}{7}\log_{\frac{1}{8}} 2^7$ ……ⓐ
$= \log_{\frac{1}{8}} 2^{7 \cdot \frac{3}{7}}$　◀ $n\log_a b = \log_a b^n$
$= \log_{\frac{1}{8}} 2^3$ ……ⓑ　◀ $7 \cdot \dfrac{3}{7} = 3$

のようにイッキに変形してもよい。

(注2)

　$\log_{\frac{1}{8}} 8$ は次のように底を変換して求めてもよい。

$\boxed{\log_{\frac{1}{8}} 8 = \dfrac{\log_8 8}{\log_8 \frac{1}{8}}}$ ◀ Point 2.10 を使って底を8に変えた!

$= \dfrac{1}{-1}$　◀ $\log_8 8 = \underline{1}$
　　　　◀ $\log_8 \dfrac{1}{8} = \log_8 8^{-1} = -1 \cdot \log_8 8 = -1 \cdot 1 = \underline{-1}$
$= \underline{-1}$

↑ Point 2.11 ② を使って
$\log_8 \dfrac{1}{8} = \log_8 1 - \log_8 8 = 0 - 1 = \underline{-1}$
のように求めてもよい!

11

[考え方]

(1) まず，$\log_2 x$ の真数条件より ◀ Point 2.12の Step1

$\underline{x > 0}$ ……ⓐ がいえるよね。

次に，

$4 = 4 \cdot 1$ ◀ 4を4・1とみなして強引に$\log_2 \square$の形にする

$\quad = 4 \cdot \log_2 2$ ◀ $\log_a a = 1$

$\quad = \log_2 2^4$ ◀ $n \log_a b = \log_a b^n$

$\quad = \underline{\log_2 16}$ を考え ◀ $2^4 = 16$

$\log_2 x < 4$

$\Leftrightarrow \underline{\log_2 x < \log_2 16}$ がいえ， ◀ Step 2に従って底をそろえた！

さらに，**Point 2.12** の Step 3(I)より

$\log_2 x < \log_2 16$ ◀ $\log_a A < \log_a B$

$\Leftrightarrow \underline{x < 16}$ ……ⓑ が得られるよね。 $\Leftrightarrow \underline{A < B}$ [$a > 1$のとき]

よって，

$0 < x$ ……ⓐ と $x < 16$ ……ⓑ から

$\underline{0 < x < 16}$ が得られた！ ◀ ⓐとⓑを共に満たすxの範囲

[解答]

(1) $\log_2 x$ の真数条件より

$\underline{x > 0}$ ……ⓐ がいえる。

また，

$\log_2 x < 4$

$\Leftrightarrow \log_2 x < \log_2 16$ より ◀ $4 = 4 \cdot 1 = 4 \cdot \log_2 2 = \log_2 2^4 = \underline{\log_2 16}$

$\underline{x < 16}$ ……ⓑ が得られる。 ◀ $\log_2 A < \log_2 B \Rightarrow \underline{A < B}$

よって，ⓐとⓑから

$\underline{0 < x < 16}$ が得られた。// ◀ ⓐとⓑを共に満たすxの範囲

[考え方]

(2) まず，**Point 2.12** の Step 1 に従って
$\boxed{\log_{\frac{1}{2}}(\log_2 x) \text{ の真数条件について考えよう。}}$

$\log_{\frac{1}{2}}(\log_2 x)$ は，一見するとよく分からない形をしているのかも
しれないけれど，要は $\log_{\frac{1}{2}} f(x)$ の形だよね。◀ $\log_2 x$ を $f(x)$ とおいた！
$\log_{\frac{1}{2}} f(x)$ の真数条件は $f(x) > 0$ なので
$\log_{\frac{1}{2}}(\log_2 x)$ の真数条件は $\log_2 x > 0$ だよね。
つまり，
$\log_{\frac{1}{2}}(\log_2 x)$ の真数条件は $\log_2 x > 0$ であることが分かったが，
$\log_2 x > 0$ は x の範囲ではないので，さらに $\log_2 x > 0$ から
x の範囲を求めなければならないのである。

そこで，$\log_2 x > 0$ について考えよう。

$\log_2 x > 0$ も log の不等式なので **Point 2.12** を使えばいいよね。

まず，真数条件より ◀ Step 1
$x > 0$ …… ⓒ がいえる。

次に，$\boxed{\log_2 1 = 0}$ を考え ◀ $\log_a 1 = 0$ [Point 8 ①]
  $\log_2 x > 0$
⇔ $\log_2 x > \log_2 1$ より ◀ 底をそろえた [Step 2]
$x > 1$ …… ⓓ がいえる。 ◀ $\log_2 A > \log_2 B \Rightarrow A > B$ [Step 3(I)]

よって，ⓒ と ⓓ より
$\log_{\frac{1}{2}}(\log_2 x)$ の真数条件は ◀ $\log_2 x > 0$ を満たす x の範囲！
$x > 1$ …… ① である。 ◀ ⓒ と ⓓ を共に満たす x の範囲

次に，**Point 2.12** の **Step 2** に従って

$\boxed{\log_{\frac{1}{2}}(\log_2 x) > -2 \text{ の底をそろえて } \log_a A > \log_a B \text{ の形にしよう。}}$

$-2 = -2 \cdot 1$ ◀ -2を$-2 \cdot 1$とみなして強引に$\log_{\frac{1}{2}}\square$の形にする！

$\quad = -2 \cdot \log_{\frac{1}{2}} \frac{1}{2}$ ◀ $\log_a a = 1$

$\quad = \log_{\frac{1}{2}} \left(\frac{1}{2}\right)^{-2}$ ◀ $-2\log_a b = \log_a b^{-2}$

$\quad = \log_{\frac{1}{2}} (2^{-1})^{-2}$ ◀ $\frac{1}{2} = 2^{-1}$

$\quad = \log_{\frac{1}{2}} 2^2$ ◀ $(2^m)^n = 2^{mn}$

$\quad = \log_{\frac{1}{2}} 4$ を考え ◀ $2^2 = 4$

$\quad \log_{\frac{1}{2}}(\log_2 x) > -2$

$\Leftrightarrow \log_{\frac{1}{2}}(\log_2 x) > \log_{\frac{1}{2}} 4$ がいえる。 ◀ 底をそろえた！

次に，**Point 2.12** の **Step 3** を使って

$\boxed{\log_{\frac{1}{2}}(\log_2 x) > \log_{\frac{1}{2}} 4 \text{ を解こう。}}$

まず，底が $\frac{1}{2}$ なので **Step 3** の(II)より ◀ $0 < \frac{1}{2} < 1$

$\quad \log_{\frac{1}{2}}(\log_2 x) > \log_{\frac{1}{2}} 4$ ◀ $\log_a A > \log_a B$

$\Leftrightarrow \log_2 x < 4$ がいえるよね。 $\Leftrightarrow A < B$ [$0 < a < 1$のとき]

さらに，(1)より ◀ $\log_2 x < 4$は既に(1)で解いている！

$\quad \log_2 x < 4$

$\Leftrightarrow 0 < x < 16$ ……② がいえる。

よって，

$1 < x$ ……① と $0 < x < 16$ ……② から

$1 < x < 16$ が得られた！ ◀ ①と②を共に満たすxの範囲

[解答]
(2) まず，$\log_{\frac{1}{2}}(\log_2 x)$ の真数条件から
$\log_2 x > 0$ が得られるので
$\log_2 x > 0$ について考える。 ◀最終的に求めたいものは x の範囲であるが，$\log_2 x > 0$ は x の範囲ではないのでさらに $\log_2 x > 0$ から x の範囲を求めなければならない！

$\log_2 x > 0$ の真数条件から
$x > 0$ …… ⓒ がいえる。

また，
　$\log_2 x > 0$
⇔ $\log_2 x > \log_2 1$ から ◀$\log_a 1 = 0$ [Point 8 ①]
$x > 1$ …… ⓓ がいえる。 ◀$\log_2 A > \log_2 B \Rightarrow A > B$

よって，ⓒとⓓから
$x > 1$ …… ① ◀$\log_2 x > 0$ を解いたら $x > 1$ …… ① が得られたので
が得られる。　　これが Step 1 (真数条件) の結果になる！

次に，
　$\log_{\frac{1}{2}}(\log_2 x) > -2$
⇔ $\log_{\frac{1}{2}}(\log_2 x) > \log_{\frac{1}{2}} 4$ から ◀$-2 = \log_{\frac{1}{2}} 4$ ([考え方] 参照)
$\log_2 x < 4$ がいえるので， ◀$\log_{\frac{1}{2}} A > \log_{\frac{1}{2}} B \Rightarrow A < B$

(1)より ◀前の問題の結果を使う！
$0 < x < 16$ …… ② ◀Point 2.12 の Step 2 と Step 3 によって，
が得られる。　$\log_{\frac{1}{2}}(\log_2 x) > -2$ が $0 < x < 16$ …… ② と書き直せることが分かった！

よって，①と②から
$1 < x < 16$ が得られた。 ◀①と②を共に満たす x の範囲

12

[解答]

$\begin{cases} \log_{a^2} 4x \text{ の真数条件より } \underline{4x > 0} \cdots\cdots ① \text{ がいえ,} \\ \log_a (3-x) \text{ の真数条件より } \underline{3-x > 0} \cdots\cdots ② \text{ がいえる.} \end{cases}$

よって,

$\begin{cases} ① \Rightarrow x > 0 \quad \blacktriangleleft \text{両辺を4で割った} \\ ② \Rightarrow x < 3 \text{ より} \quad \blacktriangleleft x \text{について解いた} \end{cases}$

$\underline{0 < x < 3} \cdots\cdots ③$ が得られる。 ◀①と②を共に満たす x の範囲

ここで,

$\log_{a^2} 4x = \dfrac{\log_a 4x}{\log_a a^2}$ ◀底を a に変えた！[Point 2.10]

$\phantom{\log_{a^2} 4x} = \underline{\dfrac{1}{2} \log_a 4x}$ を考え ◀$\log_a a^2 = 2\log_a a = 2\cdot 1 = 2$

$\log_{a^2} 4x \leqq \log_a (3-x)$

$\Leftrightarrow \dfrac{1}{2} \log_a 4x \leqq \log_a (3-x)$ ◀$\log_{a^2} 4x = \dfrac{1}{2}\log_a 4x$ を代入した

$\Leftrightarrow \log_a 4x \leqq 2\log_a (3-x)$ ◀両辺に2を掛けて分母を払った

$\Leftrightarrow \underline{\log_a 4x \leqq \log_a (3-x)^2} \cdots\cdots (*)$ が得られる。 ◀$2\log_a b = \log_a b^2$

[考え方]

底がそろったので，あとは **Point 2.12** の Step 3 の

(I)		(II)
$a > 1$ のとき $\log_a A \leqq \log_a B \Rightarrow A \leqq B$	or	$0 < a < 1$ のとき $\log_a A \leqq \log_a B \Rightarrow A \geqq B$

を使えばいいのだが，
問題文で a の範囲は $a > 0$ と $a \neq 1$ だけしか与えられていないので
a の範囲が $0 < a < 1$ か $1 < a$ のどちらか分からないよね。
そこで,
$\boxed{\text{(i) } 0 < a < 1 \text{ のとき}}$ と $\boxed{\text{(ii) } 1 < a \text{ のとき}}$ の
2通りの場合分けが必要になる！

(i) $0<a<1$ のとき

$\log_a 4x \leqq \log_a (3-x)^2$ ……(＊)

$\Leftrightarrow 4x \geqq (3-x)^2$ ◀ Point 2.12 の Step3 (Ⅱ)

$\Leftrightarrow 4x \geqq x^2 - 6x + 9$ ◀ 展開した

$\Leftrightarrow x^2 - 10x + 9 \leqq 0$ ◀ 整理した

$\Leftrightarrow (x-9)(x-1) \leqq 0$ ◀ たすき掛け

$\Leftrightarrow 1 \leqq x \leqq 9$

よって，$0 < x < 3$ ……③ より ◀ 真数条件！

$1 \leqq x < 3$ が得られる。

(ii) $1<a$ のとき

$\log_a 4x \leqq \log_a (3-x)^2$ ……(＊)

$\Leftrightarrow 4x \leqq (3-x)^2$ ◀ Point 2.12 の Step3 (Ⅱ)

$\Leftrightarrow (x-9)(x-1) \geqq 0$ ◀ (i)と(ii)は不等号の向きが違うだけなので，

$\Leftrightarrow 9 \leqq x,\ x \leqq 1$ 　　(i)の結果が使える！

よって，$0 < x < 3$ ……③ より ◀ 真数条件！

$0 < x \leqq 1$ が得られる。

13

[考え方]

まず，$a^x = b^y = c^z$ は指数の入った関係式なので
Point 2.13 に従って，全体に log をとる と，

$\log_a a^x = \log_a b^y = \log_a c^z$ ◀ ((注))を見よ！

$\Leftrightarrow x\log_a a = y\log_a b = z\log_a c$ ◀ $\log_a A^n = n\log_a A$

$\Leftrightarrow x = y\log_a b = z\log_a c$ ◀ $\log_a a = 1$

$\Leftrightarrow \begin{cases} x = z\log_a c & \cdots\cdots ① \\ y\log_a b = z\log_a c & \cdots\cdots ② \end{cases}$ ◀ $A = B = C \Leftrightarrow \begin{cases} A = C \\ B = C \end{cases}$

が得られる。

そこで，とりあえず
①と②から $\dfrac{1}{x} + \dfrac{1}{y}$ を求めてみよう。 ◀ $\dfrac{1}{x} + \dfrac{1}{y} = \dfrac{2}{z}$ の左辺の $\dfrac{1}{x} + \dfrac{1}{y}$ を z だけを使って表してみる！

まず，①から $\dfrac{1}{x}$ を求めよう。 ◀ $x = z\log_a c$ ……①

①の両辺を $x\ [\neq 0]$ で割る と ◀ $\dfrac{1}{x}$ の形をつくりたいから

$\dfrac{z\log_a c}{x} = 1$ ……①′ となり，

さらに ①′の両辺を $z\log_a c\ [\neq 0]$ で割る と ◀ $\dfrac{1}{x}$ をつくる！

$\dfrac{1}{x} = \dfrac{1}{z\log_a c}$ ……①″ のように $\dfrac{1}{x}$ が求められた。

次に，②から $\dfrac{1}{y}$ を求めよう。 ◀ $y\log_a b = z\log_a c$ ……②

②の両辺を $y\ [\neq 0]$ で割る と ◀ $\dfrac{1}{y}$ の形をつくりたいから

$\dfrac{z\log_a c}{y} = \log_a b$ ……②′ となり，

さらに ②'の両辺を $z\log_a c\ [\neq 0]$ で割る と ◀ $\dfrac{1}{y}$ をつくる!

$\dfrac{1}{y} = \dfrac{\log_a b}{z\log_a c}$ …… ②'' のように $\dfrac{1}{y}$ が求められた。

よって，

①'' + ②'' より， ◀ $\dfrac{1}{x} + \dfrac{1}{y}$ をつくる!

$\dfrac{1}{x} + \dfrac{1}{y} = \dfrac{1}{z\log_a c} + \dfrac{\log_a b}{z\log_a c}$

$\qquad = \dfrac{1 + \log_a b}{z\log_a c}$ …… ③ が得られる。 ◀ $\dfrac{A}{z\log_a c} + \dfrac{B}{z\log_a c} = \dfrac{A+B}{z\log_a c}$

そこで，

③を問題文の $\dfrac{1}{x} + \dfrac{1}{y} = \dfrac{2}{z}$ に代入する と， ◀ とりあえず x と y を消去する!

$\dfrac{1}{x} + \dfrac{1}{y} = \dfrac{2}{z}$

$\Leftrightarrow \dfrac{1 + \log_a b}{z\log_a c} = \dfrac{2}{z}$ ◀ ③を代入して x と y を消去した!

$\Leftrightarrow 1 + \log_a b = 2\log_a c$ …… (*) ◀ 両辺に $z\log_a c\ [\neq 0]$ を掛けて分母を払った

のように a と b と c だけの関係式が求められた! ◀ z も消えた!

よって，あとは
$1 + \log_a b = 2\log_a c$ …… (*) から c を求めれば終わりだよね。

そこで， $1 + \log_a b = 2\log_a c$ …… (*) を変形していく と， ◀ Point 2.9 参照

$\qquad 1 + \log_a b = 2\log_a c$ …… (*) ◀ 問題文の条件よりStep1の真数条件は満たされている!

$\Leftrightarrow \log_a a + \log_a b = \log_a c^2$ ◀ $\log_a a = 1,\ n\log_a c = \log_a c^n$

$\Leftrightarrow \log_a ab = \log_a c^2$ より ◀ $\log_a A + \log_a B = \log_a AB$

$c^2 = ab$ がいえるので， ◀ $\log_a A = \log_a B \Rightarrow A = B$

$c^2 = ab$ から ◀ 問題文より c は正である

$c = \sqrt{ab}$ が得られた! ◀ $c > 0$ のとき，$c^2 = x$ から $c = \sqrt{x}$ がいえる

[解答]

$\boxed{a^x = b^y = c^z}$
$\Leftrightarrow \log_a a^x = \log_a b^y = \log_a c^z$ ◀ Point 2.13
$\Leftrightarrow x\log_a a = y\log_a b = z\log_a c$ ◀ $\log_a A^n = n\log_a A$
$\Leftrightarrow x = y\log_a b = z\log_a c$ ◀ $\log_a a = 1$
$\Leftrightarrow \begin{cases} x = z\log_a c \\ y\log_a b = z\log_a c \end{cases}$ ◀ $A = B = C \Leftrightarrow \begin{cases} A = C \\ B = C \end{cases}$
$\Leftrightarrow \begin{cases} \dfrac{1}{x} = \dfrac{1}{z\log_a c} \quad \cdots\cdots ① \\ \dfrac{1}{y} = \dfrac{\log_a b}{z\log_a c} \quad \cdots\cdots ② \end{cases}$

◀ 両辺を $xz\log_a c$ [≠0] で割って $\dfrac{1}{x}$ をつくった！

◀ 両辺を $yz\log_a c$ [≠0] で割って $\dfrac{1}{y}$ をつくった！

$\boxed{①+②}$ より， ◀ $\dfrac{1}{x} + \dfrac{1}{y}$ をつくる！

$\dfrac{1}{x} + \dfrac{1}{y} = \dfrac{1}{z\log_a c} + \dfrac{\log_a b}{z\log_a c}$

$\qquad = \dfrac{1+\log_a b}{z\log_a c} \quad \cdots\cdots ③$ が得られるので， ◀ $\dfrac{A}{z\log_a c} + \dfrac{B}{z\log_a c} = \dfrac{A+B}{z\log_a c}$

$\boxed{③ を \dfrac{1}{x} + \dfrac{1}{y} = \dfrac{2}{z} に代入する}$ と， ◀ x と y を消去する！

$\dfrac{1}{x} + \dfrac{1}{y} = \dfrac{2}{z}$

$\Leftrightarrow \dfrac{1+\log_a b}{z\log_a c} = \dfrac{2}{z}$ ◀ ③ を代入して x と y を消去した！

$\Leftrightarrow 1 + \log_a b = 2\log_a c$ ◀ 両辺に $z\log_a c$ [≠0] を掛けて分母を払った
$\Leftrightarrow \log_a a + \log_a b = \log_a c^2$ ◀ $\log_a a = 1$, $n\log_a c = \log_a c^n$
$\Leftrightarrow \log_a ab = \log_a c^2$ ◀ $\log_a A + \log_a B = \log_a AB$
$\Leftrightarrow c^2 = ab$ ◀ $\log_a A = \log_a B \Rightarrow A = B$
$\therefore \underline{c = \sqrt{ab}}$ ◀ $c > 0$ のとき，$c^2 = x$ から $c = \sqrt{x}$ がいえる

指数・対数関数の頻出問題の考え方について　47

(注)
　$a^x = b^y = c^z$ の全体に log をとるとき，[解答]では底を a にしたが，例題 16 と同様に 底を 10 にしてもよい。

ただし，
　底は 1 以外の正の数 でなければならない　◀「logの用語」(本文のP.54)を見よ！
ので，底を b や c にしてはいけない！　◀ bとcに関しては 1 かもしれないので！
　　　　　　　　　　　　　　　　　　　　　▶問題文で $a \neq 1$ のような条件が
　　　　　　　　　　　　　　　　　　　　　　与えられていない！

14

[考え方]
　$12^n > 10^{101}$ は指数が入った関係式だから よく分からないよね。
そこで，**Point 2.13** に従って 両辺に log をとろう。
すると，
　　$\log_{10} 12^n > \log_{10} 10^{101}$
$\Leftrightarrow n \cdot \log_{10} 12 > 101 \cdot \log_{10} 10$ ……(∗)　◀ $\log_a b^m = m \log_a b$
のように指数がなくなるよね。

あとは (∗) を n について解く と　◀ n についての不等式が必要だから！
　$n > 93.59\cdots$ が得られるので，　◀[解答]参照
整数 n の最小値は 94 だと分かる。　◀ $n > 93.59\cdots$ を満たす整数 n は
　　　　　　　　　　　　　　　　　　　94, 95, 96, 97, 98, … である！

[解答]

$12^n > 10^{101}$

$\Leftrightarrow \log_{10}12^n > \log_{10}10^{101}$ ◀ 両辺に log をとった！[Point 2.13]

$\Leftrightarrow n\log_{10}12 > 101 \cdot \log_{10}10$ ◀ $\log_a b^m = m\log_a b$

$\Leftrightarrow n\log_{10}(3\cdot 2^2) > 101$ ◀ $12 = 3\cdot 2^2$, $\log_{10}10 = 1$

$\Leftrightarrow n(\log_{10}3 + \log_{10}2^2) > 101$ ◀ $\log_a AB = \log_a A + \log_a B$

$\Leftrightarrow n(\log_{10}3 + 2\log_{10}2) > 101$ ◀ $\log_a b^n = n\log_a b$

$\Leftrightarrow n(0.4771 + 2\cdot 0.3010) > 101$ ◀ $\log_{10}3 = 0.4771$, $\log_{10}2 = 0.3010$

$\Leftrightarrow n\cdot 1.0791 > 101$ ◀ $0.4771 + 2\cdot 0.3010 = 0.4771 + 0.6020 = \underline{1.0791}$

$\Leftrightarrow n > \dfrac{101}{1.0791}$ ◀ 両辺を 1.0791 で割って n について解いた！

$\Leftrightarrow n > 93.59\cdots$ ◀ $\dfrac{101}{1.0791} = 93.59\cdots$ [《注》を見よ！]

よって，

n の最小値は **94** ◀ $n > 93.59\cdots$ を満たす整数 n は 94, 95, 96… である！

《注》 $\boxed{\dfrac{101}{1.0791} = 93.59\cdots}$ について

$\dfrac{101}{1.0791} = \dfrac{1010000}{10791}$ ◀ 考えやすくするために分母分子に 10000 を掛けて分母の小数を整数にした！

を考え，次のように実際に割り算をすると，

```
            93.59…
   10791) 1010000
            97119
            38810
            32373
            64370
            53955
           104150
            97119
            70310
              ⋮
```
より， ◀ 1010000 = 10791 × 93.59…

$\dfrac{101}{1.0791} = 93.59\cdots$ が得られる。 ◀ $\dfrac{1010000}{10791} = 93.59\cdots$

指数・対数関数の頻出問題の考え方について　47

《注》

　$a^x = b^y = c^z$ の全体に log をとるとき，[解答] では底を a にしたが，例題 16 と同様に 底を 10 にしてもよい。

ただし，

　底は 1 以外の正の数 でなければならない　◀「logの用語」(本文のP.54)を見よ！

ので，底を b や c にしてはいけない！　◀ bとcに関しては 1 かもしれないので！
　　　　　　　　　　　　　　　　　　　　　　{▶問題文で $a ≠ 1$ のような条件が
　　　　　　　　　　　　　　　　　　　　　　　与えられていない！}

14

[考え方]

　$12^n > 10^{101}$ は指数が入った関係式だから よく分からないよね。
そこで，**Point 2.13** に従って 両辺に log をとろう。
すると，
　　$\log_{10} 12^n > \log_{10} 10^{101}$
$\Leftrightarrow n \cdot \log_{10} 12 > 101 \cdot \log_{10} 10$ ……(*)　◀ $\log_a b^m = m \log_a b$
のように指数がなくなるよね。

あとは (*) を n について解く と　◀ n についての不等式が必要だから！
　$n > 93.59\cdots$ が得られるので，　◀[解答]参照
整数 n の最小値は **94** だと分かる。　◀ $n > 93.59\cdots$ を満たす整数 n は
　　　　　　　　　　　　　　　　　　　94, 95, 96, 97, 98, … である！

[解答]

$12^n > 10^{101}$

$\Leftrightarrow \log_{10}12^n > \log_{10}10^{101}$ ◀ 両辺にlogをとった！[Point 2.13]

$\Leftrightarrow n\log_{10}12 > 101 \cdot \log_{10}10$ ◀ $\log_a b^m = m\log_a b$

$\Leftrightarrow n\log_{10}(3 \cdot 2^2) > 101$ ◀ $12 = 3 \cdot 2^2$, $\log_{10}10 = 1$

$\Leftrightarrow n(\log_{10}3 + \log_{10}2^2) > 101$ ◀ $\log_a AB = \log_a A + \log_a B$

$\Leftrightarrow n(\log_{10}3 + 2\log_{10}2) > 101$ ◀ $\log_a b^n = n\log_a b$

$\Leftrightarrow n(0.4771 + 2 \cdot 0.3010) > 101$ ◀ $\log_{10}3 = 0.4771$, $\log_{10}2 = 0.3010$

$\Leftrightarrow n \cdot 1.0791 > 101$ ◀ $0.4771 + 2 \cdot 0.3010 = 0.4771 + 0.6020 = \underline{1.0791}$

$\Leftrightarrow n > \dfrac{101}{1.0791}$ ◀ 両辺を1.0791で割ってnについて解いた！

$\Leftrightarrow \underline{n > 93.59\cdots}$ ◀ $\dfrac{101}{1.0791} = 93.59\cdots$ [《注》を見よ！]

よって，

n の最小値は $\underline{94}$ ◀ $n > 93.59\cdots$ を満たす整数nは 94, 95, 96…である！

《注》 $\boxed{\dfrac{101}{1.0791} = 93.59\cdots \text{ について}}$

$\dfrac{101}{1.0791} = \dfrac{1010000}{10791}$ ◀ 考えやすくするために分母分子に10000を掛けて分母の小数を整数にした！

を考え，次のように実際に割り算をすると，

```
              93.59…
      10791) 1010000
              97119
              ─────
              38810
              32373
              ─────
              64370
              53955
              ─────
             104150
              97119
              ─────
              70310
                ⋮
```
より， ◀ $1010000 = 10791 \times 93.59\cdots$

$\dfrac{101}{1.0791} = 93.59\cdots\cdots$ が得られる。 ◀ $\dfrac{1010000}{10791} = 93.59\cdots$

15

[考え方]

$$\begin{cases} \log_2 x = 2\log_y 4 + \log_y 2 \quad \cdots\cdots ① \\ \log_{\sqrt{6}}(\log_2 x + \log_2 y) = 2 \quad \cdots\cdots ② \end{cases}$$

まず，②は一見するとよく分からない形をしているけれど
Point 2.8 を使えば ◀ $\log_a b = c \Leftrightarrow b = a^c$

$\quad \boxed{\log_{\sqrt{6}}(\log_2 x + \log_2 y) = 2 \quad \cdots\cdots ②}$
$\Leftrightarrow \log_2 x + \log_2 y = (\sqrt{6})^2$ ◀ **Point 2.8** の $a=\sqrt{6}, b=\log_2 x + \log_2 y, c=2$ の場合
$\Leftrightarrow \underline{\log_2 x + \log_2 y = 6} \quad \cdots\cdots ②'$ のように分かりやすい形になるよね。

ところで，②'の底は 2 でそろっているのに
①の底は $\underline{2}$ と y が入り混じっていて考えにくいよね。

そこで，考えやすくするために
Point 2.10 を使って $\boxed{①の底を 2 にそろえる}$ と，

$\quad \log_2 x = 2\log_y 4 + \log_y 2 \quad \cdots\cdots ①$

$\Leftrightarrow \log_2 x = 2 \cdot \dfrac{\log_2 4}{\log_2 y} + \dfrac{\log_2 2}{\log_2 y}$ ◀ **Point 2.10**

$\Leftrightarrow \log_2 x = 2 \cdot \dfrac{\log_2 2^2}{\log_2 y} + \dfrac{\log_2 2}{\log_2 y}$ ◀ $4 = 2^2$

$\Leftrightarrow \log_2 x = 4 \cdot \dfrac{\log_2 2}{\log_2 y} + \dfrac{\log_2 2}{\log_2 y}$ ◀ $\log_2 2^n = n\log_2 2$

$\Leftrightarrow \log_2 x = 4 \cdot \dfrac{1}{\log_2 y} + \dfrac{1}{\log_2 y}$ ◀ $\log_2 2 = 1$

$\Leftrightarrow \log_2 x = 5 \cdot \dfrac{1}{\log_2 y}$ ◀ $4A + A = 5A$

$\Leftrightarrow \underline{\log_2 x \cdot \log_2 y = 5} \quad \cdots\cdots ①'$ ◀ 両辺に $\log_2 y \, [\neq 0]$ を掛けて分母を払った
が得られる。◀ 底がそろっていて考えやすそうな式が得られた

つまり，
よく分からない形をしていた①と②は，実は

$\log_2 x \cdot \log_2 y = 5$ ……①′ や $\log_2 x + \log_2 y = 6$ ……②′ のような
簡単な式であることが分かった。

$\begin{cases} \log_2 x \cdot \log_2 y = 5 & \cdots\cdots ①' \\ \log_2 x + \log_2 y = 6 & \cdots\cdots ②' \end{cases}$ ◀変数は $\log_2 x$ と $\log_2 y$
◀変数は $\log_2 x$ と $\log_2 y$

とりあえず，問題文の条件から ◀ $x>2, y>0, y \neq 1$
①′と②′の真数条件は満たされているよね。

そこで， 式を見やすくするために
$\begin{cases} \log_2 x = X \\ \log_2 y = Y \end{cases}$ とおく と，

$\begin{cases} XY = 5 & \cdots\cdots ①'' \\ X + Y = 6 & \cdots\cdots ②'' \end{cases}$ のような 簡単な連立方程式が得られた！
①″と②″を解くのは ものすごく簡単だよね。 ◀どのように解いてもよい

②″ ⇔ $Y = -X + 6$ ……②‴ を考え， ◀Yについて解いた

②‴を①″に代入する と， ◀Yを消去して Xだけの式にする！

$XY = 5$ ……①″
⇔ $X(-X+6) = 5$ ◀②‴を代入して Xだけの式にした
⇔ $X^2 - 6X + 5 = 0$ ◀展開して整理した
⇔ $(X-5)(X-1) = 0$ ◀たすき掛け
⇔ $X = 5, 1$ が得られる。

よって， $Y = -X + 6$ ……②‴ より ◀Y = 1, 5 が分かる
$(X, Y) = (5, 1), (1, 5)$ ……(★) が得られた。

ここで，**Point 2.2** に従って
$X = \log_2 x$ と $Y = \log_2 y$ の範囲について考えよう。

$X = \log_2 x$ と $Y = \log_2 y$ のグラフをかくと
次のようになるよね。 ◀Point 2.12 の Step 3 の[解説](本文P.61)を見よ！

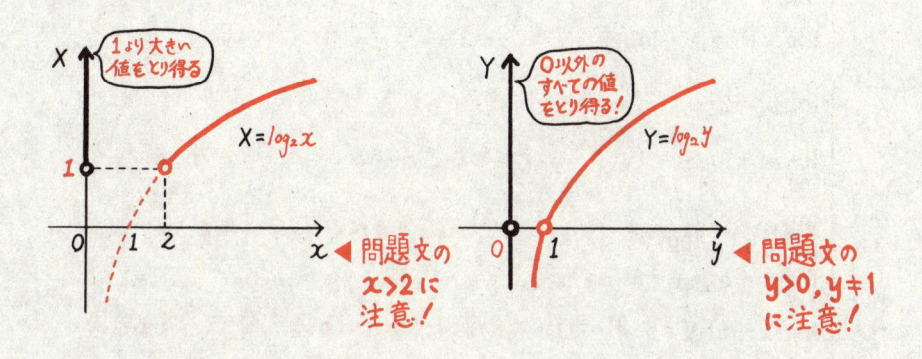

[グラフ左: $X = \log_2 x$、「1より大きい値をとり得る」、問題文の $x>2$ に注意！]

[グラフ右: $Y = \log_2 y$、「0以外のすべての値をとり得る」、問題文の $y>0, y\neq 1$ に注意！]

よって，上図より

$X>1$, $Y\neq 0$ ……(*) であることが分かるので，(★)から

$(X, Y) = (5, 1)$ ……(★)′ ◀ $(X, Y) = (1, 5)$ は $X>1$ を満たして
であることが分かった。　　　　いないので不適！

そこで，

$(X, Y) = (5, 1)$ ……(★)′ から x, y を求める と，

$\quad (X, Y) = (5, 1)$
$\Leftrightarrow (\log_2 x, \log_2 y) = (5, 1)$ ◀ $\begin{cases} X = \log_2 x \\ Y = \log_2 y \end{cases}$ を代入した

$\Leftrightarrow \begin{cases} \log_2 x = 5 \\ \log_2 y = 1 \end{cases}$

$\Leftrightarrow \begin{cases} x = 2^5 \\ y = 2^1 \end{cases}$ ◀ log の定義 [Point 2.8]

$\Leftrightarrow \begin{cases} x = 32 \\ y = 2 \end{cases}$

$\therefore (x, y) = (32, 2)$ が得られた。

[解答]

$\begin{cases} \log_2 x = 2\log_y 4 + \log_y 2 & \cdots\cdots ① \\ \log_{\sqrt{6}}(\log_2 x + \log_2 y) = 2 & \cdots\cdots ② \end{cases}$

$\Leftrightarrow \begin{cases} \log_2 x = 2\cdot\dfrac{\log_2 4}{\log_2 y} + \dfrac{\log_2 2}{\log_2 y} & \blacktriangleleft \text{Point 2.10} \\ \log_2 x + \log_2 y = (\sqrt{6})^2 & \blacktriangleleft \text{Point 2.8} \end{cases}$ ◀[考え方]参照

$\Leftrightarrow \begin{cases} \log_2 x = 5\cdot\dfrac{1}{\log_2 y} & \blacktriangleleft \log_2 4 = \log_2 2^2 = 2\log_2 2 = 2\cdot 1 = \underline{2} \\ \log_2 x + \log_2 y = 6 & \blacktriangleleft (\sqrt{6})^2 = 6 \end{cases}$

$\Leftrightarrow \begin{cases} \log_2 x \cdot \log_2 y = 5 & \cdots\cdots ①' \\ \log_2 x + \log_2 y = 6 & \cdots\cdots ②' \end{cases}$ ◀両辺に $\log_2 y\,(\neq 0)$ を掛けて分母を払った
を考え,

$\begin{cases} \log_2 x = X \\ \log_2 y = Y \text{ とおく} \end{cases}$ と ◀式を見やすくする！

$\begin{cases} XY = 5 & \blacktriangleleft ①'\text{に}\log_2 x = X \text{と}\log_2 y = Y\text{を代入した} \\ X + Y = 6 & \blacktriangleleft ②'\text{に}\log_2 x = X \text{と}\log_2 y = Y\text{を代入した} \end{cases}$

$\Leftrightarrow \begin{cases} XY = 5 & \cdots\cdots ①'' \\ Y = -X + 6 & \cdots\cdots ②'' \end{cases}$ が得られる。

そこで, ②″を①″に代入する と ◀Yを消去してXだけの式にする！

$X(-X+6) = 5$ ◀Xだけの式
$\Leftrightarrow X^2 - 6X + 5 = 0$ ◀展開して整理した
$\Leftrightarrow (X-5)(X-1) = 0$ ◀たすき掛け
$\Leftrightarrow X = 5, 1$ が得られる。

さらに, $Y = -X + 6$ $\cdots\cdots$ ②″ を考え
$(X, Y) = (5, 1), (1, 5)$ $\cdots\cdots$ (★) が得られる。

ここで,

問題文の $x > 2$, $y > 0$, $y \neq 1$ から
$X > 1$, $Y \neq 0$ $\cdots\cdots$ ($*$) がいえる ので, ◀[考え方]参照

(★) より $(X, Y) = (5, 1)$ であることが分かる。

よって，
$\begin{cases} \log_2 x = X \\ \log_2 y = Y \end{cases}$ より

$(x, y) = (32, 2)$ が得られる。　◀[考え方]参照

16

[考え方]

(1)　$\log_2 y$　◀とりあえず $\log_2 y$ を分かりやすい形に変形してみる！
$= \log_2 x^{\log_2 x}$　◀$y = x^{\log_2 x}$ を代入した
$= \log_2 x \cdot \log_2 x$　◀$\log_2 x^n = n \log_2 x$ [$n = \log_2 x$ の場合]
$= (\log_2 x)^2$ …… ① より，　◀$X \cdot X = X^2$

$\log_2 y$ の最大値を求めるためには $(\log_2 x)^2$ の最大値を求めればよい
ということが分かるよね。

だけど，
$(\log_2 x)^2$ の最大値なんて よく分からないよね。

そこで，とりあえず
$\log_2 x$ について考えよう。　◀$\log_2 x$ だったら簡単にグラフがかけるので考えやすい！

$\log_2 x$ のグラフをかくと次のようになるよね。　◀本文のP.61を見よ！

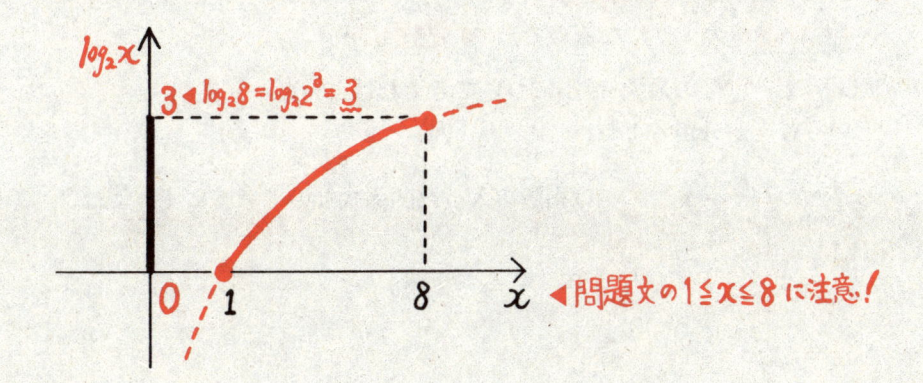

（$\log_2 x$ のグラフ：点$(1, 0)$から点$(8, 3)$まで、$3 = \log_2 8 = \log_2 2^3 = 3$）　◀問題文の $1 \leq x \leq 8$ に注意！

よって，図から
$0 \leqq \log_2 x \leqq 3$ ……②　◀ $\log_2 1 = 0$，$\log_2 8 = \log_2 2^3 = 3 \cdot \log_2 2 = 3 \cdot 1 = 3$
であることが分かるよね。　◀ $\log_2 x$ の範囲が分かった！

そこで，
$0 \leqq \log_2 x \leqq 3$ ……② を使って $(\log_2 x)^2$ の範囲を求めよう。

$\boxed{0 \leqq \log_2 x \leqq 3 \text{ ……② を2乗する}}$ と，　◀ $(\log_2 x)^2$ をつくる！

$\quad 0^2 \leqq (\log_2 x)^2 \leqq 3^2$　◀ ②を2乗した！　$\left[\begin{array}{l}(0 \leqq) a \leqq X \leqq b, n > 0 \text{ のとき}\\ a^n \leqq X^n \leqq b^n \text{ がいえる！}\end{array}\right]$
$\Leftrightarrow 0 \leqq (\log_2 x)^2 \leqq 9$ ……②′
が得られるよね。　◀ $(\log_2 x)^2$ の範囲が求められた！

よって，$\log_2 y = (\log_2 x)^2$ ……① より
$0 \leqq \log_2 y \leqq 9$　◀ ②′に①を代入した
が分かった。　◀ $0 \leqq \log_2 y \leqq 9$ から $\log_2 y$ の最大値は9であることが分かる

(2) まず，
$\boxed{f(x) = x^{6-\log_2(4x^2)} \text{ の } 6 - \log_2(4x^2) \text{ を整理してみる}}$ と，　◀ とりあえず式を考えやすくする！

$\quad 6 - \log_2(4x^2)$
$= 6 - (\log_2 4 + \log_2 x^2)$　◀ $\log_2 AB = \log_2 A + \log_2 B$
$= 6 - (\log_2 2^2 + \log_2 x^2)$　◀ $4 = 2^2$
$= 6 - (2\log_2 2 + 2\log_2 x)$　◀ $\log_a b^n = n \log_a b$
$= 6 - 2 - 2\log_2 x$　◀ $\log_2 2 = 1$
$= 4 - 2\log_2 x$ のようになるので，　◀ 整理した

$f(x) = x^{4-2\log_2 x}$ の最大・最小について考えればよい，
ということが分かるよね。

しかし，$f(x) = x^{4-2\log_2 x}$ は指数の入った関係式なので考えにくいよね。

そこで，**Point 2.13** に従って
$\boxed{f(x)=x^{4-2\log_2 x} \text{ の両辺に } \log \text{ をとる}}$ と，

$\log_2 f(x) = \log_2 x^{4-2\log_2 x}$ ◀ $f(x)=x^{4-2\log_2 x}$ これにそろえて底を2にした！
$\qquad = (4-2\log_2 x)\log_2 x$ ◀ $\log_2 x^n = n\log_2 x$ [$n=4-2\log_2 x$ の場合]
$\qquad = -2(\log_2 x)^2 + 4\log_2 x \ \cdots\cdots$ ③ ◀ 展開した

が得られる。 ◀ 変数は $\log_2 x$ だけ！

ここで，
$\boxed{\text{式を見やすくするために } \log_2 x = X \text{ とおく}}$ と，

$\log_2 f(x) = -2(\log_2 x)^2 + 4\log_2 x \ \cdots\cdots$ ③
$\qquad = -2X^2 + 4X$ ◀ X の2次式になった！
$\qquad = -2(X^2 - 2X)$ ◀ -2 でくくった
$\qquad = -2(X-1)^2 + 2 \ \cdots\cdots$ ③′ ◀ Point 2.5 に従って平方完成した

が得られる。

また，(1)の $0 \leq \log_2 x \leq 3 \ \cdots\cdots$ ② から
$0 \leq X \leq 3 \ \cdots\cdots$ ④ がいえることを考え， ◀ Point 2.2
$\log_2 f(x) = -2(X-1)^2 + 2 \ \cdots\cdots$ ③′ のグラフをかくと次のようになる。

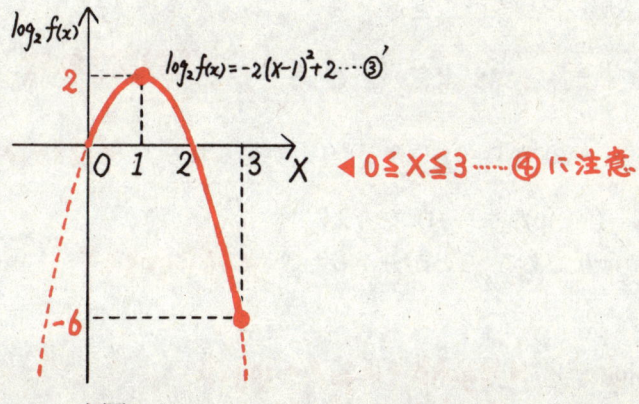

◀ $0 \leq X \leq 3 \cdots\cdots$ ④ に注意

よって，上図から
$-6 \leq \log_2 f(x) \leq 2 \ \cdots\cdots$ ⑤ であることが分かるよね。 ◀ $\log_2 f(x)$ の範囲が分かった！

そこで，
<u>$-6 \leq \log_2 f(x) \leq 2$ ……⑤ を使って $f(x)$ の範囲を求めよう。</u>

$-6 \leq \log_2 f(x) \leq 2$ ……⑤ は log の不等式なので
Point 2.12 を使えばいいよね。

$\quad -6 \leq \log_2 f(x) \leq 2$ ……⑤
$\Leftrightarrow -6 \cdot 1 \leq \log_2 f(x) \leq 2 \cdot 1$ ◀ AをA・1とみなして強引にlog₂□の形にする！
$\Leftrightarrow -6\log_2 2 \leq \log_2 f(x) \leq 2\log_2 2$ ◀ $\log_a a = 1$
$\Leftrightarrow \log_2 2^{-6} \leq \log_2 f(x) \leq \log_2 2^2$ ◀ $n\log_a b = \log_a b^n$
$\Leftrightarrow 2^{-6} \leq f(x) \leq 2^2$ ◀ Point 2.12 の Step 3 (I) より
$\Leftrightarrow \underline{\dfrac{1}{64} \leq f(x) \leq 4}$ ……⑤′ のように $f(x)$ の範囲が求められたので，⑤′より
$f(x)$ の最大値は **4** で最小値は $\dfrac{1}{64}$ であることが分かった！

[解答]
(1) $\log_2 y = \log_2 x^{\log_2 x}$ ◀ $y = x^{\log_2 x}$ を代入した
$\quad\quad\quad = \log_2 x \cdot \log_2 x$ ◀ $\log_2 x^n = n\log_2 x$ [$n = \log_2 x$ の場合]
$\quad\quad\quad = (\log_2 x)^2$ ……① より， ◀ $X \cdot X = X^2$
$(\log_2 x)^2$ の最大値について考える。

$\boxed{1 \leq x \leq 8 \text{ から } 0 \leq \log_2 x \leq 3 \text{ ……② がいえる}}$ ◀ [考え方]参照
ので，
$\boxed{0 \leq \log_2 x \leq 3 \text{ ……② から } 0 \leq (\log_2 x)^2 \leq 9 \text{ が得られる。}}$ ◀ [考え方]参照

よって，$\log_2 y = (\log_2 x)^2$ ……① を考え，
<u>$\log_2 y$ の最大値は **9** である</u>ことが分かった。 ◀ $0 \leq \log_2 y \leq 9$

(2) $6 - \log_2 (4x^2)$
$= 6 - (\log_2 4 + \log_2 x^2)$ ◀ $\log_2 AB = \log_2 A + \log_2 B$
$= 6 - \log_2 2^2 - 2\log_2 x$ ◀ $4 = 2^2, \log_2 x^2 = 2\log_2 x$
$= 6 - 2 - 2\log_2 x$ ◀ $\log_2 2^2 = 2\log_2 2 = 2 \cdot 1 = \underline{2}$
$= \underline{4 - 2\log_2 x}$ ……(*) を考え， ◀ 整理した

$f(x) = x^{6-\log_2(4x^2)}$
$\quad = x^{4-2\log_2 x}$ ……③ がいえる。 ◀(*)を代入した

ここで，
$\boxed{f(x) = x^{4-2\log_2 x} \text{ ……③ の両辺に log をとる}}$ と， ◀Point 2.13
$\log_2 f(x) = \log_2 x^{4-2\log_2 x}$ ◀両辺にlogをとった（[考え方]参照）
$\quad = (4 - 2\log_2 x)\log_2 x$ ◀$\log_2 x^n = n\log_2 x$ [n=4-2$\log_2 x$の場合]
$\quad = -2(\log_2 x)^2 + 4\log_2 x$ が得られる。 ◀展開した

さらに，
$\boxed{\log_2 x = X \text{ とおく}}$ と， ◀式を見やすくする！
$\log_2 f(x) = -2X^2 + 4X$ ◀Xの2次式になった！
$\quad = -2(X^2 - 2X)$ ◀-2でくくった
$\quad = -2(X-1)^2 + 2$ ……③′ が得られる。 ◀平方完成した

また，(1)の $0 \leq \log_2 x \leq 3$ ……② から
$0 \leq X \leq 3$ ……④ がいえることを考え， ◀Point 2.2
$\log_2 f(x) = -2(X-1)^2 + 2$ ……③′ のグラフをかくと次のようになる。

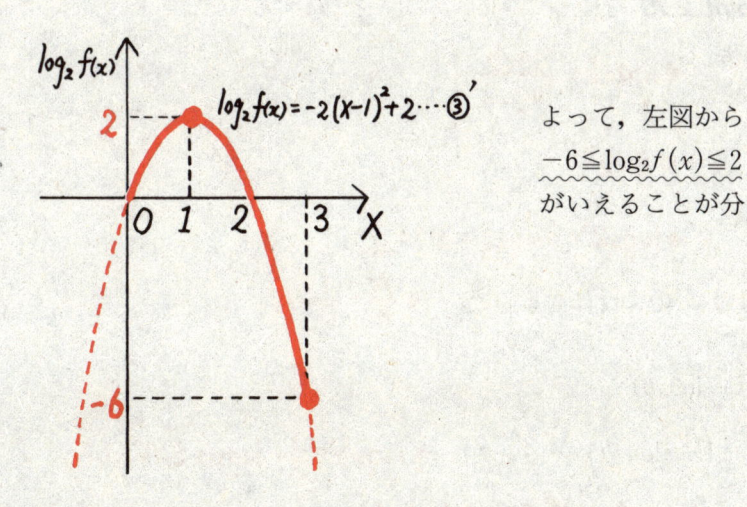

よって，左図から
$-6 \leq \log_2 f(x) \leq 2$ ……⑤
がいえることが分かる。

さらに，
$$-6 \leqq \log_2 f(x) \leqq 2 \cdots\cdots ⑤$$
$\Leftrightarrow -6 \cdot 1 \leqq \log_2 f(x) \leqq 2 \cdot 1$ ◀ AをA·1とみなして強引に$\log_2 \square$の形にする！
$\Leftrightarrow -6 \cdot \log_2 2 \leqq \log_2 f(x) \leqq 2 \cdot \log_2 2$ ◀ $\log_a a = 1$
$\Leftrightarrow \log_2 2^{-6} \leqq \log_2 f(x) \leqq \log_2 2^2$ ◀ $n \log_a b = \log_a b^n$
$\Leftrightarrow 2^{-6} \leqq f(x) \leqq 2^2$ ◀ Point 2.12 の Step 3 (I) より
$\Leftrightarrow \dfrac{1}{64} \leqq f(x) \leqq 4$ を考え，◀ $f(x)$の範囲が分かった！

$f(x)$の最大値は4で最小値は$\dfrac{1}{64}$であることが分かった。 //

17

[考え方]

　とりあえず $S = (\log_2 a)^3 + (\log_8 b)^3$ のように底がそろっていない式は考えにくいよね。

そこで，**Point 2.10** を使って $\boxed{\log_8 b \text{ の底を } 2 \text{ にする}}$ と，

$\log_8 b = \dfrac{\log_2 b}{\log_2 8}$ ◀ $\log_a b = \dfrac{\log_c b}{\log_c a}$

　　　$= \dfrac{\log_2 b}{\log_2 2^3}$ ◀ $8 = 2^3$

　　　$= \dfrac{\log_2 b}{3}$ ◀ $\log_2 2^3 = 3 \log_2 2 = 3 \cdot 1 = \underline{3}$

　　　$= \dfrac{1}{3} \cdot \log_2 b$ のようになるので，◀ $\dfrac{A}{B} = \dfrac{1}{B} \cdot A$

$S = (\log_2 a)^3 + (\log_8 b)^3$

　$= (\log_2 a)^3 + \left(\dfrac{1}{3} \cdot \log_2 b\right)^3 \cdots\cdots (*)$ ◀ $\log_8 b = \dfrac{1}{3} \cdot \log_2 b$ を代入した

が得られる。◀ とりあえず底がそろった！

とりあえず 底がそろったので 少しは考えやすくなったけれど，
(＊)は a と b の2変数の式なので
$(\log_2 a)^3 + \left(\dfrac{1}{3}\cdot\log_2 b\right)^3$ が最小になる条件なんて よく分からないよね。

そこで，

問題文の $a^3 b = 4$ ……① という条件を使って b を消去して変数が a だけの式を導こう！　◀2変数の問題よりは1変数の問題の方が考えやすいので！

$\quad a^3 b = 4$ ……①

$\Leftrightarrow b = \dfrac{4}{a^3}$ ……①′　◀①の両辺を $a^3 [\neq 0]$ で割って b について解いた

を考え，

①′を(＊)に代入する と，　◀b を消去して a だけの式にする！

$S = (\log_2 a)^3 + \left(\dfrac{1}{3}\cdot\log_2 b\right)^3$ ……(＊)

$\quad = (\log_2 a)^3 + \left(\dfrac{1}{3}\cdot\log_2 \dfrac{4}{a^3}\right)^3$　◀$b = \dfrac{4}{a^3}$ ……①′を代入した

$\quad = (\log_2 a)^3 + \left\{\dfrac{1}{3}(\log_2 4 - \log_2 a^3)\right\}^3$　◀$\log_2 \dfrac{A}{B} = \log_2 A - \log_2 B$

$\quad = (\log_2 a)^3 + \left\{\dfrac{1}{3}(2 - 3\log_2 a)\right\}^3$　◀$\log_2 4 = \log_2 2^2 = 2\log_2 2 = 2\cdot 1 = \underline{2}$

$\quad = (\log_2 a)^3 + \left(\dfrac{2}{3} - \log_2 a\right)^3$　◀$\dfrac{1}{3}(2 - 3\log_2 a) = \dfrac{2}{3} - \dfrac{3}{3}\log_2 a$

$\quad = (\log_2 a)^3 + \left(\dfrac{2}{3}\right)^3 - 3\left(\dfrac{2}{3}\right)^2 \log_2 a + 3\cdot\dfrac{2}{3}(\log_2 a)^2 - (\log_2 a)^3$　◀$(A-B)^3$
$\qquad\qquad\qquad\qquad\qquad\qquad\qquad\qquad\qquad\qquad\qquad\qquad = A^3 - 3A^2 B + 3AB^2 - B^3$

$\quad = \dfrac{8}{27} - \dfrac{4}{3}\log_2 a + 2(\log_2 a)^2$ ……(＊)′　◀整理した

が得られる。　◀変数は $\log_2 a$ だけ！

さらに，

式を見やすくするために $\log_2 a = X$ とおく と，

$S = \dfrac{8}{27} - \dfrac{4}{3}\log_2 a + 2(\log_2 a)^2$ ……(＊)′

$\quad = 2X^2 - \dfrac{4}{3}X + \dfrac{8}{27}$　◀X の2次式になった！

$$= 2\left(X^2 - \frac{2}{3}X\right) + \frac{8}{27} \quad \blacktriangleleft 2でくくった$$

$$= 2\left(X - \frac{1}{3}\right)^2 - 2\cdot\left(-\frac{1}{3}\right)^2 + \frac{8}{27} \quad \blacktriangleleft \text{Point 2.5 に従って平方完成した！}$$

$$= 2\left(X - \frac{1}{3}\right)^2 + \frac{2}{27} \quad \cdots\cdots (*)'' \quad \blacktriangleleft -2\cdot\left(-\frac{1}{3}\right)^2 + \frac{8}{27} = -\frac{2}{9} + \frac{8}{27} = -\frac{6}{27} + \frac{8}{27} = \frac{2}{27}$$

が得られるので，S のグラフは次のようになるよね。

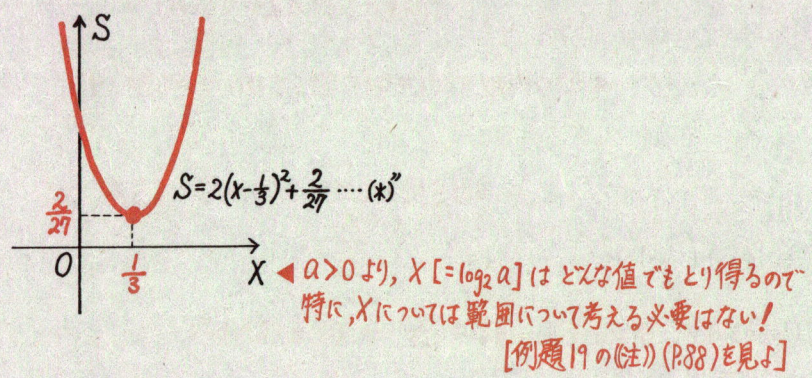

$S = 2(X - \frac{1}{3})^2 + \frac{2}{27} \cdots (*)''$

$\blacktriangleleft a > 0$ より，$X [= \log_2 a]$ はどんな値でもとり得るので特に，X については範囲について考える必要はない！
[例題19の(注)(P.88)を見よ]

よって，グラフから

S は $X = \frac{1}{3}$ のときに最小値 $\frac{2}{27}$ をとる ……（★）

ことが分かるよね。

だけど，この問題で求めなければならないものは

S が最小値 $\frac{2}{27}$ をとるときの b の値なので， $\blacktriangleleft X$ の値ではない！

ここで，$X = \frac{1}{3}$ のときの b の値を求めよう。

$\log_2 a = X$ より， $\blacktriangleleft$ まず $\log_2 a = X$ から a の値を求める！

$\quad \log_2 a = \frac{1}{3} \quad \blacktriangleleft X = \frac{1}{3}$ を代入した

$\Leftrightarrow a = 2^{\frac{1}{3}}$ がいえるので， $\blacktriangleleft$ Point 2.8

$b = \dfrac{4}{a^3} \cdots\cdots$ ①' より， $\blacktriangleleft b = \dfrac{4}{a^3}$ から b の値を求める！

$b = \dfrac{4}{(2^{\frac{1}{3}})^3}$ ◀ $a=2^{\frac{1}{3}}$ を代入した

$= \dfrac{4}{2}$ ◀ $(2^{\frac{1}{3}})^3 = 2^{\frac{3}{3}} = 2^1 = \underline{2}$

$= \underline{2}$ が得られる。 ◀ $X=\dfrac{1}{3} \Leftrightarrow b=2$ が分かった！

よって，(★) を考え， ◀ S は $X=\dfrac{1}{3}$ のときに最小値 $\dfrac{2}{27}$ をとる ……(★)

S は $b=2$ のとき最小値 $\dfrac{2}{27}$ をとることが分かった！

[解答]

$\log_8 b = \dfrac{\log_2 b}{\log_2 8}$ ◀ Point 2.10 を使って底を2に変えた

$= \dfrac{\log_2 b}{3}$ ◀ $\log_2 8 = \log_2 2^3 = 3\log_2 2 = 3 \cdot 1 = \underline{3}$

$= \dfrac{1}{3} \cdot \log_2 b$ を考え， ◀ $\dfrac{A}{B} = \dfrac{1}{B} \cdot A$

$S = (\log_2 a)^3 + (\log_8 b)^3$

$\quad = (\log_2 a)^3 + \left(\dfrac{1}{3} \cdot \log_2 b\right)^3$ ……(＊) ◀ $\log_8 b = \dfrac{1}{3} \cdot \log_2 b$ を代入した

が得られる。

さらに，$a^3 b = 4 \Leftrightarrow b = \dfrac{4}{a^3}$ ……① を考え， ◀ b について解いた

①を(＊)に代入する と， ◀ b を消去して a だけの式にする！

$S = (\log_2 a)^3 + \left(\dfrac{1}{3} \cdot \log_2 \dfrac{4}{a^3}\right)^3$ ◀ (＊)に $b = \dfrac{4}{a^3}$ ……①を代入した

$\quad = (\log_2 a)^3 + \left\{\dfrac{1}{3}(\log_2 4 - \log_2 a^3)\right\}^3$ ◀ $\log_2 \dfrac{A}{B} = \log_2 A - \log_2 B$

$\quad = (\log_2 a)^3 + \left(\dfrac{2}{3} - \log_2 a\right)^3$ ◀ $\log_2 4 = \log_2 2^2 = 2\log_2 2 = 2 \cdot 1 = \underline{2}$

$\quad = (\log_2 a)^3 + \left(\dfrac{2}{3}\right)^3 - 3\left(\dfrac{2}{3}\right)^2 \log_2 a + 3 \cdot \dfrac{2}{3}(\log_2 a)^2 - (\log_2 a)^3$ ◀ 展開した

$\quad = 2(\log_2 a)^2 - \dfrac{4}{3}\log_2 a + \dfrac{8}{27}$ ……(＊)′ ◀ 整理した

が得られる。 ◀ 変数は $\log_2 a$ だけ！

ここで，$\boxed{\log_2 a = X \text{ とおく}}$ と，◀式を見やすくする！

$S = 2X^2 - \dfrac{4}{3}X + \dfrac{8}{27}$ ◀Xの2次式になった！

$\quad = 2\left(X^2 - \dfrac{2}{3}X\right) + \dfrac{8}{27}$ ◀2でくくった

$\quad = 2\left(X - \dfrac{1}{3}\right)^2 + \dfrac{2}{27}$ ……(*)″ ◀平方完成した

が得られるので，S のグラフは次のようになる。

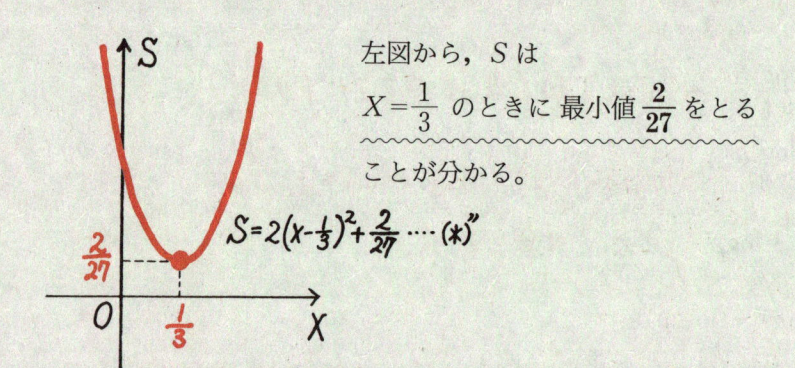

左図から，S は

$X = \dfrac{1}{3}$ のときに 最小値 $\dfrac{2}{27}$ をとる

ことが分かる。

$S = 2\left(x - \dfrac{1}{3}\right)^2 + \dfrac{2}{27}$ …(*)″

また，$X = \dfrac{1}{3}$ のとき

$\log_2 a = X$ から $\underline{a = 2^{\frac{1}{3}}}$ がいえ，◀$\log_2 a = \dfrac{1}{3}$ ➡ $\underline{a = 2^{\frac{1}{3}}}$

さらに，

$b = \dfrac{4}{a^3}$ ……① から $\underline{b = 2}$ がいえる。◀$b = \dfrac{4}{a^3} = \dfrac{4}{(2^{\frac{1}{3}})^3} = \dfrac{4}{2} = \underline{2}$

よって，

S は $b = 2$ のとき 最小値 $\dfrac{2}{27}$ をとる。//

Section 3　指数・対数関数の大小比較に関する問題

18

[考え方]

　まず，$2^{\frac{1}{2}}$，$3^{\frac{1}{3}}$，$5^{\frac{1}{5}}$ は
a^m，a^n，a^ℓ の形に書き直すことができないので，
例題 20 と同様に **Point 3.1** を使って求めてみよう。

$2^{\frac{1}{2}}$，$3^{\frac{1}{3}}$，$5^{\frac{1}{5}}$ の指数の分母の 2，3，5 の最小公倍数は
<u>30</u> なので，　◀ $2 \times 3 \times 5 = 30$

$$\begin{cases} 2^{\frac{1}{2}} = 2^{\frac{15}{30}} = (2^{15})^{\frac{1}{30}} \\ 3^{\frac{1}{3}} = 3^{\frac{10}{30}} = (3^{10})^{\frac{1}{30}} \\ 5^{\frac{1}{5}} = 5^{\frac{6}{30}} = (5^6)^{\frac{1}{30}} \end{cases}$$

◀ $x^{\frac{a}{b}} = x^{a \cdot \frac{1}{b}} = (x^a)^{\frac{1}{b}}$

と書き直すことができるよね。　◀ a^n, b^n, c^n の形にすることができた！

さらに，**Point 3.1** より，　◀「a^n, b^n と a, b の大小関係は等しい」

$(2^{15})^{\frac{1}{30}}$，$(3^{10})^{\frac{1}{30}}$，$(5^6)^{\frac{1}{30}}$ の大小関係は
2^{15}，3^{10}，5^6 の大小関係と等しい　ことが分かるので，
2^{15}，3^{10}，5^6 の大小関係について考えればいいよね。
だけど，
2^{15} や 3^{10} や 5^6 はどれも求めるのがすごく大変そうだよね。

そこで，例題 20 と同様に，まず
$2^{\frac{1}{2}}$ と $3^{\frac{1}{3}}$ の大小関係について考えよう。　◀ とりあえず，2つの数の大小関係について考える！

2 と 3 の最小公倍数は 6 なので，　◀ $2 \times 3 = 6$

$$\begin{cases} 2^{\frac{1}{2}} = 2^{\frac{3}{6}} = (2^3)^{\frac{1}{6}} = 8^{\frac{1}{6}} \\ 3^{\frac{1}{3}} = 3^{\frac{2}{6}} = (3^2)^{\frac{1}{6}} = 9^{\frac{1}{6}} \end{cases}$$

◀ $2^3 = 8$
◀ $3^2 = 9$

と書き直すことができる。　◀ a^n, b^n の形にすることができた！

よって，$8<9$ を考え
$2^{\frac{1}{2}} < 3^{\frac{1}{3}}$ …… ① がいえる。 ◀ Point 3.1

次に，
$3^{\frac{1}{3}}$ と $5^{\frac{1}{5}}$ の大小関係について考えよう。

3 と 5 の最小公倍数は 15 なので， ◀ $3 \times 5 = 15$

$$\begin{cases} 3^{\frac{1}{3}} = 3^{\frac{5}{15}} = (3^5)^{\frac{1}{15}} = 243^{\frac{1}{15}} \\ 5^{\frac{1}{5}} = 5^{\frac{3}{15}} = (5^3)^{\frac{1}{15}} = 125^{\frac{1}{15}} \end{cases}$$
◀ $3^5 = 243$
◀ $5^3 = 125$

と書き直すことができる。 ◀ a^n, b^n の形にすることができた！

よって，$125 < 243$ を考え
$5^{\frac{1}{5}} < 3^{\frac{1}{3}}$ …… ② がいえる。 ◀ Point 3.1

以上より
$$\begin{cases} 2^{\frac{1}{2}} < 3^{\frac{1}{3}} \quad \text{……①} \\ 5^{\frac{1}{5}} < 3^{\frac{1}{3}} \quad \text{……②} \end{cases}$$
◀「$3^{\frac{1}{3}}$ は $2^{\frac{1}{2}}$ よりも大きい」
◀「$3^{\frac{1}{3}}$ は $5^{\frac{1}{5}}$ よりも大きい」

が得られたのだが，
①と②からは $2^{\frac{1}{2}}$ と $5^{\frac{1}{5}}$ の大小関係は分からない
よね。 ◀ ①と②からは「$3^{\frac{1}{3}}$ が1番大きい」ということしか分からない！

そこで，さらに
$2^{\frac{1}{2}}$ と $5^{\frac{1}{5}}$ の大小関係についても考えよう。 ◀《注》を見よ！

2 と 5 の最小公倍数は 10 なので， ◀ $2 \times 5 = 10$

$$\begin{cases} 2^{\frac{1}{2}} = 2^{\frac{5}{10}} = (2^5)^{\frac{1}{10}} = 32^{\frac{1}{10}} \\ 5^{\frac{1}{5}} = 5^{\frac{2}{10}} = (5^2)^{\frac{1}{10}} = 25^{\frac{1}{10}} \end{cases}$$
◀ $2^5 = 32$
◀ $5^2 = 25$

と書き直すことができる。 ◀ a^n, b^n の形にすることができた！

よって，$25 < 32$ を考え
$5^{\frac{1}{5}} < 2^{\frac{1}{2}}$ …… ③ がいえる。 ◀ Point 3.1

以上より，①と③を考え ◀②は特に必要がない
$5^{\frac{1}{5}} < 2^{\frac{1}{2}} < 3^{\frac{1}{3}}$ がいえる。 ◀ $5^{\frac{1}{5}} < 2^{\frac{1}{2}} < 3^{\frac{1}{3}}$
　　　　　　　　　　　　　③　①

(注)
　実は，次の[解答]のように
はじめから $2^{\frac{1}{2}}$, $3^{\frac{1}{3}}$ の大小関係と $2^{\frac{1}{2}}$, $5^{\frac{1}{5}}$ の大小関係を
考えていれば 例題20 のように大小関係を2回調べるだけで
3つの数の大小関係を知ることができていたんだ。
このように3つの数の大小関係を調べる問題では
うまくいけば大小関係を2回調べるだけで終わるが，
[考え方]のように3回調べなければ大小関係が分からない場合もある。

[解答]

$$\begin{cases} 2^{\frac{1}{2}} = 2^{\frac{3}{6}} = (2^3)^{\frac{1}{6}} = 8^{\frac{1}{6}} & \blacktriangleleft 2^3 = 8 \\ 3^{\frac{1}{3}} = 3^{\frac{2}{6}} = (3^2)^{\frac{1}{6}} = 9^{\frac{1}{6}} & \blacktriangleleft 3^2 = 9 \end{cases}$$

より， ◀[考え方]参照
$2^{\frac{1}{2}} < 3^{\frac{1}{3}}$ ……① がいえ， ◀Point 3.1

$$\begin{cases} 2^{\frac{1}{2}} = 2^{\frac{5}{10}} = (2^5)^{\frac{1}{10}} = 32^{\frac{1}{10}} & \blacktriangleleft 2^5 = 32 \\ 5^{\frac{1}{5}} = 5^{\frac{2}{10}} = (5^2)^{\frac{1}{10}} = 25^{\frac{1}{10}} & \blacktriangleleft 5^2 = 25 \end{cases}$$

より， ◀[考え方]参照
$5^{\frac{1}{5}} < 2^{\frac{1}{2}}$ ……② がいえる。 ◀Point 3.1

よって，①と②から
$5^{\frac{1}{5}} < 2^{\frac{1}{2}} < 3^{\frac{1}{3}}$ が得られる。

19

[考え方]

(1) まず，

$(\sqrt{2})^2$ と $\log_2\sqrt{15}$ のように形が違うとよく分からないので

大小関係がすぐ分かるように1つの形に統一してみよう。

$$\begin{aligned}(\sqrt{2})^2 &= 2 \\ &= 2\cdot 1 \quad \blacktriangleleft 2を2\cdot1とみなして強引にlog_2\square の形にする！\\ &= 2\cdot \log_2 2 \quad \blacktriangleleft \log_a a = 1 \\ &= \log_2 2^2 \quad \blacktriangleleft n\log_a b = \log_a b^n \\ &= \log_2 4 \quad \blacktriangleleft 2^2 = 4\end{aligned}$$

を考え，◀ Point 3.3 の Step1 に従って $\log_2\square$ の形に書き直した！

$\log_2 4$ と $\log_2\sqrt{15}$ の大小関係を調べればよいことが分かるよね。

$\log_2 4$ と $\log_2\sqrt{15}$ の大小関係だったら簡単だよね。

$$\begin{cases} 4 = 4^{\frac{2}{2}} = (4^2)^{\frac{1}{2}} = \mathbf{16}^{\frac{1}{2}} \\ \sqrt{15} = 15^{\frac{1}{2}} \quad \blacktriangleleft \sqrt{A} = A^{\frac{1}{2}} \end{cases}$$

◀ Point 3.1 が使えるように 4, $\sqrt{15}$ [$=15^{\frac{1}{2}}$] を $a^{\frac{1}{2}}, b^{\frac{1}{2}}$ の形に書き直した！

を考え

$4 > \sqrt{15}$ がいえるよね。 ◀ Point 3.1 より $16^{\frac{1}{2}} > 15^{\frac{1}{2}}$ がいえる！

よって，

$\log_2 4$, $\log_2\sqrt{15}$ と 4, $\sqrt{15}$ の大小関係は一致する ◀ Point 3.3 の Step2(ｉ)

ことを考え

$\log_2 4 > \log_2\sqrt{15}$ が分かった ◀ $4 > \sqrt{15}$

∴ $(\sqrt{2})^2 > \log_2\sqrt{15}$ ◀ $(\sqrt{2})^2 = \log_2 4$

[Intro]

(2) この問題も(1)と同様に
Point 3.3 を使って解くことができるけれど，実は
$\log_{\sqrt{2}} 8$ は

$$\begin{aligned}
\log_{\sqrt{2}} 8 &= \log_{\sqrt{2}} 2^3 \quad \blacktriangleleft 8=2^3 \\
&= \log_{\sqrt{2}} \{(\sqrt{2})^2\}^3 \quad \blacktriangleleft 2=(\sqrt{2})^2 \\
&= \log_{\sqrt{2}} (\sqrt{2})^6 \quad \blacktriangleleft (a^m)^n = a^{mn} \\
&= 6\log_{\sqrt{2}} \sqrt{2} \quad \blacktriangleleft \log_a b^n = n\log_a b \\
&= 6 \quad \blacktriangleleft \log_{\sqrt{2}} \sqrt{2} = 1
\end{aligned}$$

のように log を使わないで表すことができるんだ。

このことに気が付けば，この問題は
6 と $(\sqrt{2})^8\ [=16]$ の大小関係を調べるだけで終わってしまう
ので，簡単に解けてしまうんだ。

このように，
一見すると log の問題に思えても，ちょっと変形するだけで
log を含まない問題に変えることができる問題は少なくないのである。

そこで，今後このようにうまく解けるようにするために
次の **重要事項** をしっかり確認しておこう。

重要事項

$\log_a b$ において
真数の b が底の a だけを使って
$b = a^n$ のように表すことができたら

$$\begin{aligned}
\log_a b &= \log_a a^n \quad \blacktriangleleft b=a^n \\
&= n\log_a a \quad \blacktriangleleft \log_a b^n = n\log_a b \\
&= n \text{ のように} \quad \blacktriangleleft \log_a a = 1
\end{aligned}$$

$\log_a b$ は log を使わないで表すことができる。

[考え方]
(2) まず，
$(\sqrt{2})^8$ と $\log_{\sqrt{2}} 8$ のように形が違うとよく分からないので
大小関係がすぐ分かるように 1 つの形に統一してみよう。

$\log_{\sqrt{2}} 8$ は
$8 = (\sqrt{2})^6$ ◀ $8 = 2^3 = \{(\sqrt{2})^2\}^3 = (\sqrt{2})^6$
を考え，◀ 真数の 8 を底の $\sqrt{2}$ だけを使って書き直すことができた！

$\log_{\sqrt{2}} 8 = \log_{\sqrt{2}} (\sqrt{2})^6$ ◀ $8 = (\sqrt{2})^6$
$\qquad = 6 \log_{\sqrt{2}} \sqrt{2}$ ◀ $\log_a b^n = n \log_a b$
$\qquad = 6$ ◀ $\log_{\sqrt{2}} \sqrt{2} = 1$

のように書き直すことができるので，◀ P.67 の重要事項 を見よ！

$(\sqrt{2})^8$ と 6 の大小関係について考えればいいよね。 ◀ $(\sqrt{2})^8$ と 6 の大小関係 だったら簡単に分かる！

そこで，
$(\sqrt{2})^8 = 16$ ◀ $(\sqrt{2})^8 = \{(\sqrt{2})^2\}^4 = (2)^4 = 16$
を考え
$(\sqrt{2})^8 > 6$ ◀ $16 > 6$
がいえることが分かるので，

$(\sqrt{2})^8 > \log_{\sqrt{2}} 8$ が分かった。 ◀ $\log_{\sqrt{2}} 8 = 6$

(3) (2)と同様に，まず

大小関係がすぐ分かるように1つの形に統一してみよう。

$\log_{\sqrt{2}} \sqrt{8}$ は

$\sqrt{8} = (\sqrt{2})^3$ ◀ $\sqrt{8} = 2\sqrt{2} = (\sqrt{2})^2\sqrt{2} = (\sqrt{2})^3$

を考え， ◀真数の$\sqrt{8}$を底の$\sqrt{2}$だけを使って書き直すことができた！

$$\begin{aligned}\log_{\sqrt{2}} \sqrt{8} &= \log_{\sqrt{2}} (\sqrt{2})^3 &&\blacktriangleleft \sqrt{8}=(\sqrt{2})^3\\ &= 3\log_{\sqrt{2}} \sqrt{2} &&\blacktriangleleft \log_a b^n = n\log_a b\\ &= \underline{3} &&\blacktriangleleft \log_{\sqrt{2}} \sqrt{2} = 1\end{aligned}$$

のように書き直すことができるので， ◀P.67の重要事項を見よ！

$(\sqrt{2})^{\sqrt{8}}$ と 3 の大小関係について考えればいいよね。

さらに，

$$\begin{aligned}(\sqrt{2})^{\sqrt{8}} &= (\sqrt{2})^{2\sqrt{2}} &&\blacktriangleleft \sqrt{8}=(\sqrt{2})^3\\ &= \{(\sqrt{2})^2\}^{\sqrt{2}} &&\blacktriangleleft a^{mn}=(a^m)^n\\ &= \underline{2^{\sqrt{2}}} &&\blacktriangleleft (\sqrt{2})^2=2\end{aligned}$$

を考え，

$2^{\sqrt{2}}$ と 3 の大小関係について考えればいいよね。

だけど，

$2^{\sqrt{2}}$ なんて今まで見たことがないし， ◀2^無理数(!?)

そもそも

$2^{1.4142\cdots}$ なんて求められっこないよね。 ◀$\sqrt{2}=1.4142\cdots$

▶例えば，$2^{\sqrt{2}}$ を2乗してみても

$(2^{\sqrt{2}})^2 = 2^{2\sqrt{2}}$ ◀$(a^m)^n = a^{mn}$

$\phantom{(2^{\sqrt{2}})^2} = 2^{2.8284\cdots}$ ◀$2\sqrt{2} = 2 \times 1.4142\cdots = 2.8284\cdots$

のようになるだけで， ◀指数の$\sqrt{2}$は消えない！

決してキレイな形にはならない！

つまり，この問題は
今までのような解法では求めることができないのである。

そこで，次のように 今までと方針を変えて考えてみよう。

とりあえず，

$2^{\sqrt{2}}$ と 3 の大小関係を調べるだけならば
$2^{\sqrt{2}}$ がだいたいどのくらいの大きさなのかが分かればいい

ので， ◀ 例えば，$\sqrt{3}$ と 2 の大小関係だったら，$\sqrt{3}$ はだいたい 1.73 ぐらいなので，1.73 < 2 より $\sqrt{3} < 2$ が分かる！

$2^{\sqrt{2}}$ に近い数で ◀ $2^{\sqrt{2}}$ とほとんど同じくらいの大きさの数
簡単に 3 との大小関係が分かる数について考えよう。

$2^{\sqrt{2}} = 2^{1.4142\cdots}$
 $< 2^{1.5}$ を考え，
 $2^{\sqrt{2}} < 2^{1.5}$ ◀ $2^{1.4142\cdots} < 2^{1.5}$
$\Leftrightarrow 2^{\sqrt{2}} < 2^{\frac{3}{2}}$ ……① ◀ $1.5 = \frac{3}{2}$ ◀ Point 6

がいえる よね。 ◀ $2^{\frac{3}{2}}$ だったら今までのように簡単に 3 との大小関係を調べることができる！

そこで，とりあえず
$2^{\frac{3}{2}}$ と 3 の大小関係について考えてみよう。

$\begin{cases} 2^{\frac{3}{2}} = (2^3)^{\frac{1}{2}} = 8^{\frac{1}{2}} & \blacktriangleleft 2^3 = 8 \\ 3 = 3^{\frac{2}{2}} = (3^2)^{\frac{1}{2}} = 9^{\frac{1}{2}} & \blacktriangleleft 3^2 = 9 \end{cases}$ ◀ $x^{\frac{a}{b}} = x^{a \cdot \frac{1}{b}} = (x^a)^{\frac{1}{b}}$

を考え，
$2^{\frac{3}{2}} < 3$ ……② ◀ 8 < 9

がいえるよね。 ◀ Point 3.1

以上より，
$$\begin{cases} 2^{\sqrt{2}} < 2^{\frac{3}{2}} & \cdots\cdots ① \\ 2^{\frac{3}{2}} < 3 & \cdots\cdots ② \end{cases}$$ ◀「$2^{\sqrt{2}}$ は $2^{\frac{3}{2}}$ よりも小さい数である」
◀「3 は $2^{\frac{3}{2}}$ よりも大きい数である」

が分かったので，①と②から
$\underline{2^{\sqrt{2}} < 3}$ がいえることが分かった！　◀ $2^{\sqrt{2}} < 2^{\frac{3}{2}} < 3$

∴　$(\sqrt{2})^{\sqrt{8}} < \log_{\sqrt{2}}\sqrt{8}$　◀ $(\sqrt{2})^{\sqrt{8}} = 2^{\sqrt{2}}$, $\log_{\sqrt{2}}\sqrt{8} = 3$

[解答]

(1) $\boxed{(\sqrt{2})^2 = 2\cdot 1 = \log_2 2^2 = \log_2 4}$　◀ $\log_2 \square$ の形に書き直した
　　　　　　　　　　　　　　　　　　　　　　　　　　　　　　　（[考え方] 参照）
を考え，　◀ Point 3.3 の Step 1
$\boxed{(\sqrt{2})^2 \; [=\log_2 4] \text{ と } \log_2\sqrt{15} \text{ の大小関係は}}$
$\boxed{4 \text{ と } \sqrt{15} \text{ の大小関係と一致する}}$ ことが分かる。　◀ Point 3.3 の Step 2 (ｲ)

よって，
$\boxed{\begin{cases} 4 = 4^{\frac{2}{2}} = (4^2)^{\frac{1}{2}} = 16^{\frac{1}{2}} \\ \sqrt{15} = 15^{\frac{1}{2}} \quad ◀ \sqrt{A} = A^{\frac{1}{2}} \end{cases}}$ ◀ Point 3.1 が使えるように $4, \sqrt{15}\;[=15^{\frac{1}{2}}]$ を $a^{\frac{1}{2}}, b^{\frac{1}{2}}$ の形に書き直した！

を考え，　◀ Point 3.1 より $16^{\frac{1}{2}} > 15^{\frac{1}{2}}$ がいえる！
$\log_2 4 > \log_2 \sqrt{15}$ がいえる。　◀ $4 > \sqrt{15}$

∴　$\underline{(\sqrt{2})^2 > \log_2\sqrt{15}}$　◀ $(\sqrt{2})^2 = \log_2 4$

(2) $\boxed{\begin{cases} (\sqrt{2})^8 = 2^4 = 16 \\ \log_{\sqrt{2}} 8 = \log_{\sqrt{2}}(\sqrt{2})^6 = 6 \end{cases}}$ を考え，　◀ [考え方] 参照

$\underline{(\sqrt{2})^8 > \log_{\sqrt{2}} 8}$　◀ $16 > 6$

(3) $\begin{cases} (\sqrt{2})^{\sqrt{8}} = (\sqrt{2})^{2\sqrt{2}} = 2^{\sqrt{2}} \\ \log_{\sqrt{2}} \sqrt{8} = \log_{\sqrt{2}} (\sqrt{2})^3 = 3 \end{cases}$ を考え，◀[考え方]参照

$2^{\sqrt{2}}$ と 3 の大小関係について考える。

まず，$\sqrt{2} = 1.41\cdots < 1.5 = \dfrac{3}{2}$ を考え

$2^{\sqrt{2}} < 2^{\frac{3}{2}}$ ……① ◀ $\sqrt{2} < \dfrac{3}{2}$
がいえる。 ◀ Point 6

また，
$\begin{cases} 2^{\frac{3}{2}} = (2^3)^{\frac{1}{2}} = 8^{\frac{1}{2}} \\ 3 = (3^2)^{\frac{1}{2}} = 9^{\frac{1}{2}} \end{cases}$ を考え，◀[考え方]参照

$2^{\frac{3}{2}} < 3$ ……② ◀ $8 < 9$
がいえる。 ◀ Point 3.1

よって，①と②から
$2^{\sqrt{2}} < 3$ がいえるので， ◀ $2^{\sqrt{2}} < 2^{\frac{3}{2}} < 3$
$(\sqrt{2})^{\sqrt{8}} < \log_{\sqrt{2}} \sqrt{8}$ が分かった。 ◀ $(\sqrt{2})^{\sqrt{8}} = 2^{\sqrt{2}}$, $\log_{\sqrt{2}} \sqrt{8} = 3$

(注) $2^{\sqrt{2}} = 2^{1.4142\cdots}$
$\qquad < 2^2$ とすると， ◀ $1.4142\cdots < 2$
$\begin{cases} 2^{\sqrt{2}} < 4 \quad ◀ 2^2 = 4 \\ 3 < 4 \end{cases}$
という関係しか分からず，
$2^{\sqrt{2}}$ と 3 の大小関係は分からない！

そこで，$\sqrt{2}$ により近い $1.5 \left[= \dfrac{3}{2} \right]$ について考える！

20

[考え方]

まず，例題23と同様に ◀例題23と全く同じ形！

$$\begin{cases} A = \underline{\log_a b} \\ B = \log_b a = \dfrac{1}{\underline{\log_a b}} \\ C = \log_a \dfrac{a}{b} = 1 - \underline{\log_a b} \\ D = \log_b \dfrac{b}{a} = 1 - \dfrac{1}{\underline{\log_a b}} \end{cases}$$

がいえるよね。 ◀例題23の[考え方]参照

次に，問題文の条件の $a^2 < b < a < 1$ から
$\log_a a^2 > \log_a b > \log_a a > \log_a 1$ がいえる ◀((注))を見よ！
ので， ◀$0<a<1$のとき，$x<y$ならば $\log_a x > \log_a y$ がいえる！

$\log_a a^2 > \log_a b > \log_a a > \log_a 1$
$\Leftrightarrow 2\log_a a > \log_a b > 1 > 0$ ◀$\log_a b^n = n\log_a b,\ \log_a a = 1,\ \log_a 1 = 0$
$\Leftrightarrow 2 > \log_a b > 1 > 0$ ◀$\log_a a = 1$
$\therefore\ 1 < \log_a b < 2\ \cdots\cdots(*)$ が得られる。 ◀例題23と全く同じ式になった

よって，例題23と全く同様に
$1 < A < 2,\ \dfrac{1}{2} < B < 1,\ -1 < C < 0,\ 0 < D < \dfrac{1}{2}$

がいえるので， ◀例題23参照
$C < D < \dfrac{1}{2} < B < A$ を考え

$\log_a \dfrac{a}{b} < \log_b \dfrac{b}{a} < \dfrac{1}{2} < \log_b a < \log_a b$

が分かった。

[解答]

$$\begin{cases} A = \log_a b \\ B = \log_b a = \dfrac{\log_a a}{\log_a b} = \dfrac{1}{\log_a b} \\ C = \log_a \dfrac{a}{b} = \log_a a - \log_a b = 1 - \log_a b \\ D = \log_b \dfrac{b}{a} = \log_b b - \log_b a = 1 - \dfrac{1}{\log_a b} \end{cases}$$ ◀ 例題23の[考え方]参照

また,

$a^2 < b < a < 1$ ◀ 問題文の条件
$\Leftrightarrow \log_a a^2 > \log_a b > \log_a a > \log_a 1$ ◀ Point 2.12 の Step 3
$\Leftrightarrow 2\log_a a > \log_a b > 1 > 0$ ◀ $\log_a b^n = n\log_a b$, $\log_a a = 1$, $\log_a 1 = 0$
$\Leftrightarrow 1 < \log_a b < 2$ ◀ $\log_a a = 1$

を考え,

$1 < A < 2$, $\dfrac{1}{2} < B < 1$, $-1 < C < 0$, $0 < D < \dfrac{1}{2}$

がいえるので, ◀ 例題23の[考え方]参照

$\log_a \dfrac{a}{b} < \log_b \dfrac{b}{a} < \dfrac{1}{2} < \log_b a < \log_a b$ ◀ $C < D < \dfrac{1}{2} < B < A$

(注) $\boxed{\log_a a^2 > \log_a b > \log_a a > \log_a 1 \text{ について}}$

まず, $0 \leqq a^2$ より ◀ 一般に a^2 は 0 以上である
$0 \leqq a^2 < b < a < 1$ がいえるので, ◀ $a^2 < b < a < 1$ に $0 \leqq a^2$ を加えた!
$0 < a < 1$ であることが分かるよね。

さらに,

$0 < a < 1$ のとき, $x < y$ ならば $\log_a x > \log_a y$ がいえる

ので, ◀ Point 2.12 の Step 3

$0 < a < 1$ のとき,
$a^2 < b < a < 1$ から $\log_a a^2 > \log_a b > \log_a a > \log_a 1$ がいえる。

21

[考え方]

まず,$\log_x y$, $\log_y x$, $\log_x \dfrac{x^2}{y}$, $\log_y y\sqrt{x}$ のように底がバラバラだと考えにくいので,とりあえず底を x にそろえて整理してみよう。

$A = \underline{\log_x y}$ ◀これは特に書き直す必要がない

$B = \log_y x$

$\quad = \dfrac{\log_x x}{\log_x y}$ ◀Point 2.10（底の変換公式）を使って底を x に変換した

$\quad = \dfrac{1}{\log_x y}$ ◀$\log_x x = 1$

$C = \log_x \dfrac{x^2}{y}$

$\quad = \log_x x^2 - \log_x y$ ◀$\log_x \dfrac{A}{B} = \log_x A - \log_x B$

$\quad = \underline{2 - \log_x y}$ ◀$\log_x x^2 = 2\log_x x = 2\cdot 1 = \underline{\underline{2}}$

$D = \log_y y\sqrt{x}$

$\quad = \log_y y + \log_y \sqrt{x}$ ◀$\log_y AB = \log_y A + \log_y B$

$\quad = 1 + \log_y x^{\frac{1}{2}}$ ◀$\log_y y = 1$, $\sqrt{x} = x^{\frac{1}{2}}$

$\quad = 1 + \dfrac{1}{2}\log_y x$ ◀$\log_y x^n = n\log_y x$

$\quad = \underline{1 + \dfrac{1}{2}\cdot\dfrac{1}{\log_x y}}$ ◀[$B =$] $\log_y x = \dfrac{1}{\log_x y}$ を使った

このように $\underline{\log_x y}$ だけを使って書き直すことができたので,ここで $\underline{\log_x y}$ について考えてみよう。

まず,問題文の条件の

$\boxed{x < y^2 < x^2}$ から $\underline{x > 1}$ であることが分かる ◀《注1》を見よ

ので,

$x < y^2 < x^2$ から
$\log_x x < \log_x y^2 < \log_x x^2$ ……(∗) がいえる

◀ Point 2.12 の Step 3 を使って $\log_x y$ に関する式をつくった！

よね。 ◀ $x > 1$ のとき, $a < b$ ならば $\log_x a < \log_x b$ がいえる！

さらに, (∗) より
$\log_x x < \log_x y^2 < \log_x x^2$ ……(∗)
⇔ $1 < 2\log_x y < 2\log_x x$　◀ $\log_x x = 1, \log_x y^n = n\log_x y$
⇔ $1 < 2\log_x y < 2$　◀ $\log_x x = 1$
∴ $\dfrac{1}{2} < \log_x y < 1$ ……(∗)′ が得られる。 ◀ 全体を2で割って $\log_x y$ について解いた

(∗)′ より,

$\begin{cases} 1 < \dfrac{1}{\log_x y} < 2 \quad \cdots\cdots (\ast\ast) \quad ◀ (\ast)' を使って求めた \\[2mm] 1 < 2 - \log_x y < \dfrac{3}{2} \quad ◀ (\ast)' を使って求めた \\[2mm] \dfrac{3}{2} < 1 + \dfrac{1}{2} \cdot \dfrac{1}{\log_x y} < 2 \quad ◀ (\ast\ast) を使って求めた \end{cases}$

が得られるので, ◀《注2》を見よ

$\dfrac{1}{2} < A < 1,\ 1 < B < 2,\ 1 < C < \dfrac{3}{2},\ \dfrac{3}{2} < D < 2$ がいえるよね。

よって,
A, B, C, D の中で
A が最小であることは分かるが, ◀

B, C の大小関係と B, D の大小関係は分からないよね。 ◀《注3》を見よ

そこで, まず
$B = \dfrac{1}{\log_x y}$ と $C = 2 - \log_x y$ の大小関係について考えよう。

Point 3.4 を考え，$\boxed{B-C \text{ に着目する}}$ と， ◀例題22(2)参照．

$B - C = \dfrac{1}{\log_x y} - (2 - \log_x y)$ ◀ $B = \dfrac{1}{\log_x y}$, $C = 2 - \log_x y$

$ = \underline{\log_x y + \dfrac{1}{\log_x y} - 2}$ ……ⓐ が得られる。 ◀ 整理した

ここで，$\log_x y$ と $\dfrac{1}{\log_x y}$ は正であることを考え，

$\boxed{\begin{array}{l}\text{相加相乗平均より} \quad \text{◀ Point 2.3} \\ \log_x y + \dfrac{1}{\log_x y} \geqq 2 \ \cdots\cdots (\bigstar) \quad \text{◀ } A+B \geqq 2\sqrt{AB}\end{array}}$

$\boxed{\text{がいえる}}$ よね。 ◀例題22(2)参照

しかし，

$\boxed{\begin{array}{l}(\bigstar)\text{の等号が成立するための条件は} \quad \text{◀ } A+B = 2\sqrt{AB} \ \Rightarrow\ A=B \\ \underline{\log_x y = \dfrac{1}{\log_x y}} \ \cdots\cdots (\bigstar\bigstar) \text{ だけれど，} \quad \text{◀ Point 2.3} \\ \dfrac{1}{2} < \log_x y < 1 \ \cdots\cdots (*)' \text{ と } 1 < \dfrac{1}{\log_x y} < 2 \ \cdots\cdots (**) \text{ を考え，} \\ \log_x y = \dfrac{1}{\log_x y} \ \cdots\cdots (\bigstar\bigstar) \text{ が成立することはありえない}\end{array}}$ ◀例題22(2)の
ように考えてもよい

よね。
よって，この問題の $\dfrac{1}{2} < \log_x y < 1$ という条件のもとでは，

$\log_x y + \dfrac{1}{\log_x y} \geqq 2 \ \cdots\cdots (\bigstar)$ は

$\underline{\log_x y + \dfrac{1}{\log_x y} > 2} \ \cdots\cdots (\bigstar)'$ となる。 ◀例題22の[考え方]参照

よって，
$B - C = \log_x y + \dfrac{1}{\log_x y} - 2 \ \cdots\cdots$ ⓐ

$ > 2 - 2$ ◀ $\log_x y + \dfrac{1}{\log_x y} > 2 \ \Rightarrow\ \log_x y + \dfrac{1}{\log_x y} - 2 > 2 - 2$

∴ $\underline{B - C > 0}$ が得られるので， ◀ $2 - 2 = \underline{0}$

$B > C$ が分かった！ ◀ $B - C > 0 \ \Rightarrow\ \underline{B > C}$

次に，
$B = \dfrac{1}{\log_x y}$ と $D = 1 + \dfrac{1}{2} \cdot \dfrac{1}{\log_x y}$ の大小関係について考えよう。

Point 3.4 を考え，$\boxed{B-D \text{ に着目する}}$ と，

$B - D = \dfrac{1}{\log_x y} - \left(1 + \dfrac{1}{2} \cdot \dfrac{1}{\log_x y}\right)$ ◀ $B = \dfrac{1}{\log_x y}$，$D = 1 + \dfrac{1}{2} \cdot \dfrac{1}{\log_x y}$

$= \dfrac{1}{2} \cdot \dfrac{1}{\log_x y} - 1$ ……ⓑ ◀ 整理した $\left[A - \dfrac{1}{2}A = \dfrac{1}{2}A\right]$

ここで，
$1 < \dfrac{1}{\log_x y} < 2$ ……(＊＊) より，

$\dfrac{1}{2} < \dfrac{1}{2} \cdot \dfrac{1}{\log_x y} < 1$ ◀ (＊＊)の全体に $\dfrac{1}{2}$ を掛けて $\dfrac{1}{2} \cdot \dfrac{1}{\log_x y}$ をつくった

$\Leftrightarrow -\dfrac{1}{2} < \dfrac{1}{2} \cdot \dfrac{1}{\log_x y} - 1 < 0$ ◀ 全体から1を引いて $\dfrac{1}{2} \cdot \dfrac{1}{\log_x y} - 1$ をつくった

がいえるので，◀ $\dfrac{1}{2} \cdot \dfrac{1}{\log_x y} - 1$ は負であることが分かった！

$B - D = \dfrac{1}{2} \cdot \dfrac{1}{\log_x y} - 1$ ……ⓑ より

$B - D < 0$ が得られる。◀ $\dfrac{1}{2} \cdot \dfrac{1}{\log_x y} - 1$ は負である！

よって，
$B < D$ が分かった！ ◀ $B - D < 0$ ➡ $B < D$

以上より，
$A < C < B < D$ ◀ A が最小であることと $C < B$ と $B < D$ を
が分かった。　　1つにまとめた

[解答]

$\begin{cases} A = \underline{\log_x y} & \blacktriangleleft [考え方]参照 \\ B = \log_y x = \dfrac{\log_x x}{\log_x y} = \dfrac{1}{\underline{\log_x y}} \\ C = \log_x \dfrac{x^2}{y} = \log_x x^2 - \log_x y = 2 - \underline{\log_x y} \\ D = \log_y y\sqrt{x} = \log_y y + \log_y \sqrt{x} = 1 + \dfrac{1}{2}\log_y x = 1 + \dfrac{1}{2} \cdot \dfrac{1}{\underline{\log_x y}} \end{cases}$

また，

$x < y^2 < x^2$ ◀ 問題文の条件
$\Leftrightarrow \log_x x < \log_x y^2 < \log_x x^2$ ◀ Point 2.12 の Step 3
$\Leftrightarrow 1 < 2\log_x y < 2\log_x x$ ◀ $\log_x x = 1$, $\log_x y^n = n\log_x y$
$\Leftrightarrow \dfrac{1}{2} < \log_x y < 1$ ◀ $\log_x x = 1$

を考え，

$\dfrac{1}{2} < A < 1$, $1 < B < 2$, $1 < C < \dfrac{3}{2}$, $\dfrac{3}{2} < D < 2$

がいえるので，◀ [考え方]参照

A, B, C, D の中で
A が最小である ……①
ことが分かる。

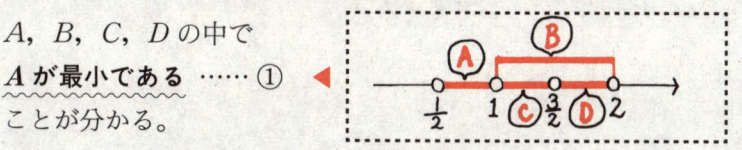

次に，B と C の大小関係について考える。

$B - C = \dfrac{1}{\log_x y} - (2 - \log_x y)$ ◀ Point 3.4 の Step 2 の Pattern 2

$= \log_x y + \dfrac{1}{\log_x y} - 2$ ……ⓐ ◀ 整理した

ここで，$\log_x y$ と $\dfrac{1}{\log_x y}$ は正であることを考え，

相加相乗平均より ◀ Point 2.3

$\log_x y + \dfrac{1}{\log_x y} \geq 2$ ……(*) ◀ $A + B \geq 2\sqrt{AB}$

がいえる。

しかし，

> (*) の等号が成立するための条件は　◀A+B=2√AB ➡ A=B
> $\log_x y = \dfrac{1}{\log_x y}$ であるが，
> $\dfrac{1}{2} < \log_x y < 1$ と $1 < \dfrac{1}{\log_x y} < 2$ を考え，
> $\log_x y = \dfrac{1}{\log_x y}$ は成立しない

ので，

(*) は $\log_x y + \dfrac{1}{\log_x y} > 2$ ……(*)′ となる。　◀[考え方]参照

よって，

$B - C = \log_x y + \dfrac{1}{\log_x y} - 2$ ……ⓐ

　　　$> 2 - 2$　◀$\log_x y + \dfrac{1}{\log_x y} > 2$ ……(*)′ を代入した

∴　$B - C > 0$ が得られるので，　◀2-2=0

$\underline{B > C}$ ……② が分かった。　◀B-C>0 ➡ B>C

次に，$\underline{B と D の大小関係について考える。}$

$B - D = \dfrac{1}{\log_x y} - \left(1 + \dfrac{1}{2} \cdot \dfrac{1}{\log_x y}\right)$　◀Point 3.4 のStep 2 のPattern 2

　　　$= \dfrac{1}{2} \cdot \dfrac{1}{\log_x y} - 1$ ……ⓑ　◀整理した

ここで，

> $1 < \dfrac{1}{\log_x y} < 2$ ……(**) から
> $-\dfrac{1}{2} < \dfrac{1}{2} \cdot \dfrac{1}{\log_x y} - 1 < 0$ がいえる

ので，　◀[考え方]参照

$B - D = \dfrac{1}{2} \cdot \dfrac{1}{\log_x y} - 1$ ……ⓑ より

$\underline{B - D < 0}$ がいえる。　◀$\dfrac{1}{2} \cdot \dfrac{1}{\log_x y} - 1 < 0$ より！

∴ $B < D$ ……③   ◀ $B - D < 0$ ➡ $B < D$

以上より，①と②と③を考え，
$A < C < B < D$ がいえるので
$\log_x y < \log_x \dfrac{x^2}{y} < \log_y x < \log_y y\sqrt{x}$ が得られる。 //

(注1) $\boxed{x < y^2 < x^2 \text{ から } x > 1 \text{ が得られる理由について}}$

$\boxed{x < y^2 < x^2 \text{ から } x < x^2 \cdots\cdots \text{ⓐ がいえる}}$ ので，

  $x < x^2$ ……ⓐ
$\Leftrightarrow x^2 - x > 0$
$\Leftrightarrow x(x-1) > 0$ ◀ x でくくった
$\Leftrightarrow x - 1 > 0$ ◀両辺を $x\ [> 0]$ で割った
∴ $x > 1$

(注2) $\boxed{B, C, D \text{ の範囲について}}$

$\boxed{1 < \dfrac{1}{\log_x y} < 2 \text{ について}}$ ◀ $1 < B < 2$ について

一般に，正の数の α, β について

$\boxed{\alpha < X < \beta \text{ のとき } \dfrac{1}{\beta} < \dfrac{1}{X} < \dfrac{1}{\alpha} \text{ がいえる}}$ ◀本文の[参考](P.102)を見よ！

ので，

$\dfrac{1}{2} < \log_x y < 1$ ……(*)′ のとき

$1 < \dfrac{1}{\log_x y} < 2$ ……(**) がいえる。   ◀ $\dfrac{1}{\log_x y}$ の範囲が分かった

$\boxed{1<2-\log_x y<\dfrac{3}{2} \text{ について}}$ ◀ $1<C<\dfrac{3}{2}$ について

$\boxed{(*)' \text{ の全体に } -1 \text{ を掛ける}}$ と ◀ $-\log_x y$ をつくる

$-1<-\log_x y<-\dfrac{1}{2}$ となり, ◀ $a<x<b \Rightarrow -b<-x<-a$

さらに, $\boxed{\text{全体に } 2 \text{ を加える}}$ と ◀ $2-\log_x y$ をつくる

$1<2-\log_x y<\dfrac{3}{2}$ が得られる ◀ $2-\log_x y$ の範囲が分かった!

$\boxed{\dfrac{3}{2}<1+\dfrac{1}{2}\cdot\dfrac{1}{\log_x y}<2 \text{ について}}$ ◀ $\dfrac{3}{2}<D<2$ について

$\boxed{(**) \text{ の全体に } \dfrac{1}{2} \text{ を掛ける}}$ と ◀ $\dfrac{1}{2}\cdot\dfrac{1}{\log_x y}$ をつくる

$\dfrac{1}{2}<\dfrac{1}{2}\cdot\dfrac{1}{\log_x y}<1$ となり, ◀ $1<\dfrac{1}{\log_x y}<2 \cdots\cdots (**)$

さらに, $\boxed{\text{全体に } 1 \text{ を加える}}$ と ◀ $1+\dfrac{1}{2}\cdot\dfrac{1}{\log_x y}$ をつくる

$\dfrac{3}{2}<1+\dfrac{1}{2}\cdot\dfrac{1}{\log_x y}<2$ が得られる。 ◀ $1+\dfrac{1}{2}\cdot\dfrac{1}{\log_x y}$ の範囲が分かった!

(注3) $\boxed{\begin{array}{l}1<B<2,\ 1<C<\dfrac{3}{2}\ \text{のときの}B\text{と}C\text{の大小関係と}\\ 1<B<2,\ \dfrac{3}{2}<D<2\ \text{のときの}B\text{と}D\text{の大小関係が}\\ \text{判別できない理由について}\end{array}}$

$1<B<2,\ 1<C<\dfrac{3}{2}$ だけでは，例えば

$\underline{B=\dfrac{6}{5},\ C=\dfrac{7}{5}}$ の場合も考えられるし， ◀B<Cの場合

$\underline{B=\dfrac{7}{5},\ C=\dfrac{6}{5}}$ の場合も考えられるから。 ◀B>Cの場合

また，
$1<B<2,\ \dfrac{3}{2}<D<2$ だけでは，例えば

$\underline{B=\dfrac{8}{5},\ D=\dfrac{9}{5}}$ の場合も考えられるし， ◀B<Dの場合

$\underline{B=\dfrac{9}{5},\ D=\dfrac{8}{5}}$ の場合も考えられるから。 ◀B>Dの場合

22

[考え方]

まず，
$\log_2 3$，$\log_3 2$，$\log_4 8$ のように底がバラバラだとよく分からないので，
とりあえず
$\log_3 2$ と $\log_4 8$ の底を $\log_2 3$ の底の 2 にそろえてみよう。 ◀ Point 3.3 の Step1

$$\begin{cases} b = \log_3 2 \\ \quad = \dfrac{\log_2 2}{\log_2 3} \quad \blacktriangleleft \log_a b = \dfrac{\log_c b}{\log_c a} \text{ [Point 2.10]} \\ \quad = \dfrac{1}{\log_2 3} \quad \blacktriangleleft \log_2 2 = 1 \\ c = \log_4 8 \\ \quad = \dfrac{\log_2 8}{\log_2 4} \quad \blacktriangleleft \log_a b = \dfrac{\log_c b}{\log_c a} \text{ [Point 2.10]} \\ \quad = \dfrac{\log_2 2^3}{\log_2 2^2} \quad \blacktriangleleft 8 = 2^3 \\ \qquad\qquad\quad \blacktriangleleft 4 = 2^2 \\ \quad = \dfrac{3\log_2 2}{2\log_2 2} \quad \blacktriangleleft \log_a b^n = n\log_a b \\ \quad = \dfrac{3}{2} \quad \blacktriangleleft \log_2 2 = 1 \end{cases}$$

を考え，◀ $\log_3 2$ と $\log_4 8$ の底を 2 に変換した！
$a = \log_2 3$，$b = \dfrac{1}{\log_2 3}$，$c = \dfrac{3}{2}$ の大小関係について考えればいいよね。

だけど，例題 22 の(1)の **重要事項**（P.99）でも確認したように
$\log_2 3$ と $\dfrac{1}{\log_2 3}$ の大小関係は **Point 3.3** を使って求めることはできない
ので，**Point 3.4** の Step 2 に従って

$\log_2 3$ と $\dfrac{1}{\log_2 3}$ の範囲を調べることによって，

$a = \log_2 3$ と $b = \dfrac{1}{\log_2 3}$ と $c = \dfrac{3}{2}$ の大小関係を調べてみよう。 ◀ Pattern 1

まず，$\log_2 3$ の範囲については，例題24(2)(P.114)でやったように $y=\log_2 x$ のグラフを考えれば $\log_2 3 > 1$ だと分かる よね。 ◀《注》を見よ！

∴ $a > 1$ …… ① ◀ $a = \log_2 3$

さらに，$\log_2 3 > 1$ から

$0 < \dfrac{1}{\log_2 3} < 1$ ……(*) ◀ $a>1$ のとき $0<\dfrac{1}{a}<1$ がいえる！

［例えば，$a=2$ のとき $\dfrac{1}{a}=\dfrac{1}{2}$］

がいえるので，

$0 < b < 1$ …… ② ◀ $b = \dfrac{1}{\log_2 3}$

よって，①と②を考え，
a, b, c の中で b が1番小さい
ということが分かるよね。

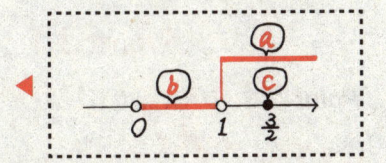

そこで，以下
a と c の大小関係について考えよう。 ◀あとはaとcの大小関係だけが分かればよい！

まず，
$a = \log_2 3$，$c = \dfrac{3}{2}$ のように 形が違うとよく分からないので，
大小関係がすぐに分かるように1つの形に統一してみよう。

とりあえず $\dfrac{3}{2}$ は，

$\dfrac{3}{2} = \dfrac{3}{2} \cdot 1$ ◀ $\dfrac{3}{2}$ を $\dfrac{3}{2} \cdot 1$ とみなして強引に $\log_2 \square$ の形にする！

$= \dfrac{3}{2} \cdot \log_2 2$ ◀ $\log_a a = 1$

$= \log_2 2^{\frac{3}{2}}$ ◀ $n\log_a b = \log_a b^n$ ◀ Point 3.3 の Step1

のように簡単に $\log_2 \square$ の形に書き直すことができるので，
$a = \log_2 3$ と $c = \log_2 2^{\frac{3}{2}}$ について考えればいいよね。

$\log_2 3$ と $\log_2 2^{\frac{3}{2}}$ の形であれば,
Point 3.3 の Step 2(I) より ◀「$x>1$ のとき, $A<B$ ならば $\log_x A < \log_x B$ がいえる」

3 と $2^{\frac{3}{2}}$ の大小関係について考えるだけで
$a = \log_2 3$ と $c = \log_2 2^{\frac{3}{2}}$ の大小関係が分かる よね。

そこで, 以下
3 と $2^{\frac{3}{2}}$ の大小関係について考えよう。

$$\begin{cases} 3 = 3^{\frac{2}{2}} = (3^2)^{\frac{1}{2}} = 9^{\frac{1}{2}} & \blacktriangleleft 3^2 = 9 \\ 2^{\frac{3}{2}} = (2^3)^{\frac{1}{2}} = 8^{\frac{1}{2}} & \blacktriangleleft 2^3 = 8 \end{cases}$$ ◀ $x^{\frac{a}{b}} = x^{a \cdot \frac{1}{b}} = (x^a)^{\frac{1}{b}}$

を考え,
$2^{\frac{3}{2}} < 3$ がいえるよね。 ◀ **Point 3.1**

よって, **Point 3.3** の Step 2(I) より
　　$\log_2 2^{\frac{3}{2}} < \log_2 3$ 　◀ $2^{\frac{3}{2}} < 3$
$\Leftrightarrow c < a$ ……③ がいえる。 ◀ $c = \log_2 2^{\frac{3}{2}}, a = \log_2 3$

以上より, b が 1 番小さい ことと $c < a$ ……③ を考え,
$b < c < a$ が得られる。 ◀ $b < c < a$
　　　　　　　　　　　　　　最小　③

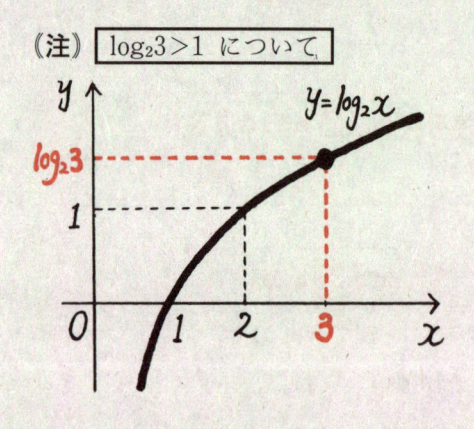

(注) $\boxed{\log_2 3 > 1 \text{ について}}$

$y = \log_2 x$ のグラフは
左図のようになるので,
左図から
$\log_2 3 > 1$ がいえる。

[解答]

$\boxed{\log_2 3 > 1}$ …… ① を考え，　◀ (注)を見よ！

$a > 1$ …… ①′ がいえる。　◀ $a = \log_2 3$

また，
$b = \log_3 2$
$= \dfrac{\log_2 2}{\log_2 3}$　◀ Point 2.10（底の変換公式）を使って底を2に変換した
$= \dfrac{1}{\log_2 3}$ を考え，①より　◀ $\log_2 2 = 1$

$0 < b < 1$ …… ② がいえる。　◀ $0 < \dfrac{1}{\log_2 3} < 1$（[考え方]参照）

さらに，
$c = \log_4 8$
$= \dfrac{\log_2 8}{\log_2 4}$　◀ Point 2.10（底の変換公式）を使って底を2に変換した
$= \dfrac{3}{2}$ …… ③ より　◀ $\dfrac{\log_2 8}{\log_2 4} = \dfrac{\log_2 2^3}{\log_2 2^2} = \dfrac{3 \cdot \log_2 2}{2 \cdot \log_2 2} = \dfrac{3}{2}$

a, b, c の中で b が1番小さい ……（＊）ことが分かるので，

以下，$a = \log_2 3$ と $c = \dfrac{3}{2}$ の大小関係について考える。

$\begin{cases} c = \dfrac{3}{2} \cdot 1 & \blacktriangleleft \dfrac{3}{2} を \dfrac{3}{2} \cdot 1 とみなして強引に \log_2 \square の形にする！\\ = \dfrac{3}{2} \cdot \log_2 2 & \blacktriangleleft \log_a a = 1 \\ = \log_2 2^{\frac{3}{2}} & \blacktriangleleft n \log_a b = \log_a b^n \\ = \log_2 (2^3)^{\frac{1}{2}} & \blacktriangleleft 2^{\frac{3}{2}} = 2^{3 \cdot \frac{1}{2}} = (2^3)^{\frac{1}{2}} \\ = \log_2 8^{\frac{1}{2}} & \blacktriangleleft 2^3 = 8 \\ a = \log_2 3 & \\ = \log_2 3^{\frac{2}{2}} & \blacktriangleleft c と同じ形にするために指数の分母を2にした \\ = \log_2 (3^2)^{\frac{1}{2}} & \blacktriangleleft c と同じ形にするために \dfrac{1}{2} 乗の形にした \\ = \log_2 9^{\frac{1}{2}} & \blacktriangleleft 3^2 = 9 \end{cases}$

を考え，

$c<a$ がいえる。　◀ Point 3.3 の Step2 (I) より

よって，(*) を考え　◀ b は1番小さい！
$b<c<a$ がいえる。

Section 4　桁数に関する問題

23

[解答]

> 15^{100} の桁数を n とおくと
> $10^{n-1} \leq 15^{100} < 10^n$ ◀ Point 4.2

$\Leftrightarrow \log_{10}10^{n-1} \leq \log_{10}15^{100} < \log_{10}10^n$ ◀ 全体に log をとった！[Point 2.13]

$\Leftrightarrow (n-1)\log_{10}10 \leq 100 \cdot \log_{10}15 < n\log_{10}10$ ◀ $\log_a b^m = m\log_a b$

$\Leftrightarrow n-1 \leq 100 \cdot \log_{10}(3 \cdot 5) < n$ ◀ $\log_{10}10=1,\ 15=3 \cdot 5$

$\Leftrightarrow n-1 \leq 100(\log_{10}3 + \log_{10}5) < n$ ◀ $\log_{10}AB = \log_{10}A + \log_{10}B$

$\Leftrightarrow n-1 \leq 100\left(\log_{10}3 + \log_{10}\dfrac{10}{2}\right) < n$ ◀ $5 = \dfrac{10}{2}$ [Point 2.14]

$\Leftrightarrow n-1 \leq 100(\log_{10}3 + \log_{10}10 - \log_{10}2) < n$ ◀ $\log_a\dfrac{A}{B} = \log_a A - \log_a B$

$\Leftrightarrow n-1 \leq 100(0.4771 + 1 - 0.3010) < n$ ◀ $\log_{10}10=1$

$\Leftrightarrow n-1 \leq 117.61 < n$ ◀ $\log_{10}15^{100} = 117.61$ ……① が得られた！（後半で使う）

が得られる。

よって，
$n-1 \leq 117.61 < n$ より ◀ これを満たす自然数 n は 118 である！
15^{100} は **118 桁**である ことが分かる。 ◀ 15^{100} の桁数は n である！

> 15^{100} の最高位の数字を m とおくと
> $m \times 10^{117} \leq 15^{100} < (m+1) \times 10^{117}$ ◀ Point 4.3（15^{100} は 118 桁である！）

$\Leftrightarrow \log_{10}(m \times 10^{117}) \leq \log_{10}15^{100} < \log_{10}\{(m+1) \times 10^{117}\}$ ◀ 全体に log をとった！

$\Leftrightarrow \log_{10}m + \log_{10}10^{117} \leq \log_{10}15^{100} < \log_{10}(m+1) + \log_{10}10^{117}$ ◀ Point 2.11

$\Leftrightarrow \log_{10}m + 117 \leq 117.61 < \log_{10}(m+1) + 117$ ◀ $\begin{cases}\log_{10}10^{117} = 117 \cdot \log_{10}10 = 117 \cdot 1 \\ \log_{10}15^{100} = 117.61 \cdots ①\end{cases}$

$\Leftrightarrow \log_{10}m \leq 0.61 < \log_{10}(m+1)$ ……（*） ◀ 全体から 117 を引い

が得られる。

ここで、
$$\begin{cases} \log_{10}4 = \log_{10}2^2 = 2\log_{10}2 = \underline{0.6020} \\ \log_{10}5 = \log_{10}\dfrac{10}{2} = \log_{10}10 - \log_{10}2 = \underline{0.6990} \end{cases} \blacktriangleleft \text{Point 2.14}$$
を考え、

 (*) に $m=4$ を代入する と ◀本文の《注》[P.133]を見よ！

(*) $\Leftrightarrow \log_{10}4 \leq 0.61 < \log_{10}5$ ◀ $\log_{10}m \leq 0.61 < \log_{10}(m+1)$ ……(*)
 $\Leftrightarrow \underline{0.60 \leq 0.61 < 0.69}$ となり成立する。

よって、
15^{100} の最高位の数字は **4** である。 ◀ 15^{100} の最高位の数字は m である！

24

[解答]

$\left(\dfrac{1}{2}\right)^{15} [=(0.5)^{15}]$ が小数第 n 位に初めて 0 でない数字が現れるとすると
$10^{-n} \leq \left(\dfrac{1}{2}\right)^{15} < 10^{-n+1}$ ◀ Point 4.4

$\Leftrightarrow \log_{10}10^{-n} \leq \log_{10}\left(\dfrac{1}{2}\right)^{15} < \log_{10}10^{-n+1}$ ◀ 全体にlogをとった！[Point 2.13]

$\Leftrightarrow -n\log_{10}10 \leq 15\cdot\log_{10}\left(\dfrac{1}{2}\right) < (-n+1)\log_{10}10$ ◀ $\log_a b^m = m\log_a b$

$\Leftrightarrow -n \leq 15\cdot(\log_{10}1 - \log_{10}2) < -n+1$ ◀ $\log_{10}10=1$, $\log_a \dfrac{A}{B}=\log_a A-\log_a B$

$\Leftrightarrow -n < 15(0-0.3010) < -n+1$ ◀ $\log_{10}1=0$

$\Leftrightarrow -n \leq -4.5150 < -n+1$ ◀ これを満たす自然数 n は $\underline{5}$ である！
$\quad [-5 \leq -4.5150 < -4]$

よって,
$(0.5)^{15}\left[=\left(\dfrac{1}{2}\right)^{15}\right]$ は小数第 5 位に初めて 0 でない数字が現れる。

25

[考え方]

まず **Point 4.5** に従って, 実験してみよう。

76^n の下 2 桁の数について考える。

$\boxed{n=1 \text{ のとき}}$ ◀ 76^1
　　76 ➡ 下 2 桁は 76

$\boxed{n=2 \text{ のとき}}$ ◀ 76^2
　　5776 ➡ 下 2 桁は 76 ◀ 下2桁はまた76になった！

$\boxed{n=3 \text{ のとき}}$ ◀ 76^3
　　438976 ➡ 下 2 桁は 76 ◀ 下2桁はまた76になった!!

これらの例から
「76^n の下 2 桁の数は **76**」……（＊）だと予想できるよね。

$\boxed{(*)\text{ の証明}}$ ◀記述式の場合は予想だけではなく，
　　　　　　その予想をキチンと証明しなければならない！

「76^n の下2桁の数は 76」……$(*)$
を数学的帰納法を使って示す。

$\boxed{\text{(i) } n=1 \text{ のとき}}$

　76^1 の下2桁の数は 76 なので成立する。

$\boxed{\text{(ii) } n=k \text{ のとき}}$
$\boxed{76^k \text{ の下2桁の数は } 76 \text{ である ……(★)と仮定する。}}$

　すると(★)から
$76^k = A \cdot 100 + 76$（A は0以上の整数）……① がいえる。

$$\left[\begin{array}{l}\text{▶例えば，}\\ \quad 76 = 0 \cdot 100 + 76 \\ 5776 = 5700 + 76 = 57 \cdot 100 + 76 \\ 438976 = 438900 + 76 = 4389 \cdot 100 + 76 \end{array}\right.$$

　ここで，76^{k+1}（$n=k+1$ の場合）について考える。

$76^{k+1} = 76^k \cdot 76$　◀ $a^{k+1} = a^k \cdot a^1$
　　　$= (A \cdot 100 + 76) \cdot 76$　◀①を代入した
　　　$= 76 \cdot A \cdot 100 + 76^2$　◀展開した
　　　$= 76 \cdot A \cdot 100 + 5776$　◀ $76^2 = 5776$
　　　$= 76 \cdot A \cdot 100 + 57 \cdot 100 + 76$　◀ $5776 = 5700 + 76 = 57 \cdot 100 + 76$
　　　$= (76 \cdot A + 57) \cdot 100 + 76$　◀100でくくった！

　よって，
　76^{k+1} の下2桁の数も 76 である。◀ $76^{k+1}=$(自然数)$\cdot 100 + 76$ の形なので！
　　　　　　↑ $n=k+1$ の場合も(★)が成立することが示せた！

(i), (ii)より
「76^n の下2桁の数は 76」……$(*)$ は，
すべての自然数 n について成立することが分かった。

よって，

「76^n の下2桁の数は **76**」……(＊) より

76^{258} の下2桁の数は **76** だと分かるよね。 ◀ n に 258 を代入した

[解答]

76^{258} の下2桁の数は **76** である。//

26

[解答]

7^x は15桁の数なので
$10^{14} \leq 7^x < 10^{15}$ ◀ Point 4.2

$\Leftrightarrow \log_{10}10^{14} \leq \log_{10}7^x < \log_{10}10^{15}$ ◀ 全体にlogをとった！[Point 2.13]

$\Leftrightarrow 14\log_{10}10 \leq x\log_{10}7 < 15\log_{10}10$ ◀ $\log_a b^n = n\log_a b$

$\Leftrightarrow 14 \leq 0.8451 \cdot x < 15$ ◀ $\log_{10}10 = 1$, $\log_{10}7 = 0.8451$（問題文より）

$\Leftrightarrow \dfrac{14}{0.8451} \leq x < \dfrac{15}{0.8451}$ ◀ 全体を 0.8451 で割って x について解いた

$\Leftrightarrow 16.5\cdots \leq x < 17.7\cdots$ ◀ $\begin{cases} \dfrac{14}{0.8451} = 16.5\cdots \text{(14を0.8451で実際に割った)} \\ \dfrac{15}{0.8451} = 17.7\cdots \text{(15を0.8451で実際に割った)} \end{cases}$

がいえる。

よって，x は整数なので

$x = 17$ ……① であることが分かる。 ◀ $16.5\cdots \leq 17 < 17.7\cdots$

[考え方]
7^n ($n=1, 2, \cdots$) の一の位の数字について考える。 ◀ Point 4.5

$\boxed{n=1 \text{ のとき}}$ ◀ 7^1
　　　$7 \rightarrow$ 一の位は 7

$\boxed{n=2 \text{ のとき}}$ ◀ 7^2
　　　$49 \rightarrow$ 一の位は 9

$\boxed{n=3 \text{ のとき}}$ ◀ 7^3
　　　$343 \rightarrow$ 一の位は 3

$\boxed{n=4 \text{ のとき}}$ ◀ 7^4
　　　$2401 \rightarrow$ 一の位は 1

$\boxed{n=5 \text{ のとき}}$ ◀ 7^5
　　$16807 \rightarrow$ 一の位は 7 ◀ $n=1$のときの7が出てきた！

$\boxed{n=6 \text{ のとき}}$ ◀ 7^6
　　$117649 \rightarrow$ 一の位は 9 ◀ $n=2$のときの9が出てきた！

$\boxed{n=7 \text{ のとき}}$ ◀ 7^7
　　$823543 \rightarrow$ 一の位は 3 ◀ $n=3$のときの3が出てきた！

$\boxed{n=8 \text{ のとき}}$ ◀ 7^8
　　$5764801 \rightarrow$ 一の位は 1 ◀ $n=4$のときの1が出てきた！

$\boxed{n=9 \text{ のとき}}$ ◀ 7^9
　　$40353607 \rightarrow$ 一の位は 7 ◀ また$n=1$のときの7が出てきた！
　　⋮

このように

7^n の一の位は
$7, 9, 3, 1, 7, 9, 3, 1, 7, 9, 3, 1, 7, 9, 3, 1, 7, \cdots$
のように、$7, 9, 3, 1$を繰り返す　ことが分かるよね。

よって，

> $n=4k+1$ のとき $[k=0, 1, 2, \cdots\cdots]$ ◀ $n=1, 5, 9, \cdots$
> 7^n の一の位は $\underset{\sim}{7}$
> $n=4k+2$ のとき $[k=0, 1, 2, \cdots\cdots]$ ◀ $n=2, 6, 10, \cdots$
> 7^n の一の位は $\underset{\sim}{9}$
> $n=4k+3$ のとき $[k=0, 1, 2, \cdots\cdots]$ ◀ $n=3, 7, 11, \cdots$
> 7^n の一の位は $\underset{\sim}{3}$
> $n=4k+4$ のとき $[k=0, 1, 2, \cdots\cdots]$ ◀ $n=4, 8, 12, \cdots$
> 7^n の一の位は $\underset{\sim}{1}$

7^n $(n=1, 2, \cdots)$ の一の位の数字は
$7, 9, 3, 1$ を繰り返すので， ◀[考え方]参照

$\boxed{17=4\cdot 4+1}$ を考え， ◀ 17を4k+1の形にした

7^{17} $(=7^{4\cdot 4+1})$ の一の位の数字は 7 である。 ◀ $x=17\cdots\cdots$ ①に注意！

$\boxed{7^{17} \text{の最高位の数字を } m \text{ とおくと}}$ ◀ Point 4.3
$\boxed{m \times 10^{14} \leqq 7^{17} < (m+1) \times 10^{14}}$ ◀ 問題文の「7^{17}が15桁の整数」に注意！

$\Leftrightarrow \log_{10}(m \times 10^{14}) \leqq \log_{10} 7^{17} < \log_{10}\{(m+1) \times 10^{14}\}$ ◀ 全体にlogをとった
$\Leftrightarrow \log_{10} m + \log_{10} 10^{14} \leqq \log_{10} 7^{17} < \log_{10}(m+1) + \log_{10} 10^{14}$ ◀ Point 2.11
$\Leftrightarrow \log_{10} m + 14 \log_{10} 10 \leqq 17 \log_{10} 7 < \log_{10}(m+1) + 14 \log_{10} 10$ ◀ $\log_a b^n = n \log_a b$
$\Leftrightarrow \log_{10} m + 14 \leqq 17 \cdot 0.8451 < \log_{10}(m+1) + 14$ ◀ $\log_{10} 10 = 1, \log_{10} 7 = 0.8451$
$\Leftrightarrow \log_{10} m + 14 \leqq 14.3667 < \log_{10}(m+1) + 14$ ◀ $17 \cdot 0.8451 = 14.3667$
$\Leftrightarrow \log_{10} m \leqq 0.3667 < \log_{10}(m+1)$ $\cdots\cdots(*)$ ◀ 全体から14を引いた

問題文の $\begin{cases} \log_{10} 2 = 0.3010 \\ \log_{10} 3 = 0.4771 \end{cases}$ を考え

$(*)$ を満たす自然数 m は 2 なので， ◀ $\log_{10} 2 \leqq 0.3667 < \log_{10} 3$
7^{17} の最高位の数字は 2 である。 ➡ $0.3010 \leqq 0.3667 < 0.4771$

27

[考え方]

a^2 は 7 桁の整数で，ab^3 は 20 桁の整数なので，**Point 4.2** から

$$\begin{cases} 10^6 \leq a^2 < 10^7 & \cdots\cdots ① \\ 10^{19} \leq ab^3 < 10^{20} & \cdots\cdots ② \end{cases}$$ がいえる よね。

また，仮に次の ⓐ, ⓑ の 2 式が成立していれば，**Point 4.2** を考え

$$\begin{cases} 10^{m-1} \leq a < 10^m & \cdots\cdots ⓐ \\ 10^{n-1} \leq b < 10^n & \cdots\cdots ⓑ \end{cases}$$ から

a は m 桁で，b は n 桁であることがいえる よね。

よって，

a と b の桁数を求めるためには，① と ② から ⓐ と ⓑ の形の式を導けばよい ということが分かった！

[解答]

a^2 は 7 桁の整数なので
$\quad 10^6 \leq a^2 < 10^7$ ◀ Point 4.2

$\Leftrightarrow \underline{10^3 \leq a < 10^{\frac{7}{2}}} \cdots\cdots ①$ ◀ 全体を $\frac{1}{2}$ 乗して a について解いた！

がいえる。　　　　　　　　　$(10^6)^{\frac{1}{2}} \leq (a^2)^{\frac{1}{2}} < (10^7)^{\frac{1}{2}}$

さらに，

$10^{\frac{7}{2}} < 10^4$ から　◀ $\frac{7}{2}[=3.5]<4$

$10^3 \leq a < 10^{\frac{7}{2}} < 10^4$ がいえるので　◀ ① と $10^{\frac{7}{2}}<10^4$ を1つにまとめた！

$\underline{10^3 \leq a < 10^4}$ が得られる。　◀ $10^{m-1} \leq a < 10^m \cdots\cdots ⓐ$ の形！

よって，

$\underline{a\text{ は 4 桁の整数である。}}$　◀ Point 4.2

桁数に関する問題

また，

> ab^3 は 20 桁の整数なので
> $10^{19} \leq ab^3 < 10^{20}$ ◀ Point 4.2

$\Leftrightarrow 10^{19} \cdot \dfrac{1}{a} \leq b^3 < 10^{20} \cdot \dfrac{1}{a}$ ……② ◀全体を $a\,[>0]$ で割って b^3 について解いた！

がいえる。

ここで，

$10^3 \leq a < 10^{\frac{7}{2}}$ ……① ◀②で $\dfrac{1}{a}$ が出てきたので，①から $\dfrac{1}{a}$ の範囲を求める！

$\Leftrightarrow \begin{cases} 10^3 \leq a \\ a < 10^{\frac{7}{2}} \end{cases}$ ◀考えやすくするために①を2つにわけた

$\Leftrightarrow \begin{cases} \dfrac{1}{a} \leq \dfrac{1}{10^3} & \cdots\cdots ③ \\ \dfrac{1}{10^{\frac{7}{2}}} < \dfrac{1}{a} & \cdots\cdots ④ \end{cases}$ ◀両辺を $a \cdot 10^3\,[>0]$ で割って $\dfrac{1}{a}$ について解いた

◀両辺を $a \cdot 10^{\frac{7}{2}}\,[>0]$ で割って $\dfrac{1}{a}$ について解いた

を考え，②に③と④を代入する と ◀ $\dfrac{1}{a}$ を消去して b だけの式にする！

$10^{19} \cdot \dfrac{1}{10^{\frac{7}{2}}} < 10^{19} \cdot \dfrac{1}{a} \leq b^3 < 10^{20} \cdot \dfrac{1}{a} \leq 10^{20} \cdot \dfrac{1}{10^3}$

　　　　↑④より　　　　　　　　　　　　　　↑③より

$\Leftrightarrow 10^{19-\frac{7}{2}} < 10^{19} \cdot \dfrac{1}{a} \leq b^3 < 10^{20} \cdot \dfrac{1}{a} \leq 10^{20-3}$ ◀ $10^m \cdot \dfrac{1}{10^n} = 10^m \cdot 10^{-n} = 10^{m-n}$

$\Leftrightarrow 10^{\frac{31}{2}} < 10^{19} \cdot \dfrac{1}{a} \leq b^3 < 10^{20} \cdot \dfrac{1}{a} \leq 10^{17}$ ◀ $19 - \dfrac{7}{2} = \dfrac{38-7}{2} = \dfrac{31}{2}$，$20-3 = 17$

$\Leftrightarrow 10^{\frac{31}{2}} < b^3 < 10^{17}$

$\Leftrightarrow 10^{\frac{31}{6}} < b < 10^{\frac{17}{3}}$ ……⑤ ◀全体を $\dfrac{1}{3}$ 乗して b について解いた！
　　　　　　　　　　　　　　　　　　$(10^{\frac{31}{2}})^{\frac{1}{3}} < (b^3)^{\frac{1}{3}} < (10^{17})^{\frac{1}{3}}$

が得られる。

さらに、
$10^5 < 10^{\frac{31}{6}}$ と $10^{\frac{17}{3}} < 10^6$ から ◀ $5 < \frac{31}{6}\left[=5+\frac{1}{6}\right],\ \frac{17}{3}\left[=5+\frac{2}{3}\right] < 6$

$\underline{10^5 < 10^{\frac{31}{6}} < b < 10^{\frac{17}{3}} < 10^6}$ ◀ ⑤と $10^5 < 10^{\frac{31}{6}}$ と $10^{\frac{17}{3}} < 10^6$ を1つにまとめた！

がいえるので、

$\underline{10^5 < b < 10^6}$ が得られる。 ◀ これは $10^5 \leqq b < 10^6$ [$10^{n-1} \leqq b < 10^n$…⑥の形！] を満たしている！

よって、
$\underline{b は 6 桁の整数である。}$ // ◀ Point 4.2

〈メモ〉

<メモ>

[著者紹介]
細野真宏（ほその　まさひろ）

　細野先生は、大学在学中から予備校で多くの受験生に教える傍ら、大学3年のとき『細野数学シリーズ』を執筆し、受験生から圧倒的な支持を得て、これまでに累計300万部を超える大ベストセラーになっています。

　また、大学在学中からテレビのニュース番組のブレーンや、ラジオのパーソナリティを務めるなどし、99年に出版された『細野経済シリーズ』の第1弾『日本経済編』は経済書では日本初のミリオンセラーを記録し、続編の『世界経済編』などもベストセラー1位を記録し続けるなど、あらゆる世代から「カリスマ」的な人気を博しています。

　数学が昔から得意だったか、というとそうではなく、高3のはじめの模試での成績は、なんと200点中わずか8点（！）で偏差値30台という生徒でした。しかし独自の学習法を編み出した後はグングン成績を伸ばし、大手予備校の模試において、全国で総合成績2番、数学は1番を獲得し、偏差値100を超える生徒に変身しました。

　細野先生自身、もともと数学が苦手だったので、苦手な人の思考過程を痛いほど熟知しています。その経験をいかして、本書では、高度な内容を数学初心者でもわかるように講義しています。

　「一体全体、成績の驚異的アップの秘密はドコにあるの？」と本書を手にとった皆さん、知りたい答のすべてが、この本のシリーズの中に示されています！

細野真宏の2次関数と指数・対数関数が本当によくわかる本

| 2003年　5月20日　初版第1刷発行 |
| 2023年　6月26日　初版第8刷発行 |

著　者　細野真宏
発行者　野村敦司
発行所　株式会社　小学館
　　　　〒101-8001
　　　　東京都千代田区一ツ橋2-3-1
　　　　電話　編集／03(3230)5632
　　　　　　　販売／03(5281)3555
　　　　http://www.shogakukan.co.jp

印刷所・製本所　図書印刷株式会社

装幀／竹歳明弘(パイン)　編集協力／川村寛・藤本耕一（小学館クリエイティブ）
編集担当／藤田健彦

© 2003　Masahiro Hosono, Printed in Japan.
ISBN 4-09-837405-6 Shogakukan,Inc.

●造本には十分注意しておりますが、印刷、製本など製造上の不備がございましたら、「制作局コールセンター」(0120-336-340) あてにご連絡ください。(電話受付は土・日・祝休日を除く9:30〜17:30)
●本書の無断での複写（コピー）、上演、放送等の二次利用、翻案等は、著作権法上の例外を除き、禁じられています。
●本書の電子データ化等の無断複製は著作権法上での例外を除き禁じられています。代行業者等の第三者による本書の電子的複製も認められておりません。